高等学校"十四五"规划教材·无人机应用技术

无人机航空电子系统

张小林　胡永红　张　晨　编著

U0381961

西北工业大学出版社

西安

【内容简介】 本书介绍了无人机航空电子技术的概念及发展,系统阐述了无人机航空电子相关专业基础和理论知识,分析了无人机航空电子与有人机的区别及特点,论述了新一代模块化综合航空电子的核心思想及基本架构。无人机航空电子系统指标体系及功能性能要求、组成及配置、体系结构及常用总线等,详细介绍了无人机航空电子系统各部分的主要内容,并结合工程设计,介绍了电子系统工程化的应用要点及实现方法。

本书可作为高等学校本科相关专业的教学用书,也可作为无人机工程技术人员及培训机构的参考用书。

图书在版编目(CIP)数据

无人机航空电子系统 / 张小林,胡永红,张晨编著
. —西安 : 西北工业大学出版社,2024.1
ISBN 978-7-5612-9192-4

Ⅰ. ①无… Ⅱ. ①张… ②胡… ③张… Ⅲ. ①无人驾驶飞机-机载电子设备 Ⅳ. ①V279

中国国家版本馆 CIP 数据核字(2024)第 035450 号

WURENJI HANGKONG DIANZI XITONG

无 人 机 航 空 电 子 系 统

张小林 胡永红 张晨 编著

责任编辑:张 潼	**策划编辑**:杨 军	
责任校对:孙 倩	**装帧设计**:董晓伟	

出版发行:西北工业大学出版社

通信地址:西安市友谊西路 127 号 邮编:710072

电 话:(029)88491757,88493844

网 址:www.nwpup.com

印 刷 者:陕西向阳印务有限责任公司

开 本:787 mm×1 092 mm 1/16

印 张:15.75

字 数:393 千字

版 次:2024 年 1 月第 1 版 2024 年 1 月第 1 次印刷

书 号:ISBN 978-7-5612-9192-4

定 价:59.00 元

前　言

在无人机系统应用需求日益广泛、全球范围的关注度空前高涨的背景下,在信息、计算机、微电子及人工智能等领域高新技术的牵引下,无人机航空电子系统作为无人机的大脑及神经,已成为无人机的主要核心组成部分和综合信息处理平台,担负着无人机机载及空中环境信息的采集、传输、存储、处理、控制等基本功能,也成为现代高性能无人机快速发展的重要支撑。

通过高性能计算、高速数据网络、标准软硬件接口配置、多元信息融合、人工智能等技术,无人机航空电子拓展了现代无人机使用功能,成为提升自主飞行性能、提高智能化作业程度、改善飞行体验、增强安全飞行及高可靠保障的重要途径,也是无人机实现在复杂环境下自主、安全、可靠、高效、低成本飞行的重要保障。

无人机应用领域多样,任务类型、飞行环境和用户需求存在很大差异,导致无人机功能、性能、气动外形、起飞质量等呈现多样化,从而使航空电子系统的功能、性能、结构、组成和配置等各不相同。在有人机航空电子的基础上,人们根据无人机的特点及长期的工程实践经验,将无人机航空电子功能及组成等进行了科学的整合和配置,并对相关内容进行了重新定义,形成具有无人机特点的综合航空电子。例如,通信系统和任务载荷在无人机上承担了比有人机更多更复杂的功能,因此将数据链和任务载荷看成单独的分系统,不再包含在无人机航空电子中。无人机供电系统相比有人机简单,将其归入无人机航空电子系统中。这些划分从理论基础和技术体系上没有本质性变化,只是为了更加突出无人机特点,更加有利于系统工程实现。

本书介绍了有人机和无人机航空电子的概念及技术发展,系统阐述了无人机航空电子相关专业基础和理论知识,分析了无人机与有人机航空电子的区别及特点,论述了新一代模块化综合航空电子的核心思想及基本架构,结合工程实现,介绍了无人机航空电子系统指标体系及功能性能要求、组成及配置、体系结构、常用总线分类和特点等,从理论体系、技术途径、实现方法等方面,详细论述了无人机飞行控制、飞行管理、导航、综合计算机、机载数据测量、伺服驱动、供电与配电、容错与健康管理、飞行环境监视与安全等无人机航空电子系统等主要内容,并介绍了无人机航空电子系统工程化应用要点及实现方法。

本书力图在内容选取和编排上注重科学性、系统性、实用性和通俗性,突出无人机航空电子系统特点,紧跟无人机航空电子新技术和最新发展。在内容选取上,注重相关基础理论知识和工程化设计方法相结合,系统梳理,合理取舍,主次分明,注重实用。在文字叙述上,以笔者对无人机航空电子技术的认识和理解为基础,结合多年无人机行业工程经验及教学体会,同时学习、消化及参考了大量本领域的学术文献,从学习者的视角,注重专业知识与行业标准结合,逻辑清晰,深入浅出,简洁直白,易于理解。

在编写本书过程中,得到了张岩、王雨薇、肖阳、李丽锦、翟新华的大力支持和帮助,在此表示衷心感谢。

由于无人机及相关领域发展迅速,新技术、新方法不断涌现,加之笔者水平有限,书中难免有不当之处,敬请读者批评指正。

编著者

2023 年 3 月

目　　录

第1章 无人机航空电子系统概述

1.1 无人机航空电子系统的产生及发展

1.1.1 航空电子学和航空电子系统

航空电子学(avionics＝aviation ＋electronics)是指电子技术应用于航空领域、随电子技术和航空技术不断发展交叉融合的一门应用类学科,也称为航空电子。航空电子学的概念也已延伸到航空以外的航天领域。

航空电子系统(avionics system)是用于机载信息采集、处理、控制、管理和显示控制等机载电子设备和由这些设备组成的网络及相应软件的总称。传统意义上的航空电子设备是安装在飞机上的。作为飞机完成任务不可缺少的组成部分,其输出量是数字信号或是弱电信号。随着微电子、计算机、自动化及材料等技术的快速发展,各种设备集成的功能更加强大,航空器的性能、功能也不断提升,航空电子系统涉及的对象得到了充分拓展,已从早期单纯的电子设备扩展为完成飞行任务所用到的各种机载电子设备、电气控制及机电控制设备和系统,输出量的类型也不再局限于原来的定义。这些都为航空电子系统赋予了更加丰富的内涵。

虽然航空电子学及航空电子系统这种术语形成较晚,但电子技术在航空领域的应用一直伴随着航空技术的发展,人们将各时期电子技术的最新成果都应用在飞机上,以满足对安全、高效、轻松飞行的追求,如图 1-1 所示。

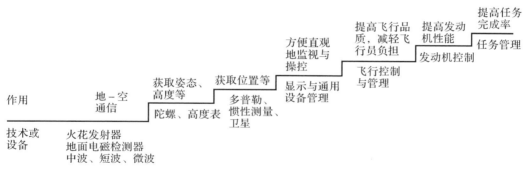

图 1-1 航空电子发展主要阶段

1903 年莱特兄弟首次成功实现了人类飞行,1910 年人们在飞机上利用无线电台发射和接收无线电信号实现了通信,成为电子设备在飞机上的首次应用。特别是通过装在飞机上的火花发射机发射信号,由地面电磁检测器接收,首次实现了飞机与地面的空-地通信。在之后的几十年里,为了保证飞行员与地面可靠通信,使飞行员及时了解空中及地面的气象、环境甚至战场信息,航空通信经历了中波、短波、超短波等阶段,性能得到不断提升。

飞机的出现,不仅使人们的目光触及世界更远的地方,还使人们看到了抵达远方的希望,远距离飞行需求随之增多。早期导航是单纯依靠领航员通过观测地面特征目标,确定飞机当前位置,从而制定飞行航线。在远距离飞行过程中,传统的导航方式已不可能为飞行员提供准确的飞行指引,远远不能满足人们的导航需求。在这种大背景下,从 1917 年开始,基于电子技术的各种导航方式和设备应运而生。从利用地面多台无线电台或信标机解算飞机位置的罗兰和塔康导航系统,到不受外界条件限制的惯性导航和多普勒导航系统,再到基于卫星的全球定位系统(GPS)、格洛纳斯(GLONASS)、北斗卫星导航等,这些导航系统都在不同时期为飞机提供了实时测量精确位置信息的手段,被广泛应用在航空、航天、航海领域。

随着飞机性能的不断提升及应用领域的不断扩大,作为运输工具或作战平台,无论机上人员还是飞机本身,都面临新的挑战。飞行速度更快、高度更高及包线扩大,使得飞行操控愈加复杂,需要更加安全的控制系统。从 20 世纪 30 年代开始,在电子技术及控制技术的推动下,这些新的需求陆续催生出陀螺仪、高度表等传感器,以及自动驾驶仪、飞行增稳系统、飞行控制增稳系统和电传飞行控制系统等,从方便完善的驾驶舱操控面板,发展到功能丰富的座舱娱乐系统。这些设备和系统的出现,不仅改善了飞行品质,提高了飞行安全性,还降低了飞行员工作强度,为乘客提供了良好的飞行环境。

值得一提的是,20 世纪 50 年代末第一台数字计算机首次装备在 F-106 战斗机上,更被认为是开创了航空电子的新纪元。

随着微电子技术、数字技术的飞速发展,陆续产生了一些引领后续航空电子发展的新概念。在这个过程中,美国空军莱特实验室进行的大量研究工作,成为现代航空电子的重要里程碑。

20 世纪 70 年代,美国莱特实验室提出了数字式航空电子系统的概念,以集中控制、分布处理、信息共享和模块化为指导思想,以计算机、总线、综合控制及显示和软件为核心部件,成为后来综合化航空电子发展的基础,这些成果被应用在 F-15、F-16、F-18 等战斗机上。20 世纪 80 年代,美国莱特实验室提出了综合化航空电子系统计划(宝石柱计划),将系统结构按功能分为任务管理区、传感器管理区和飞机管理区。各分区以高速光纤相连,通过资源共享、数据融合、动态重构实现系统综合,该成果被应用在 F-22 战机上。20 世纪 90 年代,美国莱特实验室提出高度综合化航空电子系统计划(宝石台计划),强调开放的系统结构、易获得的货架产品、统一的机载网络、可扩展的能力等,系统在综合化、可靠性、维修性、经济性方面得到提高,引领着未来航空电子系统发展。

时至今日,航空电子系统已成为飞机的主要组成部分,成为现代飞机提高飞行性能、改善飞行体验、增强飞行安全的重要手段。有人曾说过,没有先进的航空电子,就没有先进的飞机,就无法实现安全、可靠、高效、舒适、低成本和高密度的民机飞行,也无法完成现代战争及复杂战场环境赋予军机的作战使命。由此反映出航空电子在现代飞机中的地位和重要性。

无人机航空电子系统伴随有人机一同发展：一方面，有人机的航空电子技术、设备和系统，不断地被直接（或改造后）应用到无人机上；另一方面，也有大量直接为适应无人机的特殊性而出现的航空电子设备。

直到 20 世纪 90 年代无人机才逐步应用于军事领域，完成复杂任务。无人机航空电子的发展大概经历了以下主要阶段。

第一阶段：无人机航空电子为结构简单、功能单一的部件，部件间按需要建立直接连接，无当代航空电子中的系统或子系统概念，起飞质量和有效载荷较小，仅完成简单的任务即可，系统构型简单，如美国海军的 RQ‐2B“先锋”无人机，主要为火炮射击提供弹着点观测。RQ‐5“猎手”无人机，主要是搜集情报、侦察监视、战场损失估计等，这类无人机主要使用在 20 世纪 80—90 年代。

第二阶段：无人机航空电子有了子系统概念，子系统大多为有独立处理器的嵌入式系统，子系统或部件间通过总线连接，是一种联合式的航空电子系统架构。系统工作按需要既可以是集中控制，也可以是分布控制，可以执行较复杂的任务功能。这一阶段的无人机代表有 MQ‐1“捕食者”和 MQ‐9“死神”，这类无人机除了完成目标侦察、跟踪、定位和通信功能，还能完成空中拦截、近距空中支援以及搜索与援救等任务，同时实现侦察打击一体化，成为一种武装无人机。

第三阶段：无人机航空电子系统，借鉴了有人机航空电子综合化的成功经验，对无人机平台和任务功能进行了综合，是一种先进的综合化航空电子系统。这一阶段的无人机代表有 RQ‐4B“全球鹰”、X‐45C、X‐47B、“神经元”等无人机，完成侦察探测、对地攻击、电子干扰、空中预警、协同作战等。

1.1.2　无人机航空电子系统特点

和有人机一样，无人机航空电子系统的发展也经历了从功能简单到复杂，从构型简单无系统概念，到有复杂系统且和其他系统联系紧密。无论是有人机还是无人机，所有飞行都是基于完成任务的，面向用户，其任务剖面是由观察（Observe）、判断（Orient）、决策（Decide）和行动（Act）组成的回路，即 OODA。OODA 强调全面和真实的感知、准确和快速的判断与决策、高效和灵活的行动。在有人机上，这些可以由飞行员和航空电子系统共同完成。无人机突出的特点是机上无人操控，操纵人员和无人机的信息交互通过机上和地面的通信实现，如果地面操纵人员介入该回路，势必会产生由地面和机上信息传递带来的延迟导致的行为滞后，影响到 OODA 的效果，因此无人机飞行员的耳、目、大脑和神经全部由航空电子系统充当，无人机 OODA 的功能及特点都要由航空电子系统完成，功能更复杂，自动化自主化程度更高。

无人机没有驾驶舱和座舱，无须考虑驾驶舱内复杂庞大的仪表系统、座舱照明、语音和娱乐系统及人机工效等方面的相关要求。

无人机航空电子系统功能和组成与有人机具有一定的差别，如图 1‐2 所示。

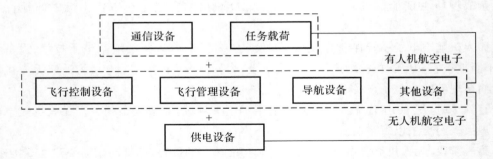

图 1-2 无人机航空电子与有人机航空电子

空-地联络作为航空电子的最早需求出现,通信系统自然成为最早的有人机航空电子。有人机上的通信系统,更多地是满足飞行员与地面的联络,而无人机机上无驾驶员,基于无线电数据链或卫星的通信系统承担着无人机机上和地面大量数据的传输,实现无人机操控和无人机状态及大量任务信息在空-空或空-地的传输,在无线电数据链频段选择、传输速率、带宽、抗干扰能力及保密性等方面都有更高要求,其复杂性及对无人机安全性的影响在无人机系统中举足轻重。在长期的发展过程中,无人机数据链的重要程度不断增强,在工程研制中,人们已经习惯将数据链机载和地面两部分划分出来,单独作为分系统,一般称为数据链分系统,不再包含在无人机航空电子中。

无人机应用遍及各个领域,任务载荷更加复杂多样,涉及多种不同技术领域,以便更加全面、真实、准确、快速地获取任务剖面各环节信息。在工程研制中,人们也习惯将任务载荷从航空电子中划分出来,单独作为任务载荷分系统。

和有人机相比,无人机供电系统相对单一和简单,电气设备机电一体化程度较高,因此把供电和其他机载电子电气设备纳入无人机航空电子,包括电源、电源管理及用于完成无人机飞行控制、飞行管理、导航、供电及其他所有功能的机载电气设备。

无人机应用领域和使用环境多样,不同无人机在气动外形及起飞质量等方面有很大差异,因此航空电子系统的系统结构、系统组成和配置呈现多样化。

1.1.3 无人机先进的层次化模块化综合航空电子系统

20世纪80年代开始,特别在新一代无人机中,航空电子系统功能愈加复杂,规模愈加庞大,但其综合化、模块化、标准化程度低,难以实现硬件资源共享和软件资源复用,造成一定程度的资源浪费。一方面开发周期长,造价高,售价居高不下;另一方面维修工作量和维修难度增加,维修成本增大。这种平面式体系结构的设备间连接复杂,信息传输能力不足,系统容错能力有限,不能满足海量数据的传输要求,易造成信息堵塞、延迟甚至丢失,导致航空电子系统可靠性及安全性下降。为了改善这种局面,人们对通用、简捷、经济的航空电子进行了许多研究,也催生出了综合航空电子系统和先进的层次化、模块化综合航空电子系统的概念。

从综合航空电子系统发展到先进的层次化、模块化综合航空电子系统,其以具有独立功能的共用硬件模块和软件模块为基础,采用层次化开放式结构,打破了传统分系统概念,将航空电子系统中同一类功能整合,融会为几个功能区。各功能区以具有独立功能的共用模块为基础,通过总线或网络等数据交换手段,实现各功能区交联,突破单纯物理上的综合,实现逻辑及功能的综合,进而实现一组可重构、可重用、可配置、可互操作程度更高的硬件平台和软件组件的高度综合及共享,通过分时或分区的硬件动态调度与软件加载,使系统在不增加资源的情况下,功能和信息的综合及共享程度更高,功能更强大,容错能力也更强。

按照无人机任务剖面,将 OODA 各阶段从功能上划分为感知、飞行、作业 3 个功能区,对应三大类设备,分别用于环境感知(地理环境、气象环境、电磁环境、战场环境等)、飞行(飞行控制、飞行管理、定位及导航、供电及配电等)、任务执行(目标侦察与跟踪、投放与火力打击、电磁侦察与干扰等)功能。无人机航空电子系统可以以综合管理计算机为核心,以感知、飞行、作业为 3 个子功能区,也可将感知、飞行、作业作为 3 个独立的功能区。

无人机先进的层次化、模块化综合航空电子系统的核心是超强运算及处理能力的共享数字化平台、高性能总线和网络及一组包含操作系统在内的可动态加载的核心应用软件。基于这个核心的体系结构满足了先进无人机航空电子系统的高度资源共享需求及高可靠性安全性需求,具有超强运算及处理能力的共享平台满足了集群及协同模式下各种复杂算法及海量任务数据的处理需求,高速宽带数据总线及网络满足了各设备、功能模块或功能区的数据交互及传输需求,开放式层次化架构满足了可配置、可重构、易维护、低成本需求。

在无人机先进的层次化、模块化综合航空电子系统中,综合化是目的,层次化和模块化是实现综合化的基础和途径。

无人机航空电子综合化体现在以下几方面。

1. 硬件综合

各功能区以总线或网络相连接,以共用模块为基础,采用开放式结构,形成基于综合化分布式多层次的航空电子系统体系结构的综合通用的硬件平台,不仅可使航空电子系统简洁紧凑,体积重量减少,机上电磁环境有所改善,也可通过各功能区之间的资源共享和信息共享,提高系统重构和容错能力,提高系统可靠性、维修性、安全性和经济性。

2. 软件综合

通过控制综合、传感器综合、知识综合等,实现航空电子系统综合软件动态加载和信息共享。通过完善的 BIT(机内测试)功能和强大的容错能力,提高无人机系统可靠性、安全性和维修性等。

3. 控制综合

通过飞行控制与飞行管理、飞行控制与动力控制、飞行控制与火力控制、飞行控制与任务控制、飞行控制与集群控制和协同控制等综合,实现无人机高效、安全、实时的飞行及作业。

4. 传感器综合

通过飞行传感器之间、飞行传感器与任务传感器等的综合,简化无人机配置,提高可靠性及经济性。

5. 信息与知识综合

未来的航空电子系统必将具有更高的智能化程度,通过地理环境、气象条件、故障状态、目标特征等飞行及任务数据和知识的综合,实现无人机及无人机集群信息共享。

1.1.4 无人机航空电子系统未来发展

航空电子系统从早期开始,每一步发展和每一次变革,都是需求牵引、技术推动、相互促进的结果,未来依然会和现代战争特点、经济社会发展规律、人们日常生活需求及技术创新成果应用同步发展。

在军用领域,随着现代战争信息化、体系化、精准化程度不断提高,无人机以其特有的作战方式和作战效能在战争中发挥着十分重要的作用,已从特殊的辅助装备一跃成为主战装备,从单一化个体作战发展为集群协同作战,军用无人机迫切需要提升集群化多样化的协同作战能力、信息化智能化的精准作战能力、高端化微型化特殊环境下的隐蔽作战能力。

在民用领域,低空经济作为新质生产力的代表,是实现国家高质量发展的重要途径,无人机作为低空经济的重要元素,迎来了快速发展黄金期,市场规模迅速扩张,产业蓬勃发展,各领域潜在需求快速释放,迫切需要用户体验更好、符合市场发展趋势的产品。

军用及民用领域发展,需要无人机提升留空时间、飞行高度、智能化、环境适应性、自主性、可靠性、安全性等方面的能力,推出综合化程度更高、系列化程度更高、市场化程度更高、价格更加低廉的无人机产品。

基于未来无人机的应用需求,未来无人机航空电子系统将是高性能数字化平台和高智能化软件的深度融合,将以航空电子系统体系结构技术和智能化技术为核心,形成先进的层次化、模块化综合航空电子系统体系结构+智能化应用软件的典型架构,具有以下特点。

1. 体系结构标准化

系统综合化是体系结构标准化的基础,结构开放化、功能模块化、机电一体化是体系结构标准化的重要途径。

系统综合化是提高飞行安全性、降低使用维护成本的有效措施,也是新技术发展应用的趋势,基于硬件综合、软件综合及功能综合的先进的综合模块化航空电子系统是未来无人机航空电子必然的发展方向。

结构开放化所具有的易于互联互通、易于使用维护、易于扩展升级、易于移植互换等特点,不仅使得产品更易实现集成,而且在使用中可实现现场相互替换,降低研制风险,缩短研制周期,减少研制经费,降低培训成本和维护成本,是未来无人机应用领域拓展或应用方式多样的重要支撑。

功能模块化是实现无人机产品通用化、系列化的基础,不仅易于系统功能扩展或裁减,降低研发成本,也为用户提供了方便的维护手段,提高了无人机产品使用效率。

机电一体化将无人机上的机械与电子电气高度集成与融合,工程实现简单,执行效率高,使用维护方便。越来越多的机电产品被应用在无人机上。

在无人机航空电子系统综合化、功能模块化、结构开放化和机电一体化的支撑下,无人机航空电子系统体系结构标准化将无人机的任务剖面逐级分解,形成从具有独立功能的硬件组件和软件模块逐级向上直至任务,或者是从无人机任务开始(包含感知、飞行和作业)逐级向下的层次化、模块化体系结构,该体系结构模型如图 1-3 所示。

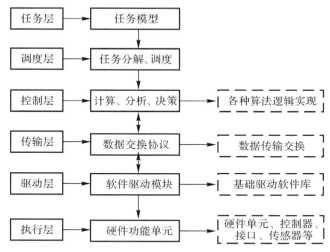

图 1-3　无人机先进的层次化、模块化综合航空电子系统模型

　　无人机先进的层次化、模块化综合航空电子系统的核心思想是建立面向任务的统一的体系结构,包含执行层、驱动层、传输层、控制层、调度层和任务层,分别对应可动态调度的共享硬件资源库、与硬件对应的驱动软件库、通用的数据通信协议转换、可重用的飞行控制律、路径规划、任务决策及任务管理等算法资源库、自动统一的任务调度机制等。

　　无人机先进的层次化、模块化综合航空电子系统所具有易于互联互通、易于使用维护、易于扩展升级、易于移植互换等特点,不仅使产品更易实现集成,降低研制风险,缩短研制周期,减少研制经费,而且在使用中可实现现场相互替换,降低了培训成本和维护成本,是无人机集群化、多样化分布式协同作战的重要支撑,也是未来无人机在其他领域拓展应用的保障。

　　2. 应用智能化

　　未来无人机及其航空电子系统组成更复杂,功能更丰富,工作方式更多样,使用环境更严酷。在复杂作战环境下,无人机实时传回的信息量巨大,单纯依靠人工难以对获得的信息进行快速处理,依靠人的处理、判断和决策几乎不可能保证及时性、客观性和准确性,操作人员无法做到全面、及时、准确地观察、判断和决策。这就需要无人机系统依据当时条件和环境,在不确定的环境中仅依靠自身的硬件资源、软件资源和数据资源,对自身状态、环境及作战对方态势的感知、分析,最大限度地理解人的意图,并能够根据以往的历史数据,作出最优的反应,实现任务的动态规划、规避、决策,完成所规定的任务,而不需要人工干预。智能化的快速海量数据处理能力、实时优化决策能力和自我健康管理能力,不仅能更有效地助力指挥员和操纵手的现场决策,降低对数据链的传输要求,提高无人机的作业效能,还可降低对操纵手的要求,减轻操纵手工作强度,改善用户体验,同时提高无人机作战作业前的完好率、使用中的生存力和精准作战效能。

　　智能化主要通过环境感知与识别、任务决策及分配、动态在线任务规划、完善的容错及可信的健康管理等技术,实现安全的飞行控制、合理的飞行管理、自主的定位导航、高度综合的功能及高效的任务完成。

3. 小型微型化

体积更小、重量更轻、功耗更低是航空电子系统发展一直努力和坚持的方向,也是未来发展的目标,无人机在国家安全、反恐防暴、扫黑缉毒等特殊领域的应用为其提供了需求牵引,先进的模块化、层次化综合航空电子系统架构为其实现奠定了技术基础,微电子技术和数字化技术的发展也为其实现提供了无限可能。综合化使无人机在结构、配置和装载上尽可能简洁紧凑,因此容错技术和电磁兼容技术是无人机航空电子系统小型微型化工程实现的关键。

4. 产品商业化

随着无人机需求多样化及市场的发展,以研发定制为主要提供途径的航空电子系统产品已不能快速响应市场的需求,也很难降低产品成本。无人机行业逐步实现全产业链的资源整合,优势互补,在行业内形成各种优势产品和服务系列,用户可以根据需要在市场选择合适的无人机产品或航空电子产品、飞行服务商和末端信息处理服务商等,加快了研制进度,易于产品实现,方便产品维护,降低研制成本及风险。

5. 信息全球化

无人机跨域飞行、通信及导航方式多元化、各国法律法规及风土人情的差异,迫切需要实现技术、飞行及标准信息的全球化共享,促进无人机应用快速发展。

1.2 无人机航空电子系统要求

1.2.1 功能要求

无人机航空电子系统是获取飞行、导航、控制及机载其它设备信息,支持无人机安全高效完成飞行及任务的关键系统。不同类型无人机任务使命和应用环境不同,其航空电子系统的功能、组成和配置有一定区别。

典型无人机航空电子系统基本功能可归纳划分为数据测量及获取、飞行控制、飞行管理、定位导航、供电与配电、容错与健康管理、飞行环境监视及安全等功能。

1. 数据测量及获取

实时测量并获取飞机各种飞行参数和机载设备状态参数,解析处理后,按需要在机载设备之间进行交换,作为实现其它功能的输入。也可将其存储记录,为故障诊断、系统维护及问题分析提供支持。

测量及获取的主要参数类型包括以下几方面。

1)与无人机姿态及运动有关的参数测量,包括俯仰角、滚转角、迎角、侧滑角、角速率、航向角、磁偏角、磁倾角、高度、速度、加速度等。

2)与无人机位置有关的参数测量,包括经纬度、相对于某点的距离、方位等。

3)其它机载设备的参数测量,例如起降设备、环控设备、航管设备等的状态,发动机工作状态,机舱温度,电网电压等。

2. 飞行控制

无人机在飞行过程中,航空电子系统实时获取飞机姿态和运动等参数,通过控制律解算,操纵控制舵面,产生空气动力和力矩,实时控制飞机的构形及飞行姿态、高度、航向、速度等运动参数,保证飞机稳定性和操纵性,增强飞机安全性,提高飞行品质与任务质量。

3. 飞行管理

无人机飞行管理指在获取无人机各种信息基础上,对飞行模态、飞行航路、动力系统、数据链路、任务工作状态及为完成以上功能所需的其它机载设备综合集成控制和管理,期望在最短的时间、最优的航路、最少的动力消耗等约束下,安全完成特定任务,实现任务高效性、飞行安全性和经济性的最优融合。在现代无人机航空电子系统中,飞行管理已经成为成功完成一段航线飞行或某种任务不可或缺的功能。无人机飞行管理主要包括飞行性能管理、航路管理、动力管理、数据链路管理、任务载荷管理、其它辅助管理等。

4. 定位导航

采用卫星导航、地基或空基无线电导航、惯性导航、航路推算或图像匹配、地形跟随等多种导航方式或几种之间的组合导航进行无人机定位,并引导飞机沿规定或解算的航线从一点到达另一点。

5. 供电与配电

为无人机提供电能,包括电源、配电和电缆,分别完成电能的产生及变换、电能分配及传输、安全保护等功能。

6. 容错与健康管理

容错与健康管理目的是增强无人机的安全性和任务可靠性,提高无人机飞行前状态完好率和飞行中生存力。当一个或多个关键部件出现故障时,系统采取实时故障诊断、检测、隔离、重构等手段,使故障现象软化和减缓,系统能维持其规定功能,或在可接受的性能指标变化下,继续稳定可靠飞行,同时便于无人机的即时维护、修理、缩短维修时间,提高无人机的运行效率。主要功能如下。

1)系统自检:上电自检测、飞行前自检测、飞行中自检测、维护自检测等。

2)余度管理:根据规定策略进行余度表决、故障检测与监控、故障定位与隔离以及控制重构。

3)应急管理:无人机在各种突发状况或应急状态下实现自主飞行管理,保证在不同故障模式下以安全模式工作,确保无人机安全返航。

4)健康预测与管理:根据无人机的实际工作状况及飞行数据、专家经验等,提前预测和评估无人机状态,并给出合理的飞行或维护维修建议,使无人机始终保持良好状态,并降低无人机飞行风险,减少维护费用。

7. 飞行环境监视与安全

通过对气象、地理、电磁、周围飞行物的监测,增强无人机对所处环境的感知能力,同时也将自身状态以某种方式告知相关方,不仅提高无人机自身飞行安全性,也为维护空中航行秩序提供支持。

1.2.2　性能要求

无人机航空电子系统除了功能要求外,还包括与之对应的性能要求及量化指标。

1. 飞行控制

1）姿态保持精度。

2）航向保持精度。

3）高度给定与保持精度。

4）速度给定与保持精度。

2. 定位导航

1）卫星定位精度。

2）纯惯性定位精度。

3）组合定位精度。

4）无线电（视距）定位精度。

5）起降段水平航迹控制精度。

6）巡航段航迹控制精度。

1.2.3 通用质量特性要求

1. 可靠性

1）基本可靠性：一般采用平均无故障间隔时间 MTBF。

2）任务可靠性：一般采用任务可靠度 R_s。

2. 维修性

1）平均修复时间 MCT。

2）最大修复时间 MCT_{max}。

3. 测试性

1）故障覆盖率。

2）虚警率。

4. 保障性

使用维护过程中提供的保障性措施。

5. 安全性

使用维护过程中所具有的保证系统或设备自身安全、使用人员安全、国家财产安全、环境安全等防护措施。

6. 环境适应性

1）温度，包括无人机能正常工作的最高温度和最低温度，无人机储存的最高温度和最低温度。

2）振动，在该振动条件下，无人机仍能正常工作。

3）冲击，在该冲击条件下，无人机仍能正常工作。

4）湿度，经过该试验后，无人机仍能正常工作。

5）霉菌，经过该试验后，无人机仍能正常工作。

6）盐雾，经过该试验后，无人机仍能正常工作。

7)淋雨,在该条件下,无人机仍能正常工作。

8)沙尘,在该条件下,无人机仍能正常工作。

9)电磁兼容性,系统或设备具有抵御外界电磁干扰或不对外界造成电磁干扰的能力。

1.2.4　其它要求

无人机航空电子除了基本功能和性能要求外,还有安全性、经济性、环保性、适航性等要求。

1. 安全性

无人机安全性要求除了可靠性要求外,一般还有以下几方面。

（1）容错等级要求

对于有人机,用容错等级描述故障状态下航空电子系统的工作状态和安全性,常利用余度技术实现系统可靠性指标和容错等级要求,例如故障/工作/安全,即出现一次故障时,飞机功能性能保持不变,出现二次故障时,飞机能保持安全飞行及返航。故障/安全表明出现一次故障,无人机能安全飞行或返航。对于无人机,为了体现其小巧、低成本的优势,更多关注的是任务完成情况,其容错等级相对较低。

（2）复杂环境下的生存能力

采取除冰、防雨、防雷电、防电磁干扰、高精度地形探测和跟随等措施,使其适应气象、地理、电磁、战场等多域环境,有效抵抗和主动抑制环境不利干扰,提高无人机生存能力,保证其在复杂环境下能正常飞行,并完成作战或作业任务,提升其战略意义和经济价值。

（3）健康状态监测与管理能力

无人机健康管理能够适时进行健康诊断、预测和故障减缓,保证无人机健康飞行,提高安全性,同时便于无人机的即时维护、修理、缩短飞机维修时间,提高无人机的运行效率。

2. 经济性

（1）优化设计和制造工艺,减少开发及制造成本

随着无人机对航空电子系统要求的提高,航空电子设备的应用范围在不断扩大,复杂程度在增加,成本呈上升趋势。采用开放式、综合化、模块化架构,尽可能采用成熟技术和货架产品,减少器件采购成本和更新费用,缩短研发周期,减少制造难度,降低航空电子系统在无人机总成本中所占的比例。

（2）采用先进技术,减少运营及维护成本

采用先进飞行控制与管理、导航与任务规划等技术,缩短非作业飞行时间,提高飞行及作业效率,节约使用成本。采用先进测试技术,快速准确掌握和保持无人机正常状态,提高无人机出勤率,减少无人机运营和维护成本。

3. 环保性

随着全球对人类可持续发展理念的不断加深,绿色环保的无人机航空电子越来越受到人们关注,新型能源、高效节能、低噪声、低电磁辐射成为现代航空电子必须面对的课题。

4. 适航性

航空电子适航性是在全寿命周期中满足安全性最低要求的一组属性,即在预定的使用条件、使用环境和使用时限内的安全特性,是保证无人机"适合飞行(fit to fly)"的最低要求。

目前,虽然大多数无人机航空电子还没有适航要求,但美国联邦航空管理局、欧洲航空

安全局及中国民航局等机构,都相继在一些无人机上开展了相应工作。随着无人机应用地越来越广泛,航空电子系统研制、生产和使用将会被要求通过相关检测认证,或遵循适航当局规定的相关适航标准。

1.3　无人机航空电子系统组成及配置

1.3.1　无人机航空电子系统组成

无人机航空电子系统的主要子系统或功能模块包括航空电子综合计算机(飞行控制与管理计算机)、舵机、测量设备、供电系统和其它机载电子电气设备,如图1-4所示。

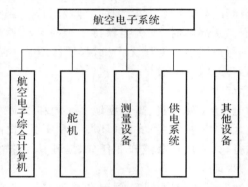

图1-4　无人机航空电子系统组成

1. 航空电子综合计算机

航空电子综合计算机也常被称为飞行控制与管理计算机,是航空电子系统的关键部分之一,是无人机机载数据获取中心、飞行控制和管理核心和数据交换中枢。

航空电子综合计算机实时获取飞机状态及机载设备信息,并按需要重组并分发到相关系统及设备。

通过飞行控制系统控制律解算,控制舵机运动,驱动无人机气动舵面,稳定无人机的角运动和重心运动,改善飞行品质,实现无人机的操纵性和稳定性。

通过各种导航数据处理及融合,得到无人机位置信息,再通过航迹控制律或导引律解算,实现航迹控制、自动导航、地形跟随、自动起飞、编队飞行等。

完成飞行管理、动力管理、机载电子设备管理、任务设备控制与管理等。

航空电子综合计算机可以是单台计算机,独立完成如上所述的飞行控制、飞行管理、定位导航及机上其它所有设备的控制和管理,也可由几台计算机分工共同完成。

2. 舵机

无人机舵机一般包括伺服控制与作动装置,接收航空电子综合计算机解算的控制量,驱动副翼、襟翼、升降舵、方向舵等操纵面,带动操纵面实现无人机的各种机动,也可用于起落架收放、舱门开关、任务设备升降等驱动机构。

3. 测量设备

用于飞行控制的测量设备感受无人机与飞行有关的参数或状态,反馈到航空电子综合计算机进行相应的计算,参与无人机控制。例如速率陀螺、大气计算机、加速度计、航姿单元等等。

用于定位导航设备测量飞机位置,例如惯性导航设备、卫星导航设备、其它导航设备等。

其它测量设备分别用来感受飞机飞行过程中所需要的参数或状态,例如测量机舱温度的温度传感器,用于测量余油的液位传感器,用于测量油耗的流量传感器等。

4. 供电系统

供电系统实现供电、配电及传输功能,完成机上电能产生、变换、分配与传输,分为电源、电源管理器、电缆三大类,包括发电机、稳压电源、电池、汇流条、电缆、接触器、保护器等。

5. 其它设备

用于辅助或提升无人机功能的特定设备,例如敌我识别系统、近地告警系统、空中交通防撞及告警系统、外部灯光、与环控起降燃油等有关的设备。此外,提高隐身性能与突防能力的侦察告警类电子设备,提高环境适应能力的除冰、防雨、防雷、抗电磁干扰设备等。

1.3.2　无人机航空电子系统配置

无人机航空电子系统配置指根据系统功能性能要求,选择合适的设备或系统,共同完成无人机要求的功能。

无人机功能不同,气动外形不同,起飞重量更是相差甚远,因此无人机航空电子系统无固定配置,在保证飞机飞行安全及作业任务圆满完成的前提下可简单,可复杂,可进行适当裁剪。

"全球鹰"无人机航空电子系统配置分为关键部件和非关键部件。关键部件采用双余度结构,包括两台综合管理计算机、两套惯性测量单元、两套导航计算机、两台大气数据系统和两台发动机控制器、伺服舵机等。非关键性部件无余度配置,包括敌我识别器、差分 GPS、无线电高度表和防冰探测器、防御系统等。

X47-B 无人机航空电子系统包括三台飞行管理计算机、任务管理计算机、惯导、GPS接收机、发动机接口单元、伺服舵机、发动机节流阀控制器、起落架系统、电源系统、电源管理单元、敌我识别器、语音回传单元等。

某无人机航空电子系统配置如图 1-5 所示。

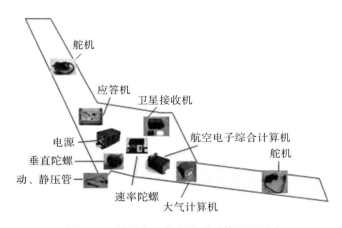

图 1-5　某无人机航空电子系统配置示意

第2章 无人机航空电子体系结构与总线

2.1 无人机航空电子体系结构概述

2.1.1 无人机航空电子体系结构定义

无人机航空电子系统是由机上若干设备、硬件、软件、信息等组成的集合体,它们之间的连接关系有机械关系、电气关系、逻辑关系等,这些连接关系的实现方式直接决定了无人机系统可靠、高效、自主、便捷工作的能力。

无人机航空电子系统体系结构指在被定义的条件下,航空电子设备、数据链机载设备、任务载荷之间的电气和逻辑连接关系,包括拓扑结构、连接媒介、通信协议、接口形式、共享策略等。

随着智能化需求的提高及多无人机系统以集群、协同等联合工作方式的出现,无人机航空电子系统配置更加灵活,获取的信息种类更加多样,传输方式更加复杂,数据量更加庞大,共享程度更高,无人机航空电子系统体系结构技术得到更多关注和重视。

无人机航空电子系统体系结构的发展经历了从点对点离散式结构、总线式网络结构到基于核心计算机的分布式层次化混合网络结构等方式。

2.1.2 离散式结构

航空电子系统各子系统或部件独立配置于飞机上,之间以点对点方式连接。点对点之间传递的信号有模拟量、数字量,也可以是某种总线,如图2-1所示。

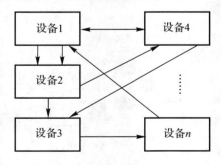

图2-1 离散式体系结构示意

离散式结构中机载设备信息处理能力较低,几乎无法实现多子系统或设备间资源共享,布线多、质量大、连接点多、可靠性低、维护性差。

早期无人机配置简单,结构单一,设备输入输出大多为模拟量,离散式结构使用较多。图 2-2 为某型无人机航空电子系统体系结构,是一种离散式体系结构。

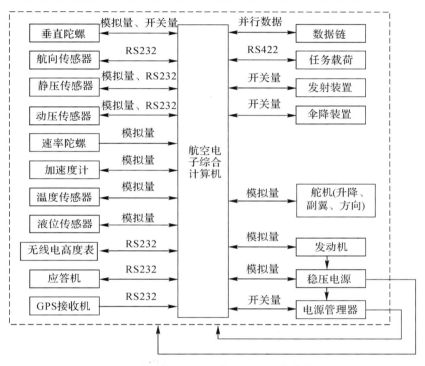

图 2-2　某型无人机航空电子系统结构

2.1.3　总线式网络结构

航空电子系统总线式网络结构中的各子系统或部件大多为具有处理器的计算机,它们之间以总线方式连接,构成总线式网络,可实现子系统间的资源共享。系统控制可以某设备为中心集中控制,也可多个设备分布式控制。系统总线可以是串行总线,也可以是并行总线。根据在系统中的重要性,总线配置和数量可以是单总线、双总线或多总线,对于双总线或多总线的余度总线,总线类型可以不同,如图 2-3 所示。

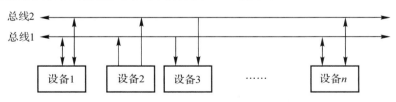

图 2-3　总线式网络结构示意

总线式网络结构中,子系统或部件之间通过总线隔离,物理上的耦合少,有利于故障隔离。系统整体质量较轻、布线较少,可靠性较高,维护性较好。但由于总线带宽的限制,其资源共享程度也受到一定影响。如果系统需要增加功能,可能会需要增加一台计算机,成本较高。图 2-4 为某型多旋翼无人机航空电子系统体系结构,是一种基于 CAN 总线网络式体系结构。

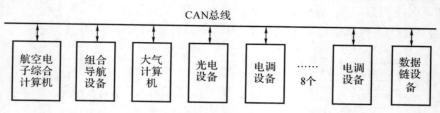

图 2-4　某型多旋翼无人机航空电子系统结构

2.1.4　基于核心计算机的分布式层次化混合总线结构

随着微电子技术、计算机技术的发展,计算机功能愈来愈强大,单台计算机可完成过去多台计算机任务。航空电子系统综合化程度也愈来愈高,以核心处理计算机为中心的分布式多种类多层次混合总线体系结构已成为可能。这种体系结构基于将多个航空电子子系统或部件计算机集成和综合到一台核心计算机或一个分布式处理网络上,以高性能处理机作为统一计算资源,以高速网络或总线作为统一信息传输资源,强调各分区、组、设备间包括硬件和软件在内的资源的共享、模块化实现、开放性架构、通用接口和可配置。将设备按功能或其它进行分区、分层和分组,并以不同程度的模块化方式实现,同组的设备、组间、模块间、不同层次之间可采用点对点或总线式网络结构,重点突出先进综合化航空电子特点,如图 2-5 所示。

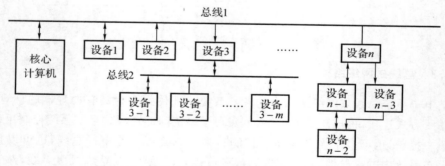

图 2-5　分布式多种类多层次混合总线体系结构

基于核心计算机的分布式层次化混合总线结构特点是综合化程度高、质量轻、布线少、连接点少、各种资源共享程度高、可靠性高、维护性好。

无人机航空电子系统体系结构的选取,原则上根据无人机机载设备的数量、关键程度、安全等级、关联设备间数据量、刷新率、速率等进行选择,也可将设备分类、分组,关键设备之间的连接可设置余度,飞行控制设备的优先级可设置为最高。

由于无人机航空电子系统设备接口的多样化,在工程设计中往往会尽可能使用成熟的航空电子设备,而非专为某机型新研发的设备,以缩短研制周期,降低风险和成本,这样为适应复杂多样的接口类型,无人机航空电子系统往往采用混合架构。例如"全球鹰""黑杰克"

等无人机就是采用了这种架构。图 2 - 6 为"全球鹰"无人机航空电子系统体系结构,是一种多层次混合总线结构。

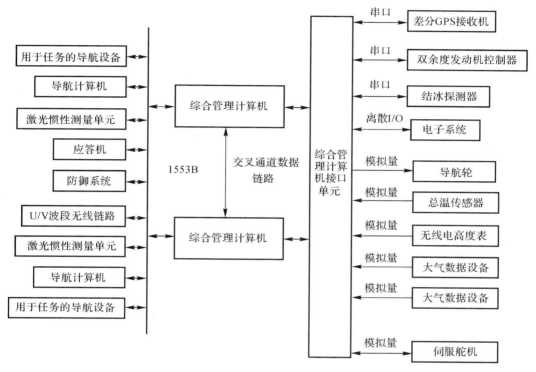

图 2 - 6　"全球鹰"无人机航空电子系统体系结构

　　"全球鹰"无人机机载电子设备接口种类繁多,其中包含 1553B 接口,以及串口、离散量 I/O、模拟量等非总线接口。综合管理计算机通过 1553B 总线互联具有此种接口的设备,通过综合管理计算机接口单元联接非总线接口设备。

2.2　常用机载总线

2.2.1　无人机总线概述

1. 总线基本概念

　　总线是一种数据共享型的设备,用于连接电子设备并传输数字信息。总线特性包含物理特性、功能特性、电气特性和时间特性,用来描述这些总线特性的一组规定称为总线协议。

　　1)物理特性:又称为机械特性,指连接到总线上的连接器类型,包括尺寸、外形、引脚个数、排列顺序等。

　　2)功能特性:指每根信号线的功能及作用。

　　3)电气特性:指每根信号线信号方向及有效电平范围,包括输入、输出、有效电平的极性、幅度等。

4)时间特性:又称为逻辑特性,指信号在总线上有效的时间,保证各信号时序正确,确保传输正确。

总线按数据传输方式分为串行总线和并行总线,串行总线上数据按位顺序传输,例如RS232、USB、I²C 都属于串行总线。并行总线上数据以字节为单位顺序传输,即同时传输的是 1 个字节,例如 PCI 总线、IEEE488 总线等。

总线按时钟信号是否独立分为同步总线和异步总线,同步总线时钟独立于数据,异步总线时钟从数据中提取,例如 SPI、I²C 为同步总线,RS232 为异步总线。

总线技术指标包含以下几点。

1)位宽:总线能同时传输的二进制数据位数。

2)带宽:单位时间总线上传输的数据量,即每秒总线上传输的字节数,总线带宽＝总线工作频率×总线位宽/8。

3)工作频率:单位时间总线上传输的数据位数,以 MHz 为单位,工作频率愈高,总线工作速度愈快,总线带宽愈宽。

2. 机载总线

随着微电子、材料、网络等基础领域新技术的发展,无人机搭载的各类任务载荷越来越多,航空电子设备也在快速更新,这些电子设备之间数据交换更加频繁,信息共享程度更高,综合处理的数据量也呈几何倍数增加。数据总线作为机载设备间的传输媒介,成为无人机机载电子设备通信的"大动脉"和"神经"。

受当时电子技术发展水平的限制,早期机载电子设备功能独立,自成单元,设备之间信息交互少,数字化程度低,模拟量居多,设备间的互联通过配线连接,没有数据总线的概念。

随着数字技术发展,航空电子系统也实现了从模拟到数字的快速升级,在这个阶段,数据总线得到了应用,例如民用标准 ARINC429。尽管 ARINC429 数据总线是点到点的单向连接,而且总线上一次只能有一个节点成功发送,但还是大大提高了设备间的数据传输能力,在主流客机上得到广泛应用。

MIL－STD－1553B 数据总线作为军用标准总线,采用各个节点相互独立、总线控制器集中控制、总线双冗余的方式,提高了可靠性,在国内外军机上得到广泛应用。

近些年来,新一代高速数据总线得到了快速发展。其主要包括光纤通道(Fibre Channel,FC)、航空电子全双工交换式以太网(Avionics Full Duplex Switched Ethernet,AFDX)、时间触发以太网(Time-Triggered-Ethernet,TTE)等。其传输距离远、带宽高、可扩展性良好、光纤作为传输介质等特点,不仅促进了综合模块化航电(IMA)结构的发展,其开放式、标准化的结构还大大提升了系统的可重用性、可移植性,在一定程度上满足了新一代机载电子设备在诸如强电磁辐射等环境下的工作要求,为实现无人机系统高性能、高可靠、功能复杂的新特点奠定了基础。

机载总线和网络经历从无数据总线、传统机载低速数据总线到新一代高速数据总线的发展,是航空电子体系结构历次变革的核心之一。机载总线和网络技术发展,使航空电子系统乃至无人机资源共享程度更高,相互连接更简单,质量更轻,传输速率更快,可靠性更强,安全性更高,推动了无人机性能的提升。

2.2.2　ARINC429 总线

ARINC429 总线标准由美国航空电子工程委员会(AEEC)于 1977 年颁布,全称是数字式信息传输系统,它是航空电子系统的设备间或与其它系统间数字信息传输交换规约,已广泛应用在大型客机上,如波音公司 B737、B747,空客公司 A320、A330 等都采用了 ARINC429 总线。我国与之对应的是航空标准 HB6096—1986《SZ－01 数字信息传输系统》。

1. ARINC429 总线概述

ARINC429 总线是一种单点到多点的单向异步串行广播式数据传输总线,采用单发送源,多接收器,单工工作方式,即在一条 ARINC429 总线上,只能有一个发送设备,其它多个都是接收设备。拓扑结构如图 2-7 所示。

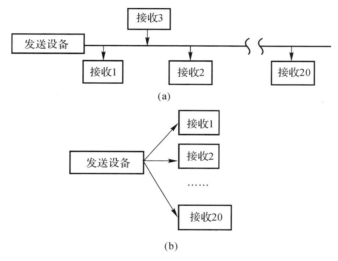

图 2-7　ARINC429 总线拓扑结构

ARINC429 总线电缆采用屏蔽双绞线,阻抗 75 Ω(60~80 Ω),长度不超过 90 m,传输速率有 12.5 kb/s 和 100 kb/s 两种,但这两种速率不能同在一条总线传输。

ARINC429 总线编码调制方式为双极性归零制三态码,即高电平＋5 V、零电平 0 V、低电平－5 V,电平从高电平回归到零表示逻辑 1,从低电平回归到零表示逻辑 0,如图 2-8 所示。

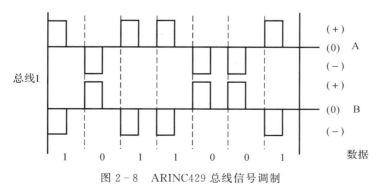

图 2-8　ARINC429 总线信号调制

ARINC429 总线电平范围如表 2-1 所示。

表 2-1 ARINC429 总线电平范围

电平范围/V	发送端			接收端		
	高电平	零电平	低电平	高电平	零电平	低电平
	V	V	V	V	V	V
A 端对 B 端	+10±1.0	0±0.5	−10±1.0	+6.5~+13	−2.5~2.5	−6.5~−13
A 端对地	+5±0.5	0±0.25	−5±0.5			
B 端对地	−5±0.5	0±0.25	+5±0.5			

2. ARINC429 总线信息单元

ARINC429 总线传输的基本信息单元为 32 位的字,有 5 种编码格式,分别为 BCD 格式、BNR 格式、离散数据格式和两种字母数字数据格式。BCD 和 BNR 格式字由 5 个域组成,分别是 8 位标志符或称为标签号(Label)、2 位源/目标标识符(SDI)、19 位数据(Data)、2 位符号/状态矩阵(SSM)、1 位奇偶校验(Parity)。在传输过程中,相邻字之间都自动插入 4 个位时的时间间隔,用作字同步,如图 2-9 所示。

32	31 30	29	……	11	10 9	8	……	1
P	SSM	MSB	Data	LSB	SDI		Label	

图 2-9 ARINC429 总线传输的基本信息单元格式(BCD 和 BNR 格式)

ARINC429BCD 和 BNR 格式中各域的含义如下。

1)标志符或标签号(Label):以二进制编码但用八进制表示字符,作用是和 ARINC429 协议中规定的设备号共同提供识别不同数据编码类型的标识编号以及与之相关的参数类型,例如说明后续传输的数据的编码类型是 BCD 码还是 BNR 码、本单元数据域中的数据的具体含义等。

2)源/目标标识符(SDI):一个发送端可以连接多个接收端,该域用来标识和注明接收端设备号。

需要注意的是一个标志符或标签号和不同设备号组合,对应的数据分别代表不同的含义,即数据域的具体含义由标志符或标签号和设备号共同定义。

3)数据(Data):该域是传输的数据,有 BCD 码和 BNR 码两种。

BCD 码(二进制表示的十进制码)是常用的编码方式,该域有 5 位十进制数,由于最高位只有 3 位,所以最高位最大只能为 7,数据的正负等其它属性在 SSM 中定义。

BNR 码(补位二进制码)也是常用的编码方式,这种编码方式与计算机编码方式一致,第 29 位是符号位,如果该位为 1,则为负值。第 28 位是数据最高位。

4)符号/状态矩阵(SSM):定义硬件设备状态、操作模式、数据合法性等,也是对数据域数据的补充说明,数据编码方式不同,矩阵含义不同。例如 BCD 数据的正负号、左或右等,BNR 数据的正负、发送器硬件状态等,数据块及文件的初始、中间、结束等。

5)奇偶校验(Parity):用于数据的奇偶校验,一般采用奇校验,即通过对该位设置为 1 或 0,使该数据 32 位中 1 的个数为奇数。

在具体应用中,可根据需要对数据字格式定义,但必须保证收发方定义一致。

ARINC429 基本信息单元的传输顺序是先标志符或标签号,然后依次为源/目标标识符、数据、标志/状态、奇偶校验,需要注意的是标志符或标签号发送顺序为由高到低,其它域的发送顺序为由低到高,如图 2－10 所示。

8 7 6 5 4 3 2 1	9 10	11	……	29	30 31	32
Label	SSM	LSB	Data	MSB	SDI	P

图 2－10　ARINC429 基本信息单元的传输顺序

3. ARINC429 总线文件数据传输

ARINC429 总线文件数据传输采用命令、响应协议进行,传输数据为二进制数据字和 ISO5 号字母表中的字符两种。

一个文件由 1～127 个记录组成,一个记录由 1～126 个数据字组成。

当发送端有数据发往接收端时,发送端先通过总线发送"请求发送"初始字,接收端收到该初始字后,通过另一条总线发出"清除发送"初始字作为应答,表示接收端准备好接收数据,发送端收到此应答,开始发送第一个记录。

传输字包括初始字、中间字和结束字。文件传输用每个字的第 30 位和第 31 位表示字类型,文件传输数据为二进制数据和 ISO5 号字母。

在数据发送过程中,先发送"数据跟随"初始字,包括这一记录的序号及记录内的字数,后跟"中间字"和"结束字",接收端处理结束字中的错误控制信息,若无错误,则接收端发送"接收正确"初始字,结束一个记录的传输,接着进行下一记录传输,直至文件传输完毕。

在两个终端彼此有信息连续交换的系统中,甲终端发出"查询"初始字,乙终端若有数据传送,就发出"请求发送"初始字作为响应。若乙终端无数据传输,则对甲终端的查询字也发出"查询"初始字,以询问甲终端是否有数据向乙终端发送。

3. ARINC429 总线工程化应用要点

1)ARINC429 总线的每条总线最多可以连接 20 个接收设备,如果两个设备之间需要双向通信,则需要两路总线,每个设备都可连接多条总线,如图 2－11 所示。

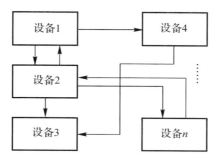

图 2－11　ARINC429 总线双向传输连接

图 2-11 中设备 1 和设备 2、设备 2 和设备 n 之间可以双向传输,设备 1 和设备 4、设备 3 和设备 4 之间只能单向传输。

2)屏蔽层两端必须接地,中间任何节点处屏蔽层都要就近接地。

3)设置合理的接收缓冲区,确保高效发送和可靠接收。

4)为防止插错引起故障,连接器一般发送为针,接收为孔,并在线缆颜色上区分。

4. ARINC429 总线特点

ARINC429 总线结构简单,不需控制器,技术完善,性能稳定,可靠性高,错误隔离性好,但速率低,带宽有限,当需要双向传输时连线较多。

2.2.3　1553B 总线

1553B 总线是美国军方于 1978 年颁布的美军标 MIL-STD-1553B,全称是数字式时分制指令/响应型多路传输数据总线,是面向军用的异步串行数据总线,是航空电子系统的设备或与其它系统间数字信息传输交换规约,已成功运用到 F-16、F-18、"全球鹰"等全球范围的航空、航天、航海领域中。我国与之对应的是国家军用标准 GJB 289A—1997《数字式时分制指令/响应型多路传输数据总线》。

1. 1553B 总线概述

1553B 总线由总线接口模块(终端)、耦合器和传输线缆组成,总线接口模块(终端)是总线与子系统接口的电子组件,可以是总线控制器(BC,Bus Control)、远程终端(RT,Remote Termindl)和总线监控器(BM,Bus Monitor),工程中三者可集成在一起,可置于子系统或部件中。传输线缆为两根分别传输数据(Data)和数据补码($\overline{\text{Data}}$)的双绞屏蔽线。1553B 总线采用双冗余配置,两个通道一个处于工作状态,一个处于热备份状态,两者之间自动切换,实现双冗余容错。

总线控制器(BC):建立和启动总线上数据传输的任务终端。

远程终端(RT):总线接口模块中除总线控制器和总线监控器以外的所有终端,是用户子系统到数据总线上的接口,响应 BC 发来的命令提取数据或接收数据。

总线监控器(BM):监控总线上的信息传输,完成对总线上的数据源进行记录和分析,它本身不参与总线通信。

终端连接到总线上有直接耦合和变压器耦合两种方式,直接耦合指直接接到总线上,变压器耦合指通过变压器和总线连接,从总线到终端的连线称为短截线。直接耦合和变压器耦合相比,变压器耦合方式有较强的驱动能力,而且具有隔离作用,避免了由于某个终端故障导致整个总线瘫痪。直接耦合和变压器耦合相关性能如表 2-2 所示。

表 2-2　直接耦合和变压器耦合相关性能

耦合方式	短截线/cm	输入电平/V	输出电压/V
直接耦合	30.5	1.2～20.0	6.0～9.0
变压器耦合	610	0.86～14.0	18.0～27.0

总线主线缆和短截线均为带保护套的屏蔽双绞电缆,在 1.0 MHz 的正弦波作用下,电

缆的标称特性阻抗 Z_0 为 $70 \sim 80\ \Omega$，主线缆两个端头应各接 1 个阻值为 $1\ \Omega \pm 2\% Z_0$ 的电阻器。

1553B 总线采用集中控制，只有得到总线控制器许可后，终端才能向总线发送数据。总线上最多可以带 31 个远程终端，其拓扑结构如图 2-12 所示。

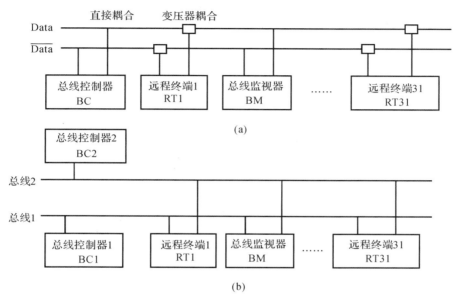

图 2-12　1553B 总线拓扑结构

2. 1553B 总线编码

1553B 总线信息以半双工时分方式传输，通信速率 1 Mb/s，采用曼彻斯特 Ⅱ 码编码。每个码通过每位中间的变化来区分，即在位中间从负到正代表 0，从正到负代表 1，如图 2-13 所示。

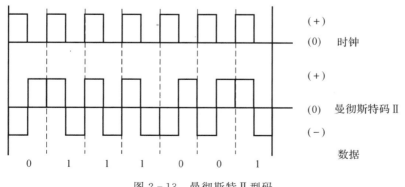

图 2-13　曼彻斯特 Ⅱ 型码

总线上传输信息的基本单位是消息，消息由字组成，每个消息由 1 个指令字、1 个状态字、若干个数据字及状态响应间隔组成，长度不超过 32 个字。每个字共 20 位，分为三个域，分别是同步域 3 位，信息域 16 位，奇偶校验 1 位，如图 2-14 所示。

1	2	3	4	5	6	7	8	9	10	11	12	13	14	15	16	17	18	19	20
同步域			信息域																P

图 2-14 1553B 总线字格式

同步域的 3 位中,1 位半高电平,1 位半低电平,同步域电平高低顺序随信息域的不同而不同。数据字的同步域为先低后高,命令字和状态字的同步域为先高后低,如图 2-15 所示。

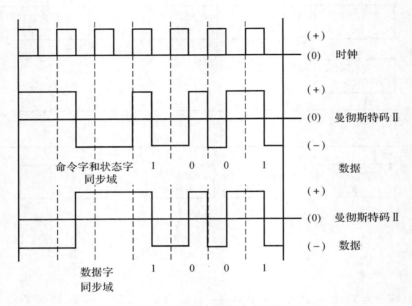

图 2-15 1553B 总线同步域格式

信息域分为 3 种,分别是命令字、数据字和状态字,分别代表本字的含义。数据字只能是 16 位 2 进制数,命令字和状态字可以是地址、分地址、控制信号和状态。奇偶校验一般采用奇校验,即保持 20 位中 1 的个数为奇数,如图 2-16 所示。

命令字、数据字和状态字各字位的含义如下。

(1)命令字

远程终端地址:范围从 0～31,和总线上的每个远程终端一一对应。一般地址 0 不用,地址 31 在广播方式传输时作为公用地址对应所有终端。

收/发:用来指定远程终端的操作,0 表示远程终端接收,1 表示远程终端发送。

子地址/方式:用来指定远程终端的子地址,但 0(00000B)和 31(11111B)不用作地址,用于表明总线系统处于方式控制,即此时的总线控制器用于对数据流或硬件的管理,不用于从子系统提取数据或向子系统送入数据。

数据字计数/方式编码:用来指定远程终端应该接收或应该发送的数据字的个数,在一个消息段中,最多可以发送或接收 32 个数据字。子地址/方式为 0 或 31 时,方式代码与收/发位的不同组合有不同的功能含义,对是否需要数据字及能否工作在广播方式都有不同要求。

（2）状态字

远程终端地址：反馈自身状态的远程终端地址，范围从 0～31，和总线上的每个远程终端一一对应。一般地址 0 不用，地址 31 在广播方式传输时作为公用地址对应所有终端。

消息出错位：表示在接收到的消息中，是否通过规定的测试，0 代表通过测试，1 代表至少有一个字没有通过测试。

其它位都有确切含义，此处不再列举。

在一个消息中，命令字位于消息的起始部分，其内容规定了该次传输具体要求。状态字只能由 RT 发出，它的内容代表 RT 对 BC 发出的有效命令的反馈。BC 可以根据状态字的内容决定下一步采取什么样的操作。

1	2	3	4	5	6	7	8	9	10	11	12	13	14	15	16	17	18	19	20
同步头			远程终端地址					收/发		子地址/方式				数据字计数/方式编码					P

(a)

1	2	3	4	5	6	7	8	9	10	11	12	13	14	15	16	17	18	19	20
同步头			数据																P

(b)

1	2	3	4	5	6	7	8	9	10	11	12	13	14	15	16	17	18	19	20
同步头			远程终端地址					消息出错位	测试手段位	服务请求位	备用			广播指令接收位	忙	子系统标志位	动态总线控制接收位	终端标志位	P

(c)

图 2-16　1553B 总线 3 种字格式

(a)命令字格式；　(b)数据字格式；　(c)状态字格式

3．1553B 总线传输

消息传输方式分为一般消息传输方式和广播消息传输方式，有 10 种消息格式，一般消息传输方式中消息格式有 BC 到 RT、RT 到 BC、RT 到 RT、不带数据字的方式命令、带数据字发送的方式命令、带数据字接收的方式命令。广播消息传输方式中数据格式有 BC 到所有 RT、RT 到所有 RT、不带数据字的广播方式命令、带数据的广播方式命令。消息传输方式如图 2-17 所示。

图中，＊＊代表响应时间，♯代表消息间隔时间。状态字的响应时间 ＊＊指状态字的前一个字的最后一位的中间过零点到状态字同步头的中间过零点的时间，为 4～12 μs。消息间隔时间指前一消息最后一个字的最后一位的中间过零点到紧邻的下一个消息的指令字同步头的中间过零点的时间，消息间最小间隔为 4 μs，BC 一般不发送无字间间隔的连续消息。

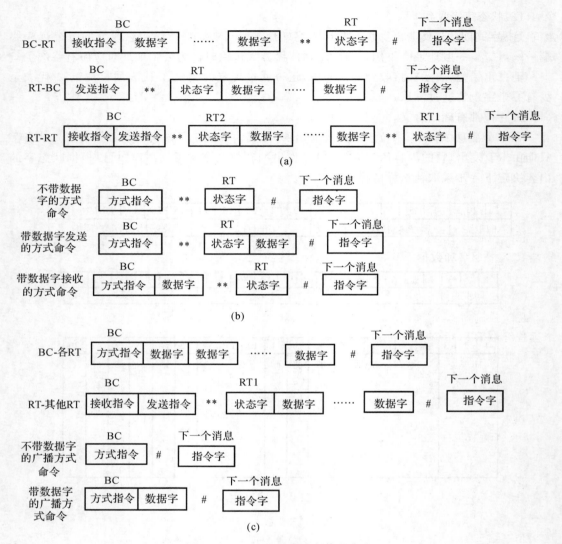

图 2-17 1553B 总线消息传送方式

(a)BC 与 RT 之间的消息传送方式; (b)方式命令的消息传送方式; (c)广播消息传送方式

1553B 总线各种消息传输过程如下。

(1)总线控制器 BC 到远程终端 RT

总线控制器 BC 发出一个接收指令字及规定个数的数据字到远程终端 RT,指令字和数据字之间没有字间间隔连续发出,RT 在核实接收到数据后,发送一个状态字给 BC。

(2)远程终端 RT 到总线控制器 BC

总线控制器 BC 发出一个发送指令字到远程终端 RT,RT 在核实接收到的指令字后,发送一个状态字及相应个数的数据字给 BC,状态字和数据字之间没有字间间隔连续发出。

(3)远程终端 RT 到远程终端 RT

总线控制器 BC 发出一个接收指令字到远程终端 RT1,紧接着向 RT2 发送一个发送指令,RT2 在核实接收到的指令字后,发送一个状态字及相应个数的数据字,状态字和数据字之间没有字间间隔连续发出。RT2 发送完数据字及 RT1 核实接收到的数据字后,RT1 发送一个状态字给 BC。

(4)不带数据字的方式命令

总线控制器 BC 发出一个规定的方式编码(方式命令)的发送指令字到远程终端 RT,该 RT 核实接收到的指令后,回送一个状态字。

(5)带数据字发送的方式命令

总线控制器 BC 发出一个规定方式编码(方式命令)的发送指令字到远程终端 RT,该 RT 核实接收到的指令后,回送一个状态字和一个数据字,状态字和数据字之间没有字间间隔连续发出。

(6)带数据字接收的方式命令

总线控制器 BC 发出一个规定方式编码(方式命令)的接收指令字及一个数据字到远程终端 RT,指令字和数据字之间没有字间间隔连续发出,该 RT 核实接收到的指令和数据后,回送一个状态字。

(7)总线控制器 BC 到各远程终端 RT

总线控制器 BC 发出一个地址为 31(11111B)的接收指令字及规定个数的数据字到各个远程终端 RT,指令字和数据字之间没有字间间隔连续发出,各 RT 在核实接收到数据后,将各自状态字的第 15 位即广播指令接收位置位,不回送状态字给 BC。

(8)远程终端 RT 到其它各远程终端 RT

总线控制器 BC 发出一个地址为 31(11111B)的接收指令字,接着用 RT1 的专有地址向 RT1 发出一个发送指令字,RT1 在核实接收到指令后,回送一个状态字及规定个数的数据字,状态字和数据字之间没有字间间隔连续发出,各 RT 在核实接收到数据后,将各自状态字的第 15 位即广播指令接收位置位,不回送状态字给 BC。

(9)不带数据字的广播方式命令

总线控制器 BC 向远程终端 31(11111B)发出一个规定的方式编码(方式命令)的发送指令字,各 RT 核实接收到的指令后,将各自状态字的第 15 位即广播指令接收位置位,不回送状态字给 BC。

(10)带数据的广播方式命令

总线控制器 BC 向远程终端 31(11111B)发出一个规定的方式编码(方式命令)的发送指令字及一个数据字,指令字和数据字之间没有字间间隔连续发出,各 RT 核实接收到的信息后,将各自状态字的第 15 位即广播指令接收位置位,不回送状态字给 BC。

4. 1553B 总线通信协议

1553B 总线通信协议分为 5 层,是一组数据传输规则的组合,涉及 1553B 总线接口和与总线相连的航空电子设备硬件和软件。按照这些 1553B 总线通信协议,不仅使不同接口的航空电子设备能通过 1553B 总线通信,而且使这些设备与总线耦合尽量少,使系统能够灵活方便地修改、删减和扩展。

协议中的每一层都在协议相互转换中起不同作用,通常这些协议通过远程终端和 1553B 总线接口模块(MBI)共同实现,如图 2-18 所示。

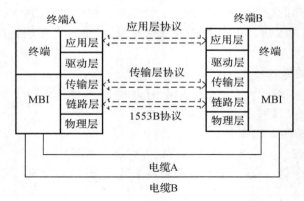

图 2-18　1553B 总线通信系统结构

图中实线表示实际的物理连接,虚线表示一种逻辑和协议上的对应关系。

1)物理层:作为协议中的最低层,规定了与总线硬件相关要求,使满足物理传输特性的信号能通过线缆,并传送到上一层。具体实现一般包括信号驱动、限幅、滤波、检测、发送控制、定时、变压器耦合解耦等,在 MBI 中实现。

2)数据链层:数据链层控制每条消息的传输顺序,主要完成消息接收发送控制,一般包括同步头生成及检测、位和字计数、消息编码和解码、奇偶校验、曼彻斯码生成等,在 MBI 中实现。

3)传输层:控制以消息为基本单位的消息序列的传送顺序,实现以数据包为单位的数据传输,在 MBI 中实现。

4)驱动层:是传输层与应用层之间的软件接口,为应用层提供了访问较低层的手段,在远程终端中实现。

5)应用层:通过控制调度驱动层,应用层通过驱动层访问传输层生成、驻留在各种硬件中的数据,实现进程或应用程序之间的数据传输,在远程终端中实现。

5. 1553B 总线特点

1553B 总线是一种集中控制、分布处理、实时响应、双向传输的时分串行总线,具有以下特点。

1)可预知的实时性:1553B 总线协议对命令响应时间、消息间隔时间、消息的最大长度都有规定和限制,通过合理安排和调度数据通信周期,不仅可以预知数据传输及总线运行时刻及时间,还可以提高数据传输总线的运行效率。

2)高可靠性:1553B 总线通过合理的控制措施和特有的方式命令,实现数据传输错误监测、定位、隔离、校正、重传、系统监控及系统恢复等功能,确保了数据传输的正确性和完整性。通过电缆屏蔽与总线耦合,保障稳定的电气性能。这些措施从消息生成、发送、传输到接收、确认等环节,保证了数据传输的可靠性。

3)容错能力:1553B 总线采用双冗余系统,有两个独立通道,通道间自动切换,对软件透明,保证了良好的容错性和故障隔离能力。

4)广播通信方式:1553B 总线具有广播通信方式,适合在集中控制场合使用。

5)线性拓扑结构:1553B 采用线性总线拓扑结构,设计灵活,大大减少了终端之间的连线,减轻重量、体积,易于系统扩展、删减节点,便于维护。

2.2.4　1773 总线

1773 总线是美国军方于 1988 年颁布的美军标 MIL - STD - 1773,全称是光纤化的飞机内部指令/响应多路传输数据总线,是面向军用的以光纤为传输介质的数字式时分异步串行数据总线,是 1553B 总线的光纤版,它以 1553B 总线协议为基础,加入与光纤通信技术要求相关内容,与 1553B 总线兼容。

1773 总线通信协议的终端定义、传输速率、编码方式、字定义、消息格式、控制模式与 1553B 相同,例如总线上传输速率为 1 Mb/s,编码方式为曼彻斯特 II 型非归零码,总线控制权只在总线控制器,指令字、数据字和状态字都是 20 位等。

和电缆连接不同,光纤的连接方法及拓扑结构一般有以下几种,如图 2 - 19 所示。

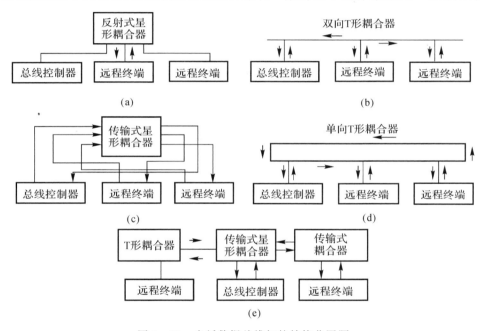

图 2 - 19　光纤数据总线拓扑结构分图题

(a)反射式星形总线;　(b)双向 T 形总线;　(c)传输式星形总线;　(d)单向 T 形总线;　(e)混合式总线

从光纤介质传输损耗大小、光路元器件种类、总线拓扑结构易改变和实现成熟度等综合比较,1773 总线一般采用的拓扑结构如图 2 - 20 所示。

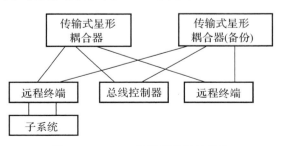

图 2 - 20　1773 总线系统拓扑结构

1773 总线通信协议分为 5 层,是一组数据传输规则的组合,涉及 1773 总线接口和与总线相连的航空电子设备硬件和软件。按照这些协议,不同接口的航空电子设备能通过 1773 总线通信,而且使这些设备与总线耦合尽量少,使系统灵活、方便修改、删减和扩展。

协议中的每一层都在协议相互转换中起不同作用,通常这些协议通过远程终端和 1773 光纤总线接口模块(FMBI)共同实现,如图 2-21 所示。

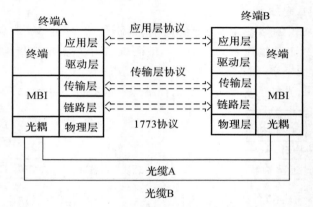

图 2-21 1773B 总线通信系统结构

图中实线表示实际的物理连接,虚线表示一种逻辑和协议上的对应关系。

物理层作为协议中的最低层,规定了与总线硬件相关要求,使满足物理传输特性的信号能通过光缆,并传送到上一层。具体实现一般包括信号驱动、限幅、滤波、检测、发送控制、定时、光耦合解耦等,在独立的模块中实现,也可集成在 MBI 中实现。

1773 总线利用光纤作为传输介质,用光收/发器代替电收/发器,重量轻、体积小、传输损耗小、抗电磁干扰能力强,无辐射,故障隔离度高,传输距离长,但对维护条件要求较高。

2.2.5 CAN 总线

1. CAN 总线概述

CAN 总线是控制器局域网络(Controller Area Network)的简称,1986 年由德国 BOSCH 公司开发,最早用于汽车电子产品。升级后的 CAN 总线技术规范 V2.0 版本定义了物理层和链路层协议,分为 A、B 两部分,2.0A 给出了曾在 CAN 技术规范版本 1.2 中定义的 CAN 报文格式,能提供 11 位地址,而 2.0B 给出了标准的和扩展的两种报文格式,提供 29 位地址。1993 年,国际标准化组织(ISO)颁布了 ISO 11898 和 ISO 11519 两项标准,分别应用于 CAN 总线的高速应用和低速应用,为 CAN 总线成为国际上应用最广泛的现场总线之一奠定了基础。

CAN 总线是全数字式现场控制设备互连的串行总线,属于工业现场总线的范畴。CAN 总线的数据通信具有突出的可靠性、实时性和灵活性,能有效支持分布式控制和实时控制,被广泛地应用于工业自动化、航空航天、船舶、机器人、医疗设备等方面。

CAN 总线是一种多主总线,传输介质可以是双绞线、同轴电缆或光纤,信号以差分电压传送,两条信号线分别被称为 CAN-H 和 CAN-L。通信距离在 40 m 以内,通信速率最高

可达 1 Mb/s。通信速率在 5 kb/s 以下时,通信距离可达 10 km。双绞线阻抗 120 Ω。CAN
总线拓扑结构如图 2-22 所示。

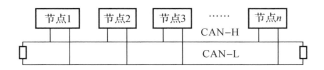

图 2-22　CAN 总线拓扑结构

CAN 总线位流采用二进制不归零(NRZ)编码方式,所以总线上一个完整的位电平,不
是"0"就是"1"。

总线上位流码有显性和隐性两种互补的状态,显性对应逻辑"0",隐性对应逻辑"1"。与
位流编码相对应,总线上不是显性就是隐性。CAN 总线传输数据时,以两线间差分电压形
式出现,在没有数据传输时,两条线电压相同,CAN-H 和 CAN-L 都被固定在平均电压
附近,差分电压 V_{diff} 近似为 0,为隐性状态,代表逻辑"1"。有数据传输时,两条线电压不同,
差分电压 V_{diff} 大于最小阈值电压,为显性状态,代表逻辑"0",如图 2-23 所示。

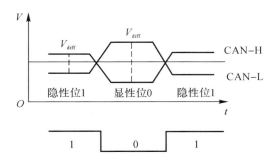

图 2-23　CAN 总线上位电平表示

总线上传输的两种状态是"线与"关系,同一时刻两个节点分别为显性状态和隐性状态
时,总线状态为显性,即当两个节点分别发送"0"和"1"时,总线状态为"0"。

虽然 CAN 总线协议并没有具体定义两种状态的实现方式,但必须保证总线上出现竞
争时,较高优先级报文获取总线,所以物理层必须支持 CAN 总线的隐性状态和显性状态特
征。在没有发送显性状态时,总线处于隐性状态。总线空闲时,也处于隐性状态。当一个或
多个节点发送显性位时,显性位覆盖隐性位,使总线处于显性状态。

2. CAN 总线协议

CAN 总线协议只规定了物理层和链路层,仅提供可靠的传输服务,应用层需要用户自行
定义,如图 2-24 所示。总线常见的应用层协议有 CANOpen、DeviceNet、CANaerospace 等。

CAN 总线协议的物理层定义了物理信号在总线上实际传输过程,包括连接介质、线路
电气特性、位定时、位编码、位解码、位同步等的实施要求和标准。

链路层分为逻辑链路控制子层(LLC)和媒体访问控制子层(MAC),LLC 子层为数据传
送和远程数据请求提供服务,确认由 LLC 接收的报文实际已被接收,并为恢复管理和通知

超载提供信息。MAC 子层主要传送规则，把接收到的报文传送给 LLC 子层，并接收来自 LLC 的报文，即完成报文的组分、帧的组分、执行仲裁、出错标定和故障界定，当一次新的传送开始时，确认总线是否开放或者是否马上接收。

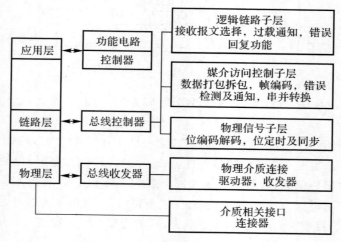

图 2-24　CAN 总线协议分层结构

　　应用层由主控制器及应用软件按照 CAN 报文格式解析报文，完成相应控制，基于寄存器的操作，初始化 CAN 控制器，发送 CAN 报文，接收 CAN 报文等。节点接收报文时，要通过应用层协议来确认数据来源及数据含义。

　　3. CAN 总线帧结构

　　CAN 总线传输的报文是由一个个 CAN 通信帧组成，CAN 的通信帧分为 4 种，分别为数据帧、远程帧、错误帧、过载帧，帧与帧之间以帧间隔分开。

　　数据帧：用于发送节点向接收节点传送数据的帧，携带数据从发送节点到接收节点，用于节点之间收发数据，是使用最多的帧类型。

　　远程帧：用于接收节点向具有相同 ID 的发送节点请求数据的帧。需要接收数据的节点，通过发送远程帧启动具有相同 ID 其它节点，使其向接收节点发送数据帧。作为某数据接收节点，通过发送远程帧，启动其它节点发送它们各自的数据。远程帧没有数据域。

　　错误帧：用于节点检测到错误时向其他节点通知的帧。错误帧没有数据域。

　　过载帧：用于接收节点通知其尚未做好接收准备的帧，在相邻数据帧和远程帧之间提供附加延时。过载帧没有数据域。

　　对于数据帧和远程帧，CAN 协议支持标准型和扩展型两种报文格式，CAN2.0A 仅支持标准帧，CAN2.0B 支持标准帧和扩展帧。两者之间的区别仅在于仲裁域标识符的长度不同，标准型标识符为 11 位，扩展型标识符为 29 位。

　　(1)数据帧和远程帧

　　数据帧由 7 个域组成，分别是起始域、仲裁域、控制域、数据域、循环冗余校验域、应答域和结束域。

　　远程帧与数据帧不同，没有数据域，因此由 6 个域组成，分别是起始域、仲裁域、控制域、循环冗余校验域、应答域和结束域。数据帧和远程帧结构如图 2-25 所示。

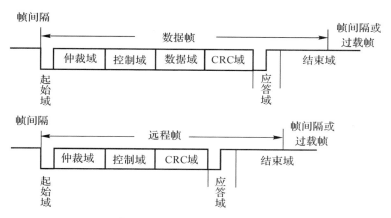

图 2-25　数据帧和远程帧结构

1)起始域。标志数据帧和远程帧的开始,由 1 个单独的显性位组成,即该位为逻辑"0",标明总线上将要开始有报文了。

2)仲裁域。CAN 总线的所有节点都可获得总线控制权向总线发送数据,为了避免总线冲突,通过比较同时发送的节点的仲裁域中的 ID 大小,ID 小的节点具有高的优先权。

各节点在向总线发送电平时,同时也在读取总线上的电平,并与自身发送的电平比较,如果电平相同则继续发送下一位,由于总线上电平是"线与"关系,不同时,则该位为隐形电平即逻辑"1"的节点停止发送并退出总线竞争。其它节点继续该过程,直至总线上只剩下一个节点发送的电平,该节点优先级最高,获得总线控制权,总线竞争结束。这个过程中,优先级最高的节点一直在发送数据,所以其它节点在退出总线竞争的那一刻起,就成为接收节点,可以接收优先级最高的节点紧跟其后的数据,并且在总线再次空闲前不会发送数据。仲裁流程如图 2-26 所示。

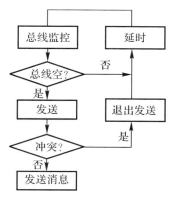

图 2-26　CAN 总线仲裁流程

在标准型数据帧中,仲裁域由 11 位标识符(ID)和远程发送请求位(RTR)组成,用来判断一帧报文的优先级。标识符为 ID28~ID18,发送顺序从高位到低位,即从 ID28 开始,最后为 ID18。最高 7 位即 ID28~ ID22 不能全部为隐性位,即不能全为逻辑 1。

在扩展型数据帧中,仲裁域由 29 位标识符(ID)和替代远程请求位(SRR)、标志位(IDE)和远程发送请求位(RTR)组成,用来判断一帧报文的优先级。标识符为 ID28～ID0,分为基本 ID 即 ID28～ID18 和扩展 ID 即 ID17～ID0,发送顺序也是从高位到低位。

RTR 位标明是数据帧还是远程帧,当 RTR 为 0 时,该帧为数据帧,RTR 为 1 时,该帧为远程帧,因此数据帧优先于远程帧。在标准格式和扩展格式中,RTR 都位于仲裁域的最后一位,但具体位置不同。标准格式中,RTR 紧随在 ID 之后。在扩展格式中,RTR 位于扩展 ID 之后。

SRR 位只在扩展格式中存在,紧随基本 ID 之后,固定设置为隐性位,即为逻辑 1。

由于标准数据帧的 RTR 固定设置为 0,扩展数据帧中的 SRR 固定设置为 1,两者又在同一位置,紧随基本 ID 之后,所以在仲裁按位比较过程中,当标准数据帧和扩展数据帧基本 ID 一样时,标准帧优先级高于扩展帧。

IDE 位表明是标准格式还是扩展格式,在扩展格式中属仲裁域,紧随 SRR 之后,固定设置为隐性位,即逻辑"1"。在标准格式中属控制域,固定设置为显性位,即逻辑"0"。尽管标准格式和扩展格式的 IDE 不在一个域,但两者在帧中的位置相同,所以,在标准数据帧和扩展数据帧基本 ID 一样时,标准远程帧优先级高于扩展远程帧,如图 2-27 所示。

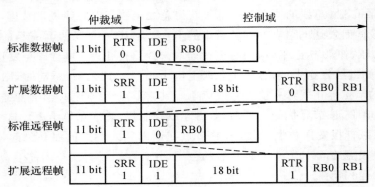

图 2-27　数据帧和远程帧仲裁域结构

在基本 ID 号相同情况下,RTR 保证数据帧优先级高于远程帧,SRR 保证标准数据帧优先级高于扩展数据帧,IDE 保证标准远程帧优先级高于扩展远程帧。

3)控制域。控制域由 6 位组成,标准格式和扩展格式控制域格式定义不同。标准格式控制域由 IDE 位、保留位 RB0 及 4 位数据长度代码(DLC3～DLC0)组成,其中,IDE 固定设置为 0。扩展格式控制域由 2 位保留位 RB1 和 RB0 及 4 位数据长度代码(DLC3～DLC0)组成。保留位必须发送为显性,但接收器认可显性和隐性的任何组合。DLC 只允许使用特定编码,其它不能使用,如表 2-3 所示。在远程帧中由于没有数据域,DLC 可以为 0～8 之间的任何值。

表 2-3　数据帧长度代码与字节数对应关系

字节数	DLC3	DLC2	DLC1	DLC0
0	d	d	d	d

续表

字节数	DLC3	DLC2	DLC1	DLC0
1	d	d	d	r
2	d	d	r	d
3	d	d	r	r
4	d	r	d	d
5	d	r	d	r
6	d	r	r	d
7	d	r	r	r
8	r	d	d	d

注：表中 d 为显性即逻辑 0，r 为隐性即逻辑 1。

4）数据域。数据域包含的是数据帧中要发送的数据，可以为 0～8 个字节，每个字节 8 位，首先发送最高有效位（MSB）。

5）循环冗余校验域（CRC）。循环冗余校验域包含 CRC 序列和 CRC 界定符，CRC 计算范围包括起始域、仲裁域、控制域和数据域。CRC 界定符为 1 位隐性位，即逻辑"1"。

6）应答域（ACK）。应答域包含 1 位应答间隙和 1 位应答界定符。发送节点发送的这两位均为隐性电平（逻辑"1"）。接收节点在正确接收到报文后，在应答间隙处发送显性电平（逻辑"0"），通知发送节点正常接收结束。

7）帧结束域。报文的尾部由帧结束序列标出，该序列由 7 位隐性位组成。在相邻的两条报文间有一很短的间隔位，如果这时没有节点进行总线访问，总线将处于空闲状态。

数据帧和远程帧结构非常相似，但也有区别，如表 2-4 所示。

表 2-4　数据帧和远程帧结构对照

	数据帧	远程帧
ID	发送节点的 ID	被请求节点的 ID
RTR	显性电平 0	隐性电平 1
SRR	显性电平 0	隐性电平 1
DLC	发送数据长度	请求的数据长度
数据域	有	无
CRC 范围	起始域+仲裁域+控制域+数据域	起始域+仲裁域+控制域

（2）错误帧

尽管 CAN 是可靠性很高的总线，但是它也会有错误，常见错误有 CRC 错误、格式错误、应答错误、位发送错误及位填充错误。

1)CRC 错误:发送与接收的 CRC 值不同。

2)格式错误:帧格式不合法。

3)应答错误:发送节点在 ACK 阶段没有收到应答信息。

4)位发送错误:发送节点在发送信息时发现总线电平与发送电平不符。

5)位填充错误:通信线缆上违反通信规则。

当发生这 5 种错误之一时,发送节点或接收节点将发送错误帧。

在 CAN 总线中,任何一个节点可能处于下列 3 种故障状态之一,即错误激活状态(Error Active)、错误认可状态(Error Passive)和总线关闭状态(Bus off)。

错误激活节点可以照常参与总线通信,并且当检测到错误时,送出一个活动错误标志。错误认可节点可参与总线通信,但是不允许送出活动错误标志。当其检测到错误时,只能送出错误认可标志,并且发送后仍为错误认可状态,直到下一次发送初始化。总线关闭状态不允许该节点对总线有任何影响。

为了界定故障,在每个总线单元中都设有 2 个计数器,即发送出错计数器和接收出错计数器,并按照下列规则进行。

1)接收节点检查出错误时,接收节点错误计数器加 1,除非所有检测错误是发送活动错误标志或过载标志期间的位错误。

2)接收节点在送出错误标志后的第一位检查出显性位时,错误计数器加 8。

3)发送节点送出一个错误标志时,发送节点错误计数器加 8。有两种情况例外,其一是如果发送节点为错误认可,由于未检测到显性位应答或检测到应答错误,并且在送出其认可错误标志时,未检测到显性位;另外一种情况是如果仲裁产生填充错误,发送节点送出一个隐性位错误标志,而检测到的是显性位。除以上两种情况外,发送节点错误计数器计数不改变。

4)发送节点送出一个活动错误标志或超载标志时,检测到位错误,则发送器错误计数器加 8。

5)在送出活动错误标志、认可错误标志或超载错误标志后,任何节点都最多允许连续 7 个显性位。在检测到第 11 个连续显性位后,或紧随认可错误标志检测到第 8 个连续的显性位,以及附加的 8 个连续的显性位的每个序列后,每个发送节点的发送错误计数都加 8,并且每个接收节点的接收错误计数也加 8。

6)报文成功发送后,发送错误计数减 1,除非计数值已经为 0。

7)报文成功发送后,如果接收错误计数处于 1～127 之间,则其值减 1;如果接收错误计数为 0,则仍保持为 0;如果大于 127,则将其值记为 119～127 之间的某个数值。

8)当发送错误计数等于或大于 128,或接收错误计数等于或大于 128 时,节点进入错误认,可状态,节点送出一个活动错误标志。

9)当发送错误计数大于或等于 256 时,节点进入总线关闭状态。

10)当发送错误计数和接收错误计数均小于或等于 127 时,错误认可节点再次变为错误激活节点。

11)在检测到总线上 11 个连续的隐性位发送 128 次后,总线关闭节点将变为 2 个错误计数均为 0 的错误激活节点。

12)当错误计数数值大于 96 时,说明总线被严重干扰。

如果系统启动期间仅有 1 个节点挂在总线上,此节点发出报文后,将得不到应答,检查出错误并重复该报文,此时该节点可以变为错误认可节点,但不会因此关闭总线。

错误帧由错误标志域和错误界定符组成,如图 2-28 所示。

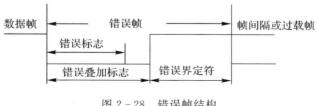

图 2-28　错误帧结构

为了能正确终止错误帧,错误认可的节点要求总线至少有长度为 3 个位时的总线空闲时间(当错误认可的节点有局部错误时),因此总线负载不应为 100%。

错误标志有 2 种,一种为激活错误标志,或称为主动错误标志,另一种为认可错误标志,或称为被动错误标志。

激活错误标志有 6 位连续的显性位组成,认可错误标志由 6 位连续的隐性位组成,除非被其它节点的显性位覆盖。

检测到错误的节点通过发送激活错误标志指示错误,因为这个错误标志的格式也违背了从帧起始到 CRC 界定符的位填充规则,也破坏了 ACK 域或帧结尾域的固定格式,导致其它节点也会检测到错误并且开始发送错误标志。因此各个节点发送的错误标志就形成显性位序列,这个序列总长度最小为 6 个位,最大为 12 个位,可以在总线上监视到。

错误界定符为 8 个隐性位,发送完错误标志后,每个节点就发送 1 个隐性位,并一直监视总线,直至监视到 1 个隐性位后,再发送其余 7 个隐性位。

(3)过载帧

过载帧由过载标志域和过载界定符组成,如图 2-29 所示。

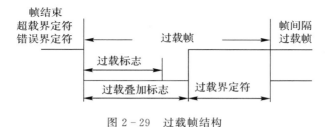

图 2-29　过载帧结构

过载标志由 6 个显性位组成,过载标志和激活错误标志一样,过载标志破坏了间歇域的固定形式,因此所有其它节点都检测到过载标志,并与此同时发出过载标志。如果在间歇域的第 3 位检测到显性位,则这位将被解释为真的起始。

过载界定符为 8 个隐性位,发送完错误标志后,节点就一直监视总线,直到检测到 1 个从显性位到隐性位的变化,在这一时刻,每个节点都发送完了自己的过载标志,所有节点开始同时发送剩余的 7 位隐性位。

（4）帧间隔

对于数据帧及远程帧，无论其前面什么类型的帧，都要用帧间隔和前面其它帧隔离，而错误帧与过载帧前面无需插入帧间隔。

一般帧间隔由间歇域和总线空闲域组成。但对于前一报文发送的是认可错误标志的节点，帧间隔还包含一个挂起传送域，如图 2-30 所示。

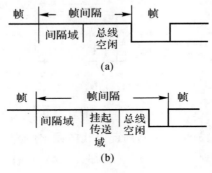

图 2-30　帧间隔格式

间歇域包括 3 个隐性位。在间歇域期间所有节点都不允许传送数据帧和远程帧，仅可标识一个过载条件。

总线空闲时间长度是任意的，只要总线被认定为空闲，任何等待发送数据的节点都可访问总线。在发送其它报文期间，一个等待发送的报文，其传送开始于间歇域后的第 1 个位。总线上检测到的显性位被解释为帧的起始。

挂起传送域是指错误认可的节点发送报文后，在下一报文开始传送之前，或确认总线空闲之前，紧跟在间歇域的后面发出 8 个隐性位，产生一段延迟后，再发送帧。如果同时有一个报文由另一个节点开始发送，则此节点就成为这个报文的接收节点。

4．CAN 总线的特点

与其它现场总线比较，CAN 总线通信速率高、结构简单、容易实现、性价比高、具有国际标准，适用于大数据量短距离、小数据量长距离、实时性要求比较高、多主多从或者各个节点地位平等等诸多的场景，具有强劲的市场竞争力，是最有前途的现场总线之一。

CAN 总线的特点如下。

（1）多主工作方式

CAN 总线采用了多主竞争式总线结构，多主站运行，分散仲裁。CAN 总线上任意节点可在任意时刻主动向网络上其它节点发送信息而不分主次，各节点之间可灵活通信。

（2）设置节点优先级

CAN 总线在报文标识上，将各个节点分成不同优先级，可满足不同节点的实时性要求。多个节点同时发起通信时，优先级低的自动退出发送，不会对通信线路造成拥塞。高优先级节点信息最快可在 134 μs 内得到传输。

（3）非破坏性仲裁机制

CAN 总线在报文发送过程中，采用无损结构的逐位仲裁竞争方式向总线发送数据，仲裁胜出者不被打扰,继续发送数据,不需要重新启动。失败者自动退出,不会被破坏,等待这条消息发送完成后,再进行下一次仲裁。

(4)网络各节点之间的数据通信方式灵活多样

CAN 总线协议未采用节点地址编码,而是对通信报文 ID 编码,使得 CAN 总线各节点可实现点-点、一点-多点及广播式通信,提高了系统的灵活性,容易构成冗余结构。

(5)网络中的节点个数在理论上不受限制

CAN 总线协议的一个最大特点是废除了传统的节点地址编码,改为对通信数据块进行编码。数据块的标识符可由 11 位或 29 位二进制数组成,采用这种方法的优点是可使网络内的节点个数在理论上不受限制。

(6)多种措施保证传输可靠性

CAN 总线协议采用短帧结构,数据域长度最多为 8 个字节,传输时间短,受干扰概率低。

每帧都有 CRC 检验,并可提供相应的错误处理功能,提高检错效果。

采用远程帧,只需一帧时间就可以完成一次双向交互,减少报文传输次数,缩短通信时间。

节点在错误严重时,可自动关闭输出,避免影响其它节点正常工作。

(7)开发周期短

CAN 总线控制器芯片及其接口芯片型号全,商品化程度高,降低系统开发难度,缩短开发周期。

2.2.6　ARINC825 总线

ARINC825 总线标准由 AEEC 组织在 2007 年颁布,在 CAN2.0、ISO 11898 - 1 及 ISO 11898 - 2 等 CAN 总线标准协议基础上,针对在航空领域的应用,补充了传输层协议及其它相关内容。

ARINC825 总线物理层定义了传输介质为双绞铜线、信号传输方式、收发器要求等,推荐了连接器选型与信号分布、安装、接地等要求。

链路层定义了帧类型与格式、仲裁机制、接收过滤、错误处理、节点状态等,规定了必须支持 29 位扩展标识符,不推荐使用远程帧及超载帧。

传输层规定和说明了逻辑通信通道、节点标识和节点编址规则及用法,适合于机载应用的功能编码标识符、点对点通信机制的节点服务接口、节点的测试和维护信道等,为机载应用奠定了基础。

在设计上,ARINC825 总线物理层和链路层在 CAN 总线接口模块上实现,传输层在总线接口模块和主机共同实现。

2.2.7　ARINC629 总线

ARINC629 总线由波音公司联合 ARINC 公司于 1991 年颁布,是航空应用数字式自主终端通信的一种双向传输总线,该总线的特点如下:

终端间的物理连接采用简单的线性拓扑结构,终端既可发送又可接收,最多可连接 120 台终端。

总线上所有终端具有同等优先级,终端自主决定自身数据的发送。

不采用集中控制,不需要总线控制器,总线控制权分布在所有参与传输的终端上。

采用载波检测/多路存取-防撞(CS/MA-CA)通信协议,多终端独立工作。

传输介质可以是电缆或光缆,使用电流型耦合器时,传输码型为曼彻斯特Ⅱ型双向电平码,传输速率达 2 Mb/s,长度可达 100 m。

ARINC629 总线以消息为单位,每个消息由 1～32 个字串组成,每个字串由 1 个标号字和紧跟其后的 0～256 个数据字组成。在 1 个消息的每个字串中间,有 4 个位时的间隔。每个字字长为 20 位时,分为 3 个域,分别是同步域 3 位,信息域 16 位,奇偶校验 1 位。

信息域分为标号字和数据字,分别代表本字的含义。数据字只能是 16 位 2 进制数,标号字的 16 位又分为前 4 位扩展通道位和后 12 位标号位。

同步域的 3 个位时中,1 位半高电平,1 位半低电平,不同的信息域,电平高低顺序不同。标号字的同步域为先高后低,数据字的同步域为先低后高。

ARINC629 总线标准规定了两种互不兼容的协议,即基本型协议 BP 和联合型协议 CP,它们都具有广播方式和点对点方式两种数据传输方式。BP 协议中每个终端拥有相同的优先级,通过发送间隔定时器(TI)、同步间隔定时器(SG)及终端间隔定时器(TG)的状态协调每个终端,实现消息周期或非周期有序传输,并具有消息冲突后的恢复机制。对于总线上的任一个终端,必须同时满足下列 3 个条件才能发送下一次数据。

1)必须在上一次发送间隔 TI 计满;

2)必须在总线上检测到一段 SG 规定的空闲时间;

3)必须在总线上检测到一段 TG 规定的空闲时间。

终端能否占用总线取决于本终端状态及总线状态,与其它终端状态无关。当一个终端开始发送数据时,TI 计数器开始计数,直到 TI 计满时此终端才有可能发送数据。当终端检测到总线空闲状态时,启动 SG 计数器,在 SG 计数器计满前,总线上出现数据,则 SG 计数器复位,重新等待下一次总线空闲再启动;当 SG 计数器计满后,启动 TG 计数器,期间总线上出现数据,则 TG 计数器复位,SG 计数器不复位。只有 TG、SG、TI 同时计满后,本终端才获得总线控制权,可以发送数据。一般所有终端的 TI 相同,SG 也相同,TG 不同,合理设置TI、SG、TG 计数器,则可以使每个终端获得相同机会,避免总线频繁次冲突,提高总线效率。

2.2.8 IEEE 1394B 总线及 AS5643 总线

IEEE 于 1995 年颁布的 IEEE 1394 总线是一种高速数据传输串行总线标准,在此基础上,经历了几次修订,2001 年颁布了 IEEE 1394B,以适应多媒体及数码设备的海量数据传输需求。

1. 1394B 总线

1394B 总线是高速实时串行总线,以链状或树形结构连接,同一总线上最多允许连接 63 个相同速度的设备,最多允许 1023 条总线相互连接。

1394B 总线线缆有 6 芯线和 4 芯线两种。在 6 芯线缆中,其中 2 根双绞后,用来传输数据,2 根屏蔽线,1 根电源线,1 根地线。在 4 芯线缆中,没有电源线和地线。

数据是通过双绞线以数据包形式传输的,数据包包含传输的数据信息和相应设备的地址信息。

1394B 总线传输模式有同步和异步两种。同步模式时,数据能连续传输,不会受任何干扰而被中断。在异步传输模式中,1394B 会根据不同设备实际需要分配相应带宽,当某设备需要向其它设备发送信息时,会发出专门的连接信号,告知其它设备自己将要使用某一带宽。

1394B 总线可支持光纤传输,传输速率可达 3.2 Gb/s,传输距离可达 100 m。基于 1394B 的光纤总线系统具有计算能力强、吞吐量大、可靠性高、易于扩展、维护方便、且支持点对点通信、广播通信、热插拔、即插即用等特点,为多模态传感系统、在线实时检测和视频图像传输等应用提供了基础。

2. AS5643 总线

为了满足航空航天领域对数据传输高可靠、确定性、实时性、低延迟的要求,2004 年 SAE 对 IEEE 1394B 协议局部进行了限制和改进,颁布了 SAE AS5643 总线协议,也称为 MIL - 1394(军用 1394),形成用于军事和飞行器应用的 1394B 总线接口需求,成功用于 F22、F35 及 X47B 无人机等项目中。

为了提高总线数据传输确定性,AS5643 总线做了以下改进。

1)预配置网络拓扑:指定控制计算机(CC)作为根节点,整个运行过程中不再改变,其它子节点以环路方式接入根节点,子节点一次故障情况下,通信链路不被切断。

2)静态分配通道号:由于 1394B 总线在子节点出现断开时,控制计算机(CC)会重新分配通道号,总线工作过程中通道号会发生变化。AS5643 总线采用静态分配通道号,根据需求将 63 个通道预先分配到每个节点,初始化后不再改变,提高了数据传输确定性。

3)预先分配带宽:AS5643 总线未使用等时资源管理器(IRM)分配带宽,给每一个消息都分配发送包和接收包相对于帧起始包(STOF)的时间,通过分时传输机制分配带宽, AS5643 总线上各节点的发送包和接收包时间由消息配置文件指定,保证了数据发送和接收在每个 STOF 周期内时间的确定性,也避免了其它节点的干扰。

4)匿名签署消息:1394B 总线中通过包头识别消息,AS5643 用消息 ID 作为每条消息的唯一识别,提升了总线确定性,应用软件也可以在不了解拓扑结构的情况下使用通信功能。

5)帧起始包(STOF):AS5643 总线用帧起始包代替等时包实现总线同步,作为总线的同步源。由根节点控制计算机(CC)在每个新的帧周期开始时发送给所有子节点,表明一个新的帧周期的到来。每个子节点将收到的 STOF 包的时刻,作为一个新周期开始,根据相应的 STOF 发送包时间,发送异步流包。STOF 包保持了根节点与子节点帧周期同步,确保了子节点计时的准确性,防止时钟偏差累积导致的同一时刻不同异步流包同时争夺总线现象,提高了总线确定性。

6)使用异步流包:AS5643 总线用异步流包代替 1394B 等时包和异步包,通过 STOF 包实现总线同步,异步流包按发送包时间发送,不需要确认等时包及子节点返回的状态包,减少总线占用时间及总线延迟,也不会出现总线冲突。

AS5643 总线在异步流包中加入 3 个特定字段减少传输中出现丢包、错包情况,提高传输可靠性。3 个特定字段含义如下。

1)纵向奇偶校验(VPC):将异步流包中每个字之间按位异或,再将结果按位取反,填入 VPC 字段中,接收子节点在接收到数据后做同样处理,并和 VPC 字段中的数据比较,作为 CRC 的一种补充校验。

2)健康状态字(HSW):健康状态字共32位,占异步流包中一个字的位置,用于告知根节点总线中各子节点是否接入总线中。

3)心跳字(HBW):心跳字位于异步流包的数据负载区的第二个字节,由发送端填入,初始值为0,按消息ID分,每发送一次数据包,心跳值加1,反应发送端是否数据更新或状态正常。

AS5643总线协议分为5层,分别为物理层、链路层、事务层、总线管理层和传输层,其结构及每层的功能如图2-31所示。

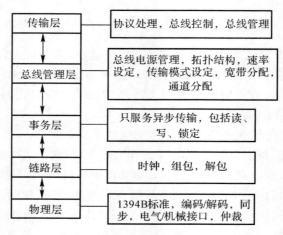

图2-31 AS5643总线协议结构

2.2.9 机载交换网络

1. AFDX网络

航空电子全双工交换式以太网(AFDX,Avionic Full-Duplex Switched Ethernet)是波音公司在传统的IEEE802.3以太网基础上改进,由ARINC公司于2005年作为ARINC664 part7标准颁布,适用于机载数据网络的全双工以太网协议,满足综合航空电子系统实时分布式信息传输的要求。

AFDX为接入交换式网络,采用以交换机为中心节点的星形拓扑结构,由交换机、终端和链路组成。交换机提供终端之间的数据交换和监控功能,终端通过100 Mb/s链路和交换机相连。

(1)链路

传输链路为全双工,物理连接介质为双绞线或光缆,两对独立的数据线路分别传输和接收。高传输速率,传输速率为100 Mb/s,码型为4B/5B编码。

电缆:传输介质为两对100 Ω的5类UTP电缆,最大长度为100 m。

光缆:传输介质为850 nm或1 300 nm的光纤,最大长度为2 000 m。

(2)交换机

交换机用于实现数据在链路层的交换和监控,主要对进入交换机的数据帧进行帧过滤和流量控制,存储包包含帧过滤、流量控制策略和路由信息的虚链路配置表,根据虚链路号查找输出端口并输出,提供外界与交换机相互通信的接口,统计和记录交换机工作状态等功能。

由帧过滤、流量策略和路由等信息构成虚链路配置表,不仅代替传统交换机路由表实现了路由信息可配置,而且实现了帧过滤、流量策略等信息的可配置。虚链路配置表由设计者根据需求离线静态生成。

AFDX 网络通过建立虚链路及 1～128 ms 的时隙带宽分配策略,使交换过程延迟时间可预计,保证点到点传输延时的确定性,实现虚链路的确定性传输。

采用双余度交换机,发送终端将数据帧同时发往两个交换机,接收终端同时收到两路数据,根据数据帧序列号确定来自哪个交换机,并根据数据帧校验序列确定采用还是丢弃,提高数据传输可靠性。每个输出端口有足够大的缓冲空间。

AFDX 网络具有传输带宽高,网络拓扑连接简单、结构灵活,通信确定性好,可靠性高,标准开放等优点。

2. FC 网络

FC(Fiber Channel) 网络是美国国家标准委员会(ANSI)于 1988 年制定的高速串行传输协议,在协议最高层中专门制定了 FC-AE 协议,以满足航空电子应用需求。FC-AE 协议包含 5 种协议,其中 FC-AE-ASM 应用最多,并于 2008 年颁布了最新版本。

不同于传统的通道和网络连接方案,FC 网络综合了计算机通道和数据网络概念,具备通道和网络双重优势。FC 网络采用通道技术控制信号传输,使用交换或仲裁环拓扑处理介质访问冲突,采用信用策略控制网络流量,是一种具有高实时性、高可靠性、高带宽、高稳定性、强抗电磁干扰能力、高性价比的开放式通信方案。

物理介质为光纤,传输速率为 1 Gb/s,也可为 2 Gb/s、4 Gb/s 和 8 Gb/s。短距离也可用双绞线或同轴电缆。

光纤通道标准定义了点到点、仲裁环和交换结构 3 种拓扑结构。其中交换结构可扩展性好、隔离性强、带宽高,是应用最广泛的一种拓扑结构。也可将 3 种结构任意组合,构成分布式混合拓扑结构。

FC 交换机完成各节点数据通信、路由选择、流量控制及节点端口管理等功能,按交换设计方式,分为电路交换和包交换。

电路交换:两个节点在传输数据前就建立了一条专用物理链路,一旦建立好,两个节点就独占整个带宽进行数据通信,不进行数据包解析、数据帧缓冲和流量控制等操作,保证了高带宽低延迟,适用于数据带宽较大,且发送和接收双方相对固定的数据传输。

包交换:对数据帧缓冲,提供灵活的路由选择,支持多种流量控制策略,提供了多种服务满足不同通信要求。

3. TTE

TTE(Time Trigger Ethernet) 网络是在 IEEE802.3 以太网上实现的时间触发网络协议,通过交换机将通信终端互联,构成各种拓扑结构。

传统的通信方式是事件触发,即网络中的每个终端根据自身状态发起通信,当多个终端同时发送时,不仅会导致网络冲突,还难以保证时间延迟的确定性。时间触发是在网络系统中建立一个全局统一的时钟和全局时间,所有网络终端之间的通信都在规定好的全局时间表内来调度分配,不会冲突,也具有确定的通信时间延迟。

TTE与标准以太网完全兼容,将普通以太网交换机换成具有时间触发的交换机和终端,就可将普通以太网转换成 TTE。

2.2.10 几种常用机载总线的特点分析

新型机载总线的出现是航空电子需求发展牵引和通信技术、微电子技术及网络技术等领域新技术推动共同发展的结果,没有一种总线是全能的,不同总线有其各自的特点和应用场景,几种常用机载总线和网络的主要特点如表 2-5 和表 2-6 所示。

表 2-5　几种常用机载总线特点一览表

	ARINC429	1553B	1773	ARINC629	CAN	1394B/AS5643
传输速率	12.5 kb/s,100 kb/s	1 Mb/s	1 Mb/s	2 Mb/s	1 Mb/s	3.2 Gb/s
信号码型	归零	非归零	非归零	归零	非归零	非归零
传输介质	屏蔽电缆	屏蔽电缆	光缆	屏蔽电缆	电缆、光缆	电缆、光缆
通信方式	单向	双向	单向	双向	双向	双向
单消息字数	—	32	32	256	8	—
终端故障隔离	不适用	有	有	有	有	有
多通道能力	有	有	有	有	有	有
大数据量能力	弱	有	有	有	有	有
抗单点故障	不适用	无	无	有	有	有

表 2-6　机载网络特点一览表

	AFDX	TTE
传输速率	100 Mb/s,1 Gb/s,可扩展至 10 Gb/s	100 Mb/s,1 Gb/s,可扩展至 10 Gb/s
拓扑结构	点到点、交换结构	点到点、交换结构
传输介质	电缆、光缆	电缆、光缆
实时性	较好	强实时
传输效率	<35%	>90%
延迟	500 μs	50 μs
支持安全关键子系统	不支持	支持
全局时间同步	无	有
全双工支持	有	有
抗单点故障	不适用	无

无人机未来将进一步向自主化、智能化的广度和深度发展,无人机航空电子设备功能愈加强大,机载信息传输量会剧增,因此作为无人机信息传输的大动脉和神经,机载总线和网络必须与航空电子设备同步甚至超前发展。高带宽、高可靠性、短延迟且可确定、易扩展的开放式结构等特点,都是未来机载总线和网络的发展方向。

第3章 无人机飞行控制

3.1 无人机飞行控制概述

3.1.1 飞行控制系统的演变及发展

飞行控制系统是飞机重要组成部分,是飞机安全飞行和完成任务的关键之一,飞行控制系统的水平对飞机的飞行性能和飞行安全性起着决定性作用。

无人机飞行控制系统以无人机为被控对象,主要稳定和控制无人机姿态和轨迹运动。受气动外形、质量分布、动力性能、气动操纵面配置等因素的影响,其模态特性、操纵性能各有不同,需要根据无人机特性、使用场景等,选择合适的控制器和控制律结构及参数,保证被控对象的稳定性及控制性能。

无人机在空间中的运动可以分为质心的线运动和绕着质心的转动,因此,描述无人机在空间中的运动需要六个自由度,即三个质心运动和三个绕质心的角运动。无人机飞行控制就是通过某种控制规律和必要的设备,实施对无人机气动操纵面控制,控制无人机按照预定的姿态和航迹,实现惯性空间绕三个轴的角运动及沿三个坐标轴的线运动。

自莱特兄弟飞行开始,飞行控制与飞机设计就相互促进,共同发展,经历了一个世纪的演变。从初期的功能简单、人工干预为主,到当今的功能强大、智能化水平不断提高,特别是20世纪六七十年代至今,许多相关领域高新技术的出现和应用,使飞行控制系统无论是功能、性能,还是可靠性、安全性,都取得了令人振奋和意想不到的成果。

早期对飞机的控制,是通过拉杆、摇臂或钢索等组成的机械传动机构,直接操纵飞机舵面,实现飞机运动的控制。这种靠驾驶员自身力气和感觉控制飞机,难以获得满意的操纵品质及飞行效果。为了减轻驾驶员负担,在直接机械操纵机构中加入助力装置,一定程度上降低了长时间飞行过程中驾驶员工作强度,改善了高速飞行品质,使得这种带有助力装置的机械操纵系统成为飞行控制发展中的一个重要阶段。

高空高速飞机的出现,使飞机飞行包线扩大。飞机在高空高速飞行环境下的阻尼比因空气稀薄等减小,导致飞机角运动产生振荡,飞机稳定性变差。为提高飞机飞行的稳定性,在机械操纵系统的基础上,增加角速率陀螺等装置作为阻尼器,增强飞机稳定性,构成增稳系统,旨在提高飞机全包线范围的飞行品质。

增稳系统提高了飞行稳定性,但是必然会对飞机的机动性能带来影响,使操纵性降低。对于高性能飞机,机动性要求增加,需要在增稳系统基础上,合理引入人工操纵,构成控制增稳系统,使飞机在稳定性和操纵性之间取得平衡。

随着飞行任务愈加复杂及飞机性能不断提高,高速、长航时及大机动飞行已成为现代飞机的基本需求,单纯依靠驾驶员的控制方式不仅增大了驾驶员负担和压力,更重要的是单纯人工控制已不能满足飞机基本飞行要求和安全要求,在这样的大环境下,以传感器、飞控计算机和航机为核心的自动驾驶仪应运而生。在此基础上,加入飞行指引和自动油门,发展成为了自动飞行控制系统。

随着电子电气及机电一体化技术的发展,人们逐渐用电信号传递代替了机械力传递,用电缆代替了复杂的人工操纵的机械杆系,这种电传飞行控制系统已成为当今飞机的主流飞行控制系统模式。

在现代飞机设计中,单纯依靠气动设计常常不能满足飞机有关性能要求,需要在飞机总体设计时就将飞行控制系统纳入设计范畴,将飞行控制作为飞机设计的基本要素,充分发挥飞行控制系统的作用和潜力,基于放宽静稳定性、直接力控制、阵风减缓等主动控制技术主动提供补偿,放宽对气动、结构和动力的要求和限制,这种采用飞机气动、结构、动力、控制一体化的随控布局飞行器设计技术,将飞机性能、重量、经济性等综合优化程度提高到前所未有的水平。

无人机飞行控制技术一直跟随有人机的发展,无人机机上无驾驶员的特点使其飞行包线可以范围更宽,但由于气动布局、动力及应用等方面的因素,加上可靠性和安全性要求也有所不同,因此无人机飞行控制技术也有其特点。特别是在现代战争和民用领域新需求牵引下,在无人机不断增强的自修复与容错能力、自主感知能力、分析决策能力、自我健康管理能力等支持下,以自动飞行控制为核心的无人机自主飞行控制、集群飞行控制、协同飞行控制等,都得到了快速发展。

3.1.2 无人机的空间运动及常用坐标系

坐标系是为了描述无人机姿态、位置和运动规律而选取的参考基准,是无人机飞行控制的基础。专业不同、应用场景不同,涉及的坐标系不同,例如描述无人机的转动可用机体坐标系,描述无人机相对于地面的位置可用地面坐标系,描述无人机轨迹运动可用气流坐标系。为了准确描述无人机运动状态,建立相应的数学模型,必须选定适当的坐标系。

1. 机体坐标系

无人机作为一个运动体,分析其动力学与运动学特性,首先需要建立其六自由度模型,建模与控制常常假设无人机为一个六自由度刚体,将无人机受到的力、力矩沿机体轴分解。

机体坐标系是固连于机体的惯性坐标系,机体坐标系的原点位于无人机质心,O_bX_b轴沿机身纵向轴线,向前为正,O_bY_b轴垂直于机身对称平面,向右为正,O_bZ_b轴在机身对称平面内垂直于O_bX_b轴,向下为正,机体坐标系定义符合"前右下"右手定则,如图3-1所示。

无人机绕质心转动即角运动的三个自由度分别为绕机体坐标系O_bY_b轴的角运动,即俯仰运动;绕机体坐标系O_bZ_b轴的角运动,即偏航运动;绕机体坐标系O_bX_b轴的角运动,即滚转运动。

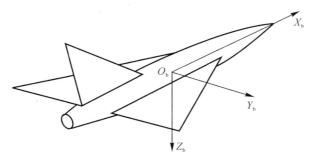

图 3-1　机体坐标系

2. 地面坐标系

无人机的发射与回收、轨迹跟踪等需要考虑无人机在空间的相对位置关系,因此需要使用地面坐标系。地面坐标系是固连于地面的惯性坐标系。

地面坐标系的原点位于地面某点(比如跑道端点或起飞点),O_gX_g 轴处于地平面内指向无人机应飞行航线;O_gY_g 轴也在地平面内,且垂直于 O_gX_g 轴指向右方;O_gZ_g 轴垂直地面指向地心,向下为正,地面坐标系定义符合右手定则。

无人机质心运动即线运动的三个自由度分别为沿地面坐标系 O_gX_g 轴的位移,即速度的增减运动;沿地面坐标系 O_gZ_g 轴的位移,即升降运动;沿地面坐标系 O_gY_g 轴的位移,即侧移运动。

机体坐标系与地面坐标系之间的三个姿态角分别为滚转角 φ、俯仰角 θ 和偏航角 ψ,机体系与地面坐标系的相对关系如图 3-2 所示。

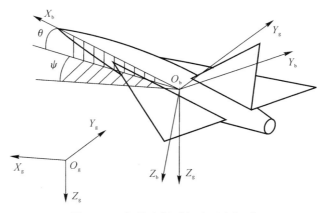

图 3-2　机体坐标系与地面坐标系

1) 俯仰角 θ,机体轴 O_bX_b 轴与地平面之间的夹角,以抬头时为正。

2) 滚转角 φ,也叫倾斜角,它是飞机的对称平面与包括 O_bX_b 轴的垂直平面之间的夹角,飞机右倾时为正。

3) 偏航角 ψ,机体纵轴 O_bX_b 在地面的投影与地面纵轴 O_gX_g 之间的夹角,以机头右偏为正。如果选取地面纵轴 O_gX_g 指向北向或磁北等,此时的偏航角也可称为航向角。

从地面坐标系 $O_g X_g Y_g Z_g$ 到机体坐标系 $O_b X_b Y_b Z_b$ 的转移矩阵表达式见下式：

$$S_{\theta\varphi\psi} = \begin{bmatrix} \cos\psi\cos\theta & \sin\psi\cos\theta & -\sin\theta \\ \cos\psi\sin\theta\sin\varphi - \sin\psi\cos\varphi & \sin\psi\sin\theta\sin\varphi + \cos\psi\cos\varphi & \cos\theta\sin\varphi \\ \cos\psi\sin\theta\cos\varphi + \sin\psi\sin\varphi & \sin\psi\sin\theta\cos\varphi - \cos\psi\sin\varphi & \cos\theta\cos\varphi \end{bmatrix} \quad (3-1)$$

3. 气流坐标系

作为飞行器，无人机除重力、发动机推力外，无人机主要还受到气动力和气动力矩的影响，气动力和力矩受无人机和气流的相对运动关系影响，因而气流坐标系更本质地反映了气流角的影响。

气流坐标系也称为速度坐标系，其原点位于无人机质心，OX_a 轴指向速度方向，一般情况下，飞行速度方向不一定在无人机对称平面内。OZ_a 轴在无人机对称面内垂直于 OX_a 轴指向机腹。OY_a 轴垂直于 $X_a OZ_a$ 平面指向右方，气流坐标系定义符合右手定则。

气流坐标系与机体坐标系之间的夹角分别为迎角和侧滑角，速度矢量与无人机机身纵向对称平面的夹角，称为侧滑角 β，当速度矢量位于对称面右侧时，侧滑角定义为正。速度矢量在纵向对称面上的投影与机体纵轴之间的夹角称为迎角或攻角 α，速度矢量在机体纵轴下方时定义为正。

机体系与气流坐标系的相对关系如图 3-3 所示。

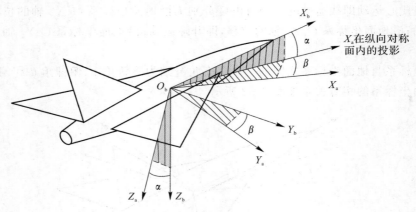

图 3-3　机体坐标系与气流坐标系

从机体坐标系到速度坐标系的转移矩阵表达式见下式：

$$S_{\alpha\beta} = \begin{bmatrix} \cos\alpha\cos\beta & \sin\beta & \sin\alpha\cos\beta \\ -\cos\alpha\sin\beta & \cos\beta & -\sin\alpha\sin\beta \\ -\sin\alpha & 0 & \cos\alpha \end{bmatrix} \quad (3-2)$$

无人机六自由度的运动可以分为在对称平面内的运动和在非对称平面内的运动，其中在对称平面内的运动可以称作无人机的纵向运动，包括升降运动、俯仰运动和速度的增减运动。非对称平面内的运动可以称作无人机的横航向运动，包括侧移运动、偏航运动和滚转运动。

3.1.3　无人机飞行控制系统分类

无人机飞行控制系统分为人工飞行控制系统和自动飞行控制系统。

人工飞行控制系统是地面操纵人员使用地面站控制面板上的按键、操作杆或手柄等,将控制量经遥控帧送给无人机的相关操纵机构,直接控制无人机操纵面,从而控制飞机姿态。

自动飞行控制系统是一组自动完成无人机飞行控制任务的系统,是将地面操纵人员的指令通过遥控送给无人机,与其他控制传感器输出一起,经自动驾驶仪等完成控制律综合解算处理后,其输出量通过相关操纵机构控制无人机操纵面,从而保持和控制飞机姿态和飞机运动。自动飞行控制系统不仅具有自动驾驶仪等核心功能,实现姿态和航向保持、速度和高度控制与保持等,还可以改善飞机的操纵性和稳定性,改善飞行品质,实现航迹控制、自动导航、自动着陆等。

3.1.4　无人机自动飞行控制原理

无人机在飞行过程中,利用自动控制原理,全部或部分代替驾驶员,控制和稳定无人机的角运动和质心运动,对无人机构形、飞行姿态和运动参数实施控制,保证无人机的稳定性和操纵性,提高任务完成能力及飞行品质,增强飞行安全,减轻地面操纵人员负担。

无人机自动飞行控制系统是负反馈控制系统,在无人机飞行过程中,通过传感器测量飞机的飞行状态并输出相应信号,飞行控制计算机将该信号与地面操纵人员的输入指令按飞行控制律解算得到结果,产生相应的控制信号,输出到执行机构即舵机,舵机根据控制信号驱动舵面偏转(桨距或桨速变化),使飞机回到初始飞行状态或设定状态。无人机飞行控制原理示意如图 3-4 所示。

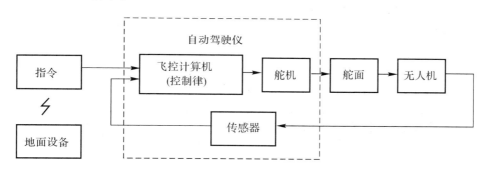

图 3-4　无人机自动飞行控制原理示意图

无人机飞行控制系统可以代替驾驶员实现飞机的自动控制,自动稳定无人机飞行姿态、航向、高度、速度等,因此也将包括无人机上反映姿态、高度、航向、速度等状态的传感器组、飞行控制计算机和舵机三部分称为自动驾驶仪,自动驾驶仪是自动飞行控制系统最基本的组成部分,属于自动飞行控制系统范畴。

3.1.5　无人机自动飞行控制系统组成

典型的无人机自动飞行控制系统包括以下部分。

1. 传感器

传感器用于测量飞行控制所需要的飞机运动参数,例如姿态角、角速度、迎角、侧滑角、空速、高度、水平位置等。传感器是飞行控制系统的信息来源,常见的传感器有惯性导航设备、卫星导航设备、动静压传感器、大气数据计算机、航向传感器、垂直陀螺、航姿系统、速率陀螺仪和加速度计等。

2. 飞行控制计算机

飞行控制计算机是飞行控制系统的重要核心运算平台,无人机中常由航空电子综合管理计算机承担其功能,处理从各种机载传感器和设备获取的信号,通过飞行控制律解算,实现无人机的姿态控制、速度控制、位置跟踪、设备控制、任务执行以及各种紧急情况下的应急处理等。随着新技术的不断出现,综合管理计算机在功能、性能、可靠性、安全性、经济性等方面不断提高,在智能化、自主化、集成化、综合化、模块化等方面取得飞速发展,已成为现代无人机航空电子系统的核心。

3. 舵机

舵机用于将飞控计算机的输出信号经放大等相关处理后,驱动舵面偏转,从而产生升力和力矩,控制无人机飞行状态。无人机常用的舵机有电动伺服舵机、液压伺服舵机以及电液复合舵机等。电动舵机体积小、质量小、使用维护方便,广泛应用于中小型及微型无人机等。液压舵机以高压液体为能源,输出力矩大,性能优良,但体积大、质量大,需要机上有液压源的支持,多用于大型无人机。

3.1.6 无人机飞行控制模式

无人机飞行控制模式以最终送到舵机的指令来源或控制量来源区分,通常分为舵面遥控、指令控制及自主控制等模式,不同控制模式的自动化程度和响应逻辑不尽相同,如图3-5所示。

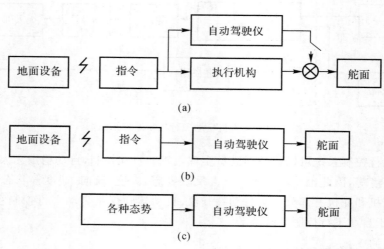

图 3 - 5 无人机飞行控制模式示意
(a)舵面遥控模式; (b)指令控制模式; (c)自主控制模式

1. 舵面遥控模式

舵面遥控模式实际和人工控制方式一样,地面操纵人员基于无人机测量的相关飞行状态数据,使用地面站操纵面板上的摇杆或手柄等设备将控制量通过遥控上传至无人机,控制量被直接传送到飞行控制系统舵机,驱动无人机的舵面偏转(桨距或桨速变化),控制无人机飞行状态。在舵面遥控模式下,可以断开自动控制系统,即断开自动驾驶仪输出,也可将上传的控制量和自动驾驶仪的输出叠加后,输出到执行机构。舵面遥控模式对操纵人员的飞行技术要求相当高,操纵稍有不当,容易引起事故,一般仅用于自动飞行控制系统故障时的应急控制,或者用于低成本航模飞机在视线内飞行时的遥控。

　　2. 指令控制模式

　　该模式属于自动飞行控制范畴,地面操纵人员发出的指令或控制量通过遥控上传至无人机飞行控制计算机,飞行控制计算机将控制律解算结果输出到舵机,驱动无人机舵面偏转(桨距或桨速变化),控制无人机飞行状态。相比舵面遥控模式,不仅引入了自动控制功能,操纵人员还可以设定一些飞行参数目标值,比如设定飞行高度、飞行速度、飞行航向等,使得飞行更加灵活多变,适应更复杂的实际飞行环境也大幅度降低了操作人员的作业负担。

　　3. 自主飞行模式

　　自主飞行是自动化程度最高的一种飞行控制模式,在该模式下,无需人工干预,指令或控制量不需要由操纵人员实时发出,无人机可以按照预先规划好的航路及任务或实时生成的航路及任务,经飞行控制计算机将控制律解算后输出到舵机,驱动无人机舵面偏转(桨距或桨速变化),控制无人机飞行状态,并在指定位置执行相应的任务。有时也将事先规定好控制量、控制模态或航路,并将其储存在飞控计算机中的自主飞行模式称为程序控制模式或程控模式,它是一种自主等级较低的自主飞行模式。自主飞行控制本质上是智能控制,强调了无人机安全能力、自主感知能力与在线自主决策能力,增强飞行控制的主动性和自觉性。安全能力是实现自主飞行最基本的能力和保障。无人机在飞行过程中,要能够对已出现的故障实时检测、隔离和恢复。对可能出现的潜在故障做出评估和预测,并启动相应措施。自修复、容错及健康管理等是实现安全性的重要技术支撑。自主或智能控制的关键在于其具备强大的自主感知能力。无人机通过机载各种传感器,主动获取自身状态、无人机集群中其它无人机信息及各种环境信息(地形、地物、危险源、障碍物、气象、电磁等),拥有丰富的各类信息,为无人机自主或智能飞行奠定基础。自主分析决策能力是在获取大量相关信息基础上,通过专家系统、模糊逻辑、遗传算法、神经网络等方法,既能自主和智能地做出最适合无人机当前飞行的决策,又能充分体现人的意志。自主分析决策能力是自主或智能飞行中最重要的能力,是自主化、智能化程度的重要体现。随着技术的发展,具有实时自主感知与归避、自主航迹与任务规划等功能的高等级自主飞行会得到更多地应用。

3.1.7　无人机飞行稳定性与操纵性

　　若无人机的飞行运动参数完全按预定的规律变化,则这种运动称为基准运动。实际上无人机在飞行过程中经常会受到来自大气、发动机推力及操纵手的操作等各种各样的干扰,从而偏离原来的基准运动,这种偏离基准运动的运动称为扰动运动。

　　对于扰动运动,在干扰消失后,无人机自动恢复到原来的平衡位置的能力,称为无人机的稳定性,包括纵向稳定性、横向稳定性和方向稳定性。无人机在受到大气干扰、发动机推力变化等外界干扰后,偏离原来的平衡位置,至少在一段时间内无人机不能按原基准运动规律飞行。在干扰停止的瞬间,无人机有恢复原来平衡位置的趋势的特性,称为静稳定性。如果经过一段时间,无人机能够恢复到原来的基准位置继续飞行的特性,称为动稳定性。

在干扰停止后,如果无人机能够回到原来的基准位置继续飞行,则是稳定的。如果偏离原来的基准位置愈来愈远,则是不稳定的。如果既不能回到原来的基准位置,偏离基准位置的程度也不继续加剧,则是中立稳定的。

无人机飞行稳定性是无人机作为质点系在外力及外力矩作用下的运动特性之一,反映的是无人机对外界干扰的响应特性,也是无人机飞行安全能力的体现。

无人机操纵性是反映无人机对输入的控制指令的响应特性,即为实现某一飞行状态所需要的指令方式、控制量大小及控制模式与无人机飞行状态改变响应得快慢、过调的大小、操纵的难易程度等之间的关系。

无人机本身自然的稳定性和操纵性取决于无人机的气动特性和结构参数,往往需要通过飞行控制系统改善和提高,使无人机具有更好的稳定性和操纵性。

稳定性和操纵性相互区别又相互关联,是飞行控制系统设计结果重要的评价指标,在设计阶段引入稳定性操纵性指标要求来约束飞行控制系统设计,不仅能保证设计的无人机从理论上严格满足设计规范要求,大大减少飞行控制系统调参工作量,而且避免设计结果不满足飞行品质要求而进行的修改甚至重新设计,提高无人机设计效率,缩短研制周期,降低研发成本。

3.1.8 增稳系统与控制增稳系统

增稳系统与控制增稳系统是为改进飞机飞行品质的一种飞行控制系统,应用反馈原理,提高飞机稳定性和操纵性。

由于飞机本体或在高空高速环境下固有的阻尼不足,使飞机受到扰动或姿态改变时会出现振荡,导致飞机稳定性变差,甚至是静不稳定的,不能在全飞行包线内满足飞行品质要求,严重的可影响飞机飞行安全。

通过引进角速度增加飞机运动阻尼,补偿飞机固有阻尼不足,构成增稳系统,抑制振荡,为飞机的短周期运动提供符合要求的阻尼和自然频率,从而提高飞机稳定性,使飞机在全飞行包线内满足飞行品质要求。

在增稳系统基础上,将驾驶员指令直接接入自动驾驶仪,构成控制增稳系统,提高飞机操纵性,使飞机飞行既满足稳定性,又能直接响应驾驶员操作,完成极限飞行和精确飞行。

稳定性与操纵性本来就是一对矛盾的两个方面,因此在控制律设计时一般选择和合适的阻尼器增益,达到两者之间的平衡和统一。

3.2 无人机飞行控制系统功能与性能

3.2.1 功能

无人机飞行控制系统根据地面操纵人员的指令或飞行控制系统自身产生的指令,结合无人机飞行状态,按相应的控制模式,进行控制律解算,实现对无人机姿态、航向、高度、速度、航迹等控制。一般包括俯仰、横滚和航向内回路姿态保持功能、指令控制功能、自检与余度管理功能,必要时可实现与飞行控制相关的动力控制及任务系统控制功能。无人机飞行控制系统主要具有以下功能。

1. 姿态保持

无人机在空中飞行时受到扰动,姿态发生变化,姿态传感器将感受到的姿态变化,反馈到自动驾驶仪,生成控制信号驱动相应舵面,控制无人机重新回到原来姿态位置。

2. 航向给定与保持

无人机在空中飞行时将航向传感器感受到的航向值反馈到自动驾驶仪,同时将接收到的给定航向值也送给自动驾驶仪,生成控制信号驱动相应舵面,控制无人机以最小的航向变化量和安全的转弯速度,平稳转向并保持在给定的航向值上飞行。

3. 高度给定与保持

无人机在空中飞行时将高度传感器感受到的高度值反馈到自动驾驶仪,同时将接收到的给定高度值也送给自动驾驶仪,生成控制信号驱动相应舵面,控制无人机以安全的爬升或下滑角度及安全的速度,平稳飞到并保持在给定的高度上。

4. 速度给定与保持

无人机在空中直线稳态飞行时,包括爬升和下滑,将速度传感器感受到的速度值反馈到自动驾驶仪,同时将接收到的给定速度值也送给自动驾驶仪,生成控制信号驱动相应舵面或发动机油门,改变无人机姿态、发动机推力或增大或减小阻力等,控制无人机到达给定的速度并保持该速度稳态飞行。

5. 自动航迹控制

无人机在空中飞行时将航向及位置传感器感受到值反馈到自动驾驶仪,同时与给定的航迹中的航向及位置比较,生成控制信号驱动相应舵面,控制无人机以最小的航向变化量、最短的距离及安全的转弯速度,平稳转向靠近并保持在给定的航迹上飞行。如果是三维空间轨迹,还需在控制回路中加入飞行高度等参数。

6. 自动起降控制

自动起降控制包括自动起飞和自动着陆。对于滑跑起降无人机,自动起飞是按照预定的轨迹,自动调整无人机姿态、速度、高度、发动机油门等,安全实现无人机从滑跑、加速、拉起、离地、爬升直至到达安全高度的全过程。自动着陆是按照预定的轨迹,自动调整无人机姿态、速度、高度、发动机油门等,安全实现无人机从进场、下滑、拉平、着陆、滑行直至完全停止运动的全过程。

自动起降控制一般包括自动起飞导引与姿态控制、自动着陆导引与姿态控制、起飞着陆航迹偏差控制、着陆速度控制、接地高度控制、刹车控制等。

自动起降控制可通过配置地面导引系统或设备共同完成。

7. 自动地形跟随与规避

自动地形跟随与规避包括自动地形跟随和自动规避。自动地形跟随指无人机保持航向不变,靠纵向机动能力根据地形起伏改变飞行高度,使其尽量贴近地面飞行。自动规避指无人机离地高度不变,靠横向机动改变航向,使其绕过障碍物,安全穿插飞行。自动地形跟随与规避是新型低空突防技术，充分利用地形掩护提高无人机生存力。

3.2.2 性能

1. 姿态保持精度

姿态保持精度指无人机在规定大气中飞行时，姿态相对于基准的静态精度，一般用均方根偏差表示。

2. 航向给定与保持精度

航向给定与保持精度指无人机在规定大气中飞行时，航向相对于给定基准的静态精度，一般用均方根偏差表示。

3. 高度给定与保持精度

高度给定与保持精度指无人机在规定大气中飞行时，高度相对于给定基准的静态精度，一般用均方根偏差表示。

4. 速度给定与保持精度

速度给定与保持精度指无人机在规定大气中飞行时，速度相对于给定基准的静态精度，一般用均方根偏差表示。

5. 自动航迹控制及高度

自动航迹控制及高度指无人机在规定大气中飞行时，位置相对于给定基准的静态精度，一般用均方根偏差表示。

6. 自动起降精度

一般自动起飞性能用起飞过程的位置保持精度、航向保持精度、高度变化率、起飞过程保持时间表示，自动着陆用性能用着陆过程的位置保持精度、航向保持精度、高度变化率、触地法向过载、过程保持时间等表示。

7. 瞬态响应

三个姿态角的瞬态响应均平滑、迅速，不同种类和用途的无人机具体量化要求可以不同。

3.2.3 其它功能

1. 自检测

自动完成飞行控制系统及相关设备的自检测，包括上电自检测、飞行前自检测、飞行中自检测与维护自检测。

2. 余度管理

采用基于提高飞行控制系统可靠性及安全性目的的余度技术，完成从飞行控制系统输入到输出的全过程的余度管理功能。

3. 通用质量特性要求

通用质量特性要求基本内容与航空电子系统要求一致，具体要求和量化指标满足实际需求即可。

3.3　无人机典型飞行控制回路

3.3.1　控制回路概述

在经典控制理论中,为了控制某个物理量,首先需要测量该值,把测量得到的值与期望值进行比较,并对相应参数计算调整差值后驱动相应机构,从而使物理量最终达到期望值。在该过程中,针对该物理量实施的反馈控制通道称为控制回路。在无人机自动驾驶仪和无人机组成的稳定回路基础上,加入用于表征无人机位置及运动学特征的器件或设备,组成无人机控制回路。

因无人机气动布局、质心、气动舵面尺寸等不同,用于测量位置的传感器等环节也不同,无人机飞行控制系统也有所不同,但基于反馈控制理论的经典控制方法,通过控制无人机角运动实现无人机质心运动,改变无人机在空间的位置,仍是无人机控制系统设计最常用、最有效的方法。本节将介绍固定翼无人机相关控制回路内容。

3.3.2　姿态控制回路与控制律

1. 控制原理

无人机的姿态指在机体坐标系中绕三个轴的角度,分别是绕机体 Y 轴的俯仰角、绕机体 X 轴的滚转角与绕机体 Z 轴的航向角。这三个角度分别由相应的传感器测量得到,偏差信号通过合适的参数调整,驱动舵机并带动舵面偏转,控制无人机的运动,最终使得无人机的姿态达到期望状态。

飞行控制律表征了飞行控制系统执行机构的输入控制量与各控制信号之间的函数关系,即无人机各操纵面偏转量和偏移量与各控制信号的函数关系,与无人机稳定性和操纵性密切相关。

自动驾驶仪的基本控制回路是由姿态角反馈和角速度反馈构成的俯仰回路、横滚回路和偏航回路,根据各回路控制律解算结果,操纵无人机角运动和质心运动,保持和控制无人机按预定姿态和航迹飞行,是自动飞行控制系统的核心和基础,与控制增稳系统和航迹控制系统结合,共同构成当今应用广泛的自动飞行控制系统。

在无人机姿态控制回路中,虽然比例反馈控制能够实现对姿态的稳定与跟踪,为了达到较好的动态性能,一般会在比例控制的基础上引入微分控制,把姿态角速度信号引入控制回路。有时为了减小或消除稳态误差,还会引入积分控制信号。

无人机姿态控制回路包括俯仰角控制回路、滚转角控制回路与航向角控制回路,各回路之间既独立,往往又有交联。俯仰回路可以稳定和控制俯仰角、高度、速度等,横滚和航向回路可以联合稳定和控制横滚角、航向角、航偏距等。

2. 俯仰角控制回路

俯仰角控制回路典型结构图如图 3-6 所示,俯仰角控制回路包括俯仰角速度反馈的阻尼回路和俯仰角反馈的稳定与控制回路。

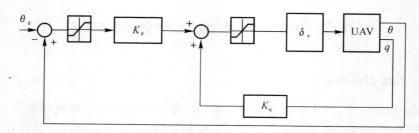

图 3-6　俯仰角控制回路典型结构图

俯仰角控制回路的算法如下：

$$\delta_e = K_\theta \times (\theta - \theta_g) + K_q \times q \tag{3-3}$$

控制对象是俯仰角，俯仰角与俯仰角速度信号由机载传感器测量得到，通常可提供俯仰角信号的传感器有惯导、垂直陀螺、航姿系统以及 MEMS 传感器等。角速度陀螺用于增稳，改善动态特性，可提供俯仰角速度信号的传感器有惯导、角速度陀螺以及 MEMS 传感器等。

在需要消除俯仰角的稳态误差时，可加入积分控制。对一般无人机来说，并不需要将俯仰角控制到某个精确的角度，系统设计时也允许有控制误差，只要该误差不会影响任务的执行，一般可不使用积分控制。

俯仰角控制回路属于纵向控制通道，是无人机纵向控制的内回路。

3. 横航向姿态控制回路

横航向姿态包括飞机横滚姿态的滚转角和航向偏转的航向角。

1）滚转角控制回路典型结构图如图 3-7 所示，滚转角控制回路包括滚转角速度反馈的阻尼回路和滚转角反馈的稳定与控制回路。此外，也可以加入偏差信号的积分控制，以消除滚转角控制的稳态误差。

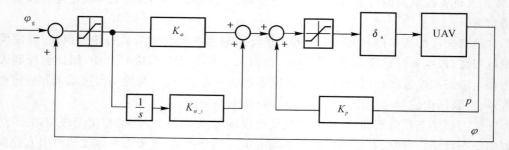

图 3-7　滚转角控制回路典型结构图

滚转角控制回路的算法如式（3-4）所示。

$$\delta_a = K_\varphi \times (\varphi - \varphi_g) + K_p \times p + K_{\varphi\_i} \times \int (\varphi - \varphi_g)\mathrm{d}t \tag{3-4}$$

滚转角与滚转角速度信号由机载传感器测量得到，可提供滚转角信号的传感器有惯导、垂直陀螺、航姿系统以及 MEMS 传感器等。可提供滚转角速度信号的传感器有惯导、角速度陀螺以及 MEMS 传感器等。

滚转角控制回路属于横航向控制通道,是无人机横航向控制的内回路。

2)航向角控制一般使用协调控制方式,其典型结构如图 3-8 所示。该控制模态由副翼和方向舵协调完成,方向舵通道主要用来改善航向稳定性和航向阻尼,航向偏差同时作为协调信号送入副翼通道进行协调控制,以减小控制过程的侧滑角。在调节过程中,滚转角速度与航向角速度反馈用以改善控制过程的阻尼特性。

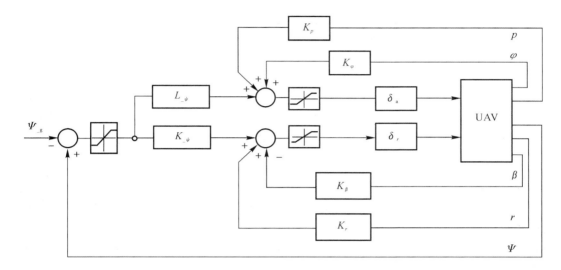

图 3-8　航向角控制回路典型结构图

航向角控制回路的算法如下式:

$$\delta_a = L_{_\psi} \times (\psi - \psi_g) + K_p \times p + K_\varphi \times \varphi \tag{3-5}$$

$$\delta_r = K_{_\psi} \times (\psi - \psi_g) + K_r \times r + (-K_\beta) \times \beta \tag{3-6}$$

航向角、航向角速度与侧滑角信号由机载传感器测量得到。可提供航向角信号的传感器有惯导、航向传感器、航姿系统以及 MEMS 传感器等。可提供航向角速度信号的传感器有惯导、角速度陀螺以及 MEMS 传感器等。迎角/侧滑角传感器则可以测量无人机的侧滑角,对于常规布局无人机,尤其是没有大机动要求的无人机,由于其航向静稳定裕度足够,一般不使用侧滑角反馈。

3.3.3　轨迹控制回路

轨迹运动是在姿态运动的基础上形成的,姿态控制是轨迹控制回路的内回路。无人机轨迹控制回路一般包括高度控制回路与航迹控制回路。

1. 高度控制回路

典型的高度控制结构如图 3-9 所示,当实际高度和高度指令(H_g)有偏差时,偏差信号通过一定的控制参数放大后驱动升降舵面,使高度偏差信号 ΔH 减小,无人机向给定的高度飞行并最终跟踪指令。无人机在飞行过程中会受到纵向常值干扰力矩以及垂直风干扰的作用,使得高度稳定值存在静差。为了消除静差,引入高度差积分信号。在追求高度控制的动态特性时,可引入高度变化率反馈,也即垂直速度反馈。高度控制回路以俯仰角控制为内回路。

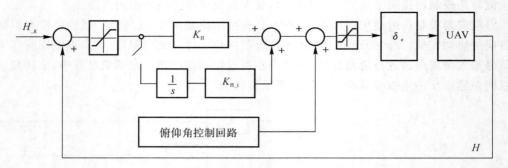

图 3-9 高度控制回路典型结构图

气压高度信号可由动静压传感器或大气数据计算机测量得到,海拔高度可由 GPS 或者惯导测量得到,相对高度有时也叫场高,一般由无线电高度表、激光高度表等设备测量得到。

2. 航迹控制

航迹(侧向航迹)控制以航向角控制为内回路,控制结构与航向角控制类似,其区别在于航向角给定指令的不同,航向角控制的期望指令是某一个预设航向角度,可以是当前航向,也可以是由地面控制发送的任意航向角度指令。航迹控制回路中,航向角指令则由期望航向角与航迹偏差控制量组成,即

$$\psi_g = \psi_{g0} + K_Y \times \Delta Y$$

式中:ψ_{g0} 为拟跟踪航线的航向角度;ΔY 为飞机位置与拟跟踪航线之间的航迹偏差,两个参数均由导航算法求得。需要注意的是,对于同样的飞机位置,不同的导航方式得到的参数并不一定相同。一般来说,航迹控制的稳态精度要求比较高,因此常在控制律中加入航迹偏差的积分控制。

航迹控制的过程可描述为:航迹偏差信号通过航迹增益放大后和偏差的积分控制以及给定航向角 ψ_{g0} 叠加作为航向给定指令 ψ_g,航向协调回路通过协调控制使得飞机的航向角逐步跟踪到 ψ_g,同时也就消除了航迹偏差,使得飞机能够跟踪给定航线。

航迹控制中的航迹偏差由无人机的位置信息与给定航线的位置信息差值得到,无人机的位置信息可由北斗、GPS 等卫星信号测量装置提供。惯导在有了初始信号后也可以提供无人机的位置信息,但使用过程中如果没有卫星信号的修正,其精度一般会相应降低。

3.3.4 速度控制回路

无人机速度控制一般可通过升降舵和油门实现。

通过升降舵偏转来改变俯仰角从而实现速度控制的方法,其实质是调整重力在飞行速度方向上的投影来控制速度的,这种情况下,如果油门固定不变,飞行速度的调节范围是有限的。

通过发动机油门调节来控制发动机推力进而控制无人机速度的方式是速度控制的主要方式。这种方式下,如果无人机工作在高度保持模式,空速向量处于水平方向,此时油门的

变化将全部反映在速度的变化上。如果无人机工作在俯仰角保持状态,即不控制速度,则控制油门产生的发动机推力的变化,只有一部分反映在空速中,其余部分则会引起迎角与高度的变化。

一般情况下,无人机速度控制可以把两种方式结合,如图 3 - 10 所示。

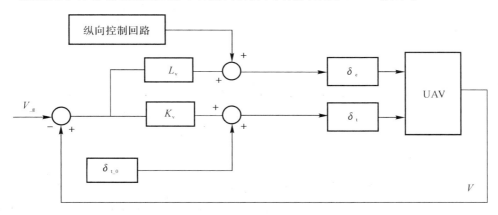

图 3 - 10　速度控制回路典型结构图

无人机的空速由感受动压/静压的传感器测量得到,地速可由卫星信号传感器或惯导等测量得到。

3.3.5　滑跑起降综合控制

滑跑起降综合控制不是独立的控制回路,也不是一种完全意义上的独立控制模态,而是几种控制模态的集合,由于其不是几种控制模态简单的叠加,所以在本节单独列出加以描述。

无人机起降综合控制的关键在于满足迎角边界约束的起飞和降落的姿态、航迹与速度的综合控制。起飞的控制设计关键在于防止纵向姿态和迎角超过使用边界。通过适当提高起飞速度、俯仰角输入指令限幅和高增益控制,可以实现起飞姿态的良好控制。低速进场着陆的设计难点在于如何满足着陆点对接地速度、下沉速度、姿态、航迹、航向等的约束,以及风干扰下对航迹和姿态的稳定等。在着陆下滑段,通过采用航迹、姿态和发动机控制综合优化设计、航迹输入控制补偿等技术,达到降落阶段的航迹与姿态良好控制、以及风干扰下姿态的稳定。此外对于展弦比较大的无人机,在起飞和降落时还要控制机翼保持水平,防止滚转引起机翼擦地。

1. 无人机起飞控制

滑跑起飞分加速滑跑阶段和离陆爬升阶段。在飞机速度达到抬起前轮速度时,操纵升降舵把机头拉起到设定的俯仰角,使飞机离陆,并爬升到起飞安全高度。加速滑跑过程纵向轨迹一直保持在重心高度线上,离陆爬升过程中纵向的飞行航迹设计为沿离陆航迹角爬升。滑跑过程要求侧向轨迹保持在跑道中心线上,起飞过程要求飞机的航向保持在离陆航向上。

无人机滑跑起飞过程如图 3 - 11 所示。

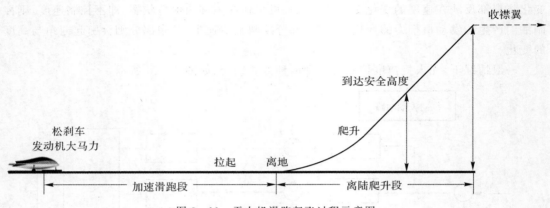

图 3-11　无人机滑跑起飞过程示意图

　　加速滑跑阶段采用俯仰、滚转、偏航三通道独立控制,纵向处于俯仰角保持模态;横侧向的滚转通道处于滚转角稳定模态,即在滑跑阶段操纵副翼舵面,抑制滚转方向的扰动;偏航通道处于航迹控制模态,要求侧向轨迹保持在跑道中心线上。目前用于实现地面滑跑航迹纠偏控制的手段主要包括前轮纠偏、方向舵纠偏以及差动刹车纠偏。一般来说,前轮只用于起飞和着陆滑跑的低速段纠偏,方向舵则在起飞和着陆滑跑的全过程用作辅助纠偏控制,差动刹车用于着陆滑跑的全程减速纠偏。

　　由于整个滑跑阶段无人机速度变化范围很大,为此需要注意偏航通道的航迹控制律在不同速度段前轮和差动刹车的使用,在低速滑跑段前轮和差动刹车的纠偏效率较低,可使用较大的偏转角度或刹车值快速纠偏,在高速段虽然纠偏效率高,但是一旦偏转角度或刹车值过大,就会导致飞机出现安全问题。因此在工程应用中,可将前轮和差动刹车的控制参数设计为随速度变参,在低速段放大控制参数用于增加低速阶段纠偏快速性,在高速段减小控制参数,并根据飞机的滑行速度等参数计算前轮或刹车的最大可用值进行限幅,以免出现侧翻等危险。

　　在离陆爬升阶段飞机场高较低时,仍采用与加速滑跑段相同的三通道独立控制的结构。纵向处于俯仰角保持模态,按给定的离陆航迹角爬升。横侧向滚转通道处于滚转角稳定模态,仅利用副翼保持滚转角为零,避免机翼触地。偏航通道处于地面航迹控制模态,仅利用方向舵进行跟踪航线。

　　当飞机场高大于安全高度,纵向改为高度控制模态,控制飞机跟踪给定高度,横侧向改为航向控制或航迹控制模态,与之前介绍的相同,即综合利用副翼与方向舵控制飞机沿设定航线飞行。

　　2.无人机着陆控制

　　要实现无人机的自动着陆,必须根据无人机的气动特性、发动机特性以及测量装置特性、不同需求等确定一条理想轨迹,在此基础上设计一条恰当的着陆轨迹。工程中一般可以把自动着陆分为以下三个阶段。

　　进场阶段:无人机准备降落时需要调整高度、速度及航迹偏差等,以满足下滑窗口的需求,这一段过程称为进场阶段。

下滑阶段:无人机进入着陆窗口后到拉平之前的飞行阶段称之为下滑阶段,控制系统控制无人机沿预期航迹降高。在该阶段中,若飞机在复飞高度之上出现不满足着陆条件的情况,应进行复飞。

拉平飘落阶段:当飞机到达拉平高度时,改出下滑状态,进入拉平飘落阶段,以确保落地时的姿态角和垂直速度在要求范围内。

这三个阶段的划分与命名并不是唯一的,只要能实现无人机的安全着陆,不同的阶段划分和命名都是可以的。

典型无人机自动着陆轨迹如图 3 − 12 所示。

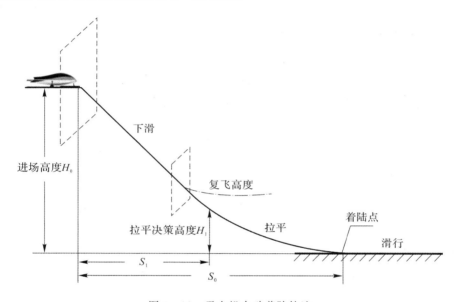

图 3 − 12 无人机自动着陆轨迹

着陆过程的横侧向控制方式仍然采用与飞行过程相同的航迹控制。纵向控制在不同阶段控制方式有所不同。进场阶段的纵向控制方式仍然采用与飞行过程相同的高度与速度保持模式,即控制无人机的高度、速度在期望值上,控制回路与飞行过程的高度与速度控制相同。下滑段与拉平段升降舵通道的控制律设计,其本质依然是俯仰角控制,只是此处的 θ_g 不是某个俯仰角指令,而是根据无人机的实际位置与预期轨迹的差值计算出来的动态变化的量

$$\theta_g = k_h \times (h - h_x)$$

其中:h 为无人机的实时高度,由传感器测量得到;h_x 为期望指令变量,是需要求解的核心变量。

飞机进场着陆窗口的高度设为 H_0,窗口点距离跑道上预设着陆点的水平距离为 S_0,拉平点的高度设为 H_1,窗口点距离预设拉平点的水平距离为 S_1,如图 3 − 12 所示。这四个参数对于无人机来说是已知的,根据无人机自身的下滑性能确定,四个参数确定后,也就意味着期望的下滑轨迹确定了。一般来说,该轨迹应确保无人机在较低的速度下以最优的方式进行下滑,即无人机沿该轨迹着陆时,在受到扰动后,升降舵与油门均有一定的上、下调节裕量。

下滑轨迹确定后，就可以计算期望指令变量 h_x。无人机下滑着陆过程中，其垂直方向的位置可以在预期下滑轨迹上，也可以在该预期轨迹上、下的任意一点，无论在何位置，从无人机当前位置点做垂线，其在预设下滑轨迹与跑道中心线形成的平面的投影会与下滑轨迹相交，该交点的高度即为 h_x，设该交点到下滑窗口点的水平距离为 S，则可计算求得 h_x：

$$h_x = H_0 - \frac{H_0 - H_1}{S_1} \times S \tag{3-7}$$

交点到下滑窗口点的水平距离 S 可由无人机的实时位置与下滑窗口点的位置计算求得，是已知量。

拉平飘落段根据要求不同，可设置为指数拉平、线段拉平等，以保证飞机最佳的接地速度和姿态，线段拉平时其计算方式与下滑段相同。指数拉平时，可计算求得 h_x：

$$h_x = H_1 \times e^{-\left(\frac{s - s2}{\tau}\right)} \tag{3-8}$$

式中：S_2 为飞机到达 H_1 高度时和下滑窗口间的实测距离；τ 为拉平指数，根据飞机特性选取。

对于火箭助推发射或气压弹射的无人机，其起飞与回收的控制律相对比较简单，起飞时使用俯仰角控制律即可，角度指令可选择为空中爬升的角度指令或稍小。伞降回收时，无人机一般按照程控飞行到达开伞高度并稳定平飞后停车、开伞即可。

3.3.6 控制律工程实现

经过线性化设计、基于非线性六自由度模型的验证优化后的飞行控制律在工程化实现时，需要考虑以下因素。

1. 控制律的离散化

由于现在无人机中的控制律计算都由航空电子综合计算机完成，因此需要对在连续域设计的控制律离散化，得到与连续系统性能一致的控制系统。

2. 数据源的滤波

控制律所用到的数据来自各个机载传感器，在这些数据使用前，需要对控制律所使用的输入数据进行数据滤波，以得到真实准确的数据源。

3. 输入指令的限幅

为防止操纵人员误操作及其它原因引起的输入数据异常，应对一些关键输入参数应采取合适的限幅措施，以防止出现非正常或不可预计的控制量，影响无人机飞行安全。

4. 数据源的选择与融合

为了实现无人机的自动飞行控制，需要精确测量各种飞行参数，例如飞机的姿态角、角速度、过载、飞行高度、飞行速度、飞机位置等。为了增加飞机的可靠性和安全性，往往采用几种不同的传感器或多个相同的传感器测量同一个飞行参数，在这种情况下就需要对数据源进行余度选择，将不同的数据源进行数据融合，从而得到更为全面、准确的信息，提高无人机的可靠性和安全性。

（1）飞行高度

无人机中常用的高度测量传感器包括用以测量海拔高度的大气数据计算机、动静压传感器等,用于测量绝对高度的卫星信号接收机、惯性导航设备等以及用于测量相对地面高度的无线电高度表、激光高度表等。在使用时可根据需求进行使用信号的排序,并在主传感器故障时进行余度切换。对于滑跑型无人机,在起降阶段一般使用无线电高度表,但无线电高度表只在低空、跑道附近使用,在从高空到着陆的过程中,控制律中的高度数据源在从其它传感器切换到无线电高度表时,需要进行数据融合,以防止高度信号的突变,进而导致控制输出的突变。

（2）飞行速度

飞行速度的测量传感器包括用以测量空速的大气数据计算机、动静压传感器等,用以测量地速的卫星信号接收机、惯性导航设备等。一般来说,在与飞机飞行安全性相关的控制方式中使用空速作为数据源,在与飞机惯性空间位置相关的控制方式中使用地速作为数据源。

（3）姿态角

俯仰角与滚转角的测量传感器包括惯性导航设备、垂直陀螺、航姿系统、MEMS（微电子机械系统）传感器等。航向角的测量传感器包括惯性导航设备、航向传感器、MEMS 传感器等。惯性导航设备因其精度高、可靠性高一般作为姿态角的主要数据来源。垂直陀螺、航向传感器不受卫星信号干扰,一般可作为相应的备份数据源。MEMS 传感器需要卫星信号修正,但体积重量小、成本低,一般作为小型低成本无人机的姿态数据来源。

（4）角速度

角速度的测量传感器包括惯性导航设备、角速度陀螺、MEMS 传感器等。其使用方式与姿态角数据的使用方式类似。

（5）位置

位置测量传感器包括北斗/GPS、惯性导航设备等,其中惯性导航设备的位置信息需要卫星信号的修正,但目前成熟的高性能惯性导航设备在纯惯性条件下的位置测量精度也有了较大的提升。在军事领域,一般以惯性导航数据和卫星数据组合作为位置信号的主数据源,而民用领域由于成本限制,一般选择卫星信号作为位置数据源。

5. 舵面控制量限幅

在设计控制律时需要根据舵面的气动特性和安装使用要求,对舵面的偏转角进行限幅使用,针对不同飞行阶段可以赋予相应舵面不同的控制权限,比如高速状态减小舵面的偏转范围。

6. 积分控制的使用

为了提高控制精度,消除控制量的稳态误差,可加入积分控制。但在使用积分控制时需要注意积分的进入、退出与限幅,否则使用不当很容易影响整个系统的控制性能,严重时会影响飞机的稳定性。

首先需要设置积分控制进入的条件,一般在控制量接近稳态后加入积分,在初始的动态调节过程中不使用积分控制,并按照实际情况设定饱和限幅值,避免出现积分控制量过大,影响飞机正常的比例控制调节的情况。

其次需要在控制模态切换时退出积分,即将积分项清零,否则再次进入该控制模态时,积分项保持的控制量会成为扰动进入控制系统。

第4章　无人机飞行管理

4.1　无人机飞行管理概述

4.1.1　无人机飞行管理简介

自飞机出现以来,如何减轻驾驶员负担、节约能源、增强飞行安全性、提高飞机飞行效率等,一直是人们关注和研究的重要内容。在这些方面的研究不断发展的过程中,人们将这种承担着全面管理和协调飞行的功能称为飞行管理。随着微电子技术、计算机技术、控制技术及数字技术的不断发展,自动驾驶仪、各种传感器、导航系统及自动与自主飞行、航路与任务规划等新技术应运而生,加之全球空域一体化需求不断增长,使早期以飞行性能管理和航路管理为主要核心内容的飞行管理系统,开始向着集控制、导航、任务、空管一体化综合管理及高精度、高可靠、高性能及智能化方向发展。

无人机飞行管理在获取无人机各种信息及其它环境信息基础上,对飞行性能、飞行模态、飞行航路、飞行动力、数据链、任务设备及任务状态和为完成以上功能所需要的机载其它设备的综合集成控制和管理,期望以最短的时间、最优的航路、最少的动力消耗安全完成特定任务,实现任务高效性、飞行安全性和经济性的最优融合。在现代无人机航空电子系统中,飞行管理已经成为成功完成一段航线飞行或某种任务不可或缺的功能。

相比有人机飞行管理系统所具有的飞行性能管理和导航管理,无人机飞行管理内容进一步扩展。无人机飞行管理主要包括飞行性能管理、飞行模态管理、航路/任务管理、动力控制与管理、数据链管理、任务载荷管理、应急及安全保护管理、其它辅助管理等,如图 4-1 所示。

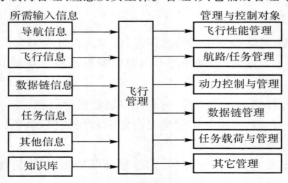

图 4-1　飞行管理系统示意图

4.1.2　无人机飞行管理常用概念

无人机飞行管理包含无人机飞行、任务及空域管理等方面,涉及以下常用概念。

1)给定航路:无人机飞行应经过的位置点连接形成的轨迹,在这个轨迹中,必须包含所有位置点。位置点的密集程度决定给定航路的细化程度。给定航路可以在无人机飞行前预先规划好,也可以在飞行过程中修改或重新输入,甚至可以在飞行过程中自动规划生成。

2)实飞航路:无人机实际飞过的所有位置点连接起来的轨迹。

3)给定航迹角:从真北或磁北方向到给定航线(一般指当前给定位置点与上一个给定位置点的连线)的顺时针夹角。

4)实飞航迹角:从真北或磁北方向到实飞航线(一般指当前位置点与上一个实飞位置点的连线)的顺时针夹角。

5)航迹偏差:无人机当前位置和给定航迹的最短距离。

6)航迹角偏差:无人机实飞航迹和给定航迹的夹角,或实飞航迹角和给定航迹角之间的偏差。

7)飞行距离:指定航路点之间的最短地表距离。

8)待飞距离:无人机当前位置和应飞航迹中下一位置点的最短地表距离。

9)待飞时间:无人机从当前位置飞到下一位置的时间。

10)当前位置:二维位置为无人机正下方地球表面上对应点的经纬度,三维位置则包含高度。

11)爬升顶点:达到指定爬升高度的地理位置。

12)下降起点:由巡航段进入下降段的位置点,是巡航段的结束、下降段的起始位置,从此点开始高度下降、动力降低。

13)四维管理:包含无人机经纬度、高度和时间的 4 个维度的管理,通过控制无人机飞行速度,实现对无人机到达某些位置的时间控制和管理,在飞行过程中飞行管理系统应不断根据无人机状态、边界条件及气象条件等,修正优化控制和管理策略及方法。

14)经济飞行高度:基于最低耗能的巡航高度。

15)飞行性能管理:对从起飞到着陆整个飞行过程中包括高度、速度、时间、距离等性能指标及燃油、电量的控制和管理。

16)飞行管理数据/知识库:包括飞行性能及计算所需的数据及模型、导航数据及模型,包括本次飞行相关航路/任务规划、用于动态重规划所需的模型、导航设备等。

4.1.3　无人机飞行管理功能要求

1. 飞行性能管理

无人机飞行性能管理是无人机飞行管理核心内容之一,是控制和管理无人机从起飞到着陆整个飞行过程中,相关参数间不同需求关系和目标的实现过程,包括飞行高度、飞行速度、飞行时间、飞行距离等性能指标及燃油、电量等。根据无人机飞行高度、速度、重量、构型、动力及边界约束条件,制定包含时间、位置、高度、速度、控制模态等要素在内的飞行剖面,并按此剖面通过合理安全平滑的飞行模态转换、飞行控制指令限幅及必要的状态约束,实施飞行控制,优化飞行轨迹,以满足最快到达时间、最短飞行路径、最少动力消耗等不同要求。

2. 航路/任务管理

无人机航路/任务管理是无人机飞行管理另一核心内容。无人机飞行过程是以任务为牵引和导向的,航路/任务管理的目的是如何高效安全完成任务,包含航路/任务规划(重规划)和航路/任务管理。

无人机航路/任务规划是根据无人机任务需求,综合考虑无人机飞行性能、任务特点、任务时间、任务地点、空域管制、环境条件等,制定至少包含航路及主要位置点或航程点、高度、速度及任务设备工作状态、数据链工作状态及其它机载设备工作状态在内的任务剖面,确保无人机完成任务并安全返回。

无人机航路/任务管理主要内容是飞行过程中根据当前位置及规划的航线,计算航线的航迹偏差、待飞距离、待飞时间等,合理制定及优化以经纬度和高度为要素的三维或以经纬度、高度及时间为要素的四维导航制导策略,按此策略引导无人机飞行,并执行预先规划或实时规划的各种任务和操作,并能根据指令或实时状态进行航路或任务切换,以满足完成任务的要求。包括当无人机出现某种异常或飞行环境出现变化时,能按预定的航路完成预定功能,或能够实时重新规划,并完成所规划的内容。

3. 动力系统管理

管理和控制动力系统工作状态,例如停车、启动/重启、功率控制、转速、状态监视与告警等,以满足系统对某一性能最佳的要求。例如省油、省电、快速到达目标区域、任务载荷在某时刻到达某区域完成某项任务、任务时间最长等。

4. 数据链管理

数据链管理通过对数据链设备工作模式设置、频率选择、信道选择、功率设置等,不仅使数据链工作正确可靠,上下行数据满足任务需要,而且能节约机上能源,同时减小发射信号强度,提高隐身性。一般常见管理内容如下。

1)数据链上、下行信道开/关:在不同空域,根据需要开通或关闭数据链遥控或遥测,既可减少测控信息被截获或泄露可能性,又可节约机上电能。

2)上下行信道频率选择:根据需要动态改变上下行信道工作频率,既提高了数据链可靠性,又降低了测控信息被截获或泄露概率,提高信息安全性。

3)功放开/关及功率选择:根据工作需要及无人机与地面站距离,合理控制功放通断电及工作状态,或对功放功率大小进行选择,以最低的能源代价满足现场工作要求。

4)天线选择及工作方式:根据飞行距离、航线上的气象条件及地理环境等因素,选择不同的机载天线及不同的工作方式,最大限度提高信息传输距离及正确性。

5)下行数据传输内容选择:根据工作需要,可选择下行数据的内容,例如只传输无人机状态数据、有选择地传输部分任务数据或传输所有的遥测数据等,缩短信道工作时间,提高信道利用率,并对传输过程中干扰、误码带来的影响做出相应有效处理,以保证关键数据传输的正确性,提高信道安全性。

6)上行遥控数据管理:对遥控数据接收、解帧及解码,进行有效性判断,完成数据分发。

必要时需对上行信道、遥控帧或关键字段加密。

下行遥测数据管理：对遥测数据编码、组帧及发送。遥测帧中包含飞行数据、无人机状态、机载其它设备状态等，尽可能全面反映无人机状态，同时采取校验码、同步字等防错措施，必要时需对下行信道、遥测帧或关键字段加密。

5. 任务载荷管理

一般任务载荷仅在任务空域工作，且根据环境等因素不同工作模式也不同。在整个飞行过程中按预定规划，结合无人机状态、气象条件、作业环境等实时信息对任务载荷工作状态管理，包括任务设备通断电及自动唤醒、启动工作、任务设备数据分发、工作模式控制及工作状态数据采集等，这些操作与时间、位置关联在一起，构成任务管理。

6. 其它辅助管理

其它辅助管理主要包括公共设备管理，例如对燃油、液压、环控、起落架、航管、外部灯光等系统的控制和管理。这些设备对无人机及飞行安全至关重要，但功能独立，分布离散，因此将其综合管理不仅能从整体上提高系统安全性，还可以降低单台设备的设计要求。

7. 应急及安全保护管理

无人机飞行中遇到异常或突发事件，应具有应急及安全保护功能，例如定位信号丢失、数据链中断、动力异常等条件下的应急返航、动力系统空中重启、起落架异常的迫降等。

8. 其它边界控制

根据无人机飞行性能设置必要的边界保护，例如姿态角限制、最大飞行速度限制、最大飞行高度限制、发动机转速限制、主电源电流限制、飞行区域限制、作业环境限制等，避免因操作失误、传感器异常导致的系统安全事故。

9. 自主管理能力和绿色环保能力

随着无人机应用领域不断扩大，无人机飞行架次日益增多，飞行事故和飞行污染也给自然环境及人们日常生活带来更多影响。

无人机状态参差不齐，地面操纵人员疲劳及失误等原因导致的无人机事故，无人机动力装置产生的排放、噪声、废旧设备等，这些都不仅严重影响了人们正常生活，而且对环境造成了严重影响。因此迫切需要从飞行状态监视、故障报警及自动处理等方面，提高无人机自主飞行管理能力，协助地面操纵人员更加安全可靠飞行。通过制定飞行过程合理的飞行剖面、燃油控制策略和动力装置工作模式，减少动力装置的排放和噪声等，以达到绿色环保目标。

4.2　无人机飞行性能管理

4.2.1　无人机飞行性能管理

飞行性能管理最早要解决的问题一方面是减轻飞行员负担，实现全自动导航，另一方面就是以最省油的方式飞行，减少运营成本，所以飞行性能管理最基本的功能是制定一个从起飞到降落的最佳横向和纵向的飞行剖面,并控制飞机按此飞行,实现不同阶段某项飞行性能的最优化。

正常情况下无人机飞行管理将飞行全过程分为 6 个阶段,分别是起飞、爬升、改平、巡航、下降、着陆。如果进场不成功,则需进入复飞阶段。

4.2.2 起飞

无人机飞行剖面中,起飞阶段和着陆阶段尤为重要,起飞和着陆控制的关键在于满足迎角边界约束的起飞和降落的姿态、航迹与速度的综合控制。

无人机一般在起飞时就处于自动飞行控制模式,起飞控制关键在于防止纵向姿态和迎角超过使用边界。通过适当提高起飞速度、俯仰角输入指令限幅和高增益控制,可以实现起飞姿态的良好控制。

一般把滑跑起飞段划分为加速滑跑阶段和离陆爬升阶段。在无人机加速滑跑速度达到抬前轮速度时,控制升降舵把机头拉起到设定的俯仰角,使飞机离陆,并爬升到起飞安全高度。加速滑跑过程采用俯仰、滚转、偏航三通道独立控制,纵向轨迹一直保持在重心高度线上。纵向控制采用俯仰角保持模式;横侧向的滚转通道处于滚转角稳定模式,即在滑跑阶段操纵副翼舵面,抑制滚转方向的扰动;偏航通道处于航迹控制模式,要求侧向轨迹保持在跑道中心线。

由于整个滑跑阶段无人机速度变化范围很大,偏航通道的航迹控制在不同速度段的航迹纠偏方式会有所不同。在低速滑跑段前轮和差动刹车的纠偏效率较低,可使用较大的偏转角度或刹车值快速纠偏,在高速段虽然纠偏效率高,但偏转角度或刹车值过大,会导致飞机出现安全问题。一般可将前轮纠偏和差动刹车纠偏的控制参数设置为随速度变化,在低速段放大控制参数,增加低速阶段纠偏快速性,在高速段减小控制参数,并根据飞机的滑行速度等参数计算前轮或刹车的最大可用值进行限幅,以免出现侧翻等危险。

在离陆爬升阶段飞机场高较低时,仍采用与加速滑跑段相同的三通道独立控制的结构。纵向处于俯仰角保持模式,按给定的离陆航迹角爬升。横侧向滚转通道处于滚转角稳定模态,利用副翼保持滚转角为零,避免机翼触地。偏航通道处于地面航迹控制模态,要求侧向轨迹保持在跑道中心线上,起飞过程要求无人机的航向保持在离陆航向上,仅利用方向舵进行跟踪航线。

当飞机场高大于安全高度,纵向改为高度控制模态,控制飞机跟踪给定高度,横侧向改为航向控制或航迹控制模态,综合利用副翼与方向舵控制飞机沿设定航线飞行。

4.2.3 爬升

无人机在爬升阶段,自动飞行控制系统和自动油门都可工作,根据不同需求,可以有以下几种爬升剖面选择:

1)最经济爬升:爬升段内最省油或电力。
2)最大角度爬升:始终保持最大剩余推力。
3)给定速度爬升:保持给定爬升速度爬升。
4)最大速率爬升:使用最大允许推力爬升。

4.2.4　改平

在改平阶段到来之前,俯仰通道自动转化为高度保持模态,自动调节巡航速度,以便安全平滑地从爬升阶段改为巡航阶段。

4.2.5　巡航

巡航阶段无人机一直按规划的航路飞行,有以下几种巡航剖面可供选择。

1)最经济巡航:飞行管理系统从数据库或知识库获得最经济巡航高度和速度,俯仰通道在此高度以此速度工作在高度保持模态飞行。

2)最长距离巡航:飞行管理系统根据航路上某段最远位置计算出最长距离或航路总距离,并计算出最佳巡航高度和速度,并按此巡航。

3)给定速度巡航:飞行管理系统按给定速度,计算出最佳高度,并按此巡航。

4.2.6　下降

当无人机返回并进场时,要先从预先设定的下滑点进入下降段,飞行管理系统确定下降速度,充分利用无人机位能,减小能耗。下降阶段有最经济下降、最经济航路下降、给定速度下降等下降剖面,也可分段下滑。

4.2.7　着陆

要实现无人机的自动着陆,一般把自动着陆分为三个阶段,需分别是进场、下滑和拉平飘落。

着陆过程的横侧向控制方式是航迹控制,进场阶段的纵向控制方式是高度与速度保持,下滑段与拉平段升降舵通道的控制律依然是俯仰角控制,只是此处给定的俯仰角指令,是根据无人机的实际位置与预期轨迹的差值计算出来的动态变化的量。

低速进场着陆的设计难点在于如何满足着陆点对接地速度、下沉速度、姿态、航迹、航向等的约束,以及风干扰下对航迹和姿态的稳定等。在着陆下滑段,通过采用航迹、姿态和发动机控制综合优化设计、航迹输入控制补偿等技术,达到降落阶段的航迹与姿态良好控制、以及风干扰下姿态的稳定。此外对于展弦比比较大的无人机,在起飞和降落时还要控制机翼保持水平,防止滚转引起机翼擦地。

飞行管理系统在飞行性能各阶段管理的基础上,加入对数据链、任务载荷及其它机载设备的控制和管理,则构成完整的无人机飞行管理及飞机管理内容。

4.3　无人机任务规划

4.3.1　无人机任务规划概述

无人机的出现和发展,虽然在很大程度上代替了人在飞行和任务执行中的作用,但无论是受技术限制还是实际使用需求,都很大程度地忽略了伦理、道德和人的情感对无人机飞行和任务执行的特殊影响。无人机较以前更加复杂,任务更加多样,环境更加多变,支持的信息量剧增,要及时做出准确及正确的决策,对人或无人机而言,都有相当大的困难,需要预先做好规划,或在飞行过程中快速做出动态调整,既运筹帷幄,又因势而变,因此任务规划成为无人机不可或缺的功能。

无人机任务规划是根据无人机任务需求,综合考虑无人机飞行性能、任务特点、任务时间、任务地点、空域管制、气象、电磁环境等综合条件,在大量相关数据、模型和信息的支持下,制定至少包含航路及主要位置点或航程点、高度、速度及任务设备工作状态、数据链工作状态及其它机载设备工作状态在内的一个或多个任务剖面,确保无人机完成任务并安全返回。航路规划是任务规划的核心。

无人机应用中的任何一次飞行都是以完成某种任务为目的,飞行过程以完成任务为牵引和导向,任务规划是无人机自主高效安全完成任务的前提和基础。无人机任务规划相关输入要素应具有完整性,任务规划输出应具有可实现性和安全性,飞行及任务各环节的行为及时刻应具有准确性,多无人机协同工作时应具有一致性和协调性。

一般情况下无人机任务规划是飞行前预先制定的,称为预规划或预先规划。由于无人机任务的不确定性、工作环境及无人机状态临时变化,预先规划的任务剖面可能不再适用,需要对预先规划的内容重新调整或修正,在无人机飞行过程中,再依据当时状态实时动态规划,制定出一个能够满足无人机实时任务要求的任务序列,称为实时规划。

无人机任务规划原理如图 4-2 所示。

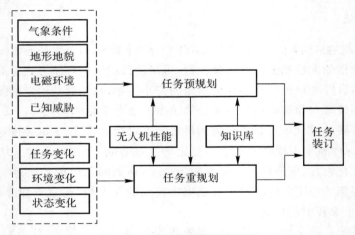

图 4-2　无人机任务规划原理

在无人机集群和协同工作模式中,任务规划除了考虑无人机单体的个体约束外,还要考虑多无人机间的共同协作或完成任务时的相互约束关系,包括任务分配,防扰避撞的航路规划,到达目标点时间、任务激活或启动的时序关系等。无人机集群或协同任务规划的目标,是在复杂多样的任务环境中,按照最佳任务分配策略、任务执行顺序及最优航路,以尽可能少的资源和尽可能快的现场实时应变能力高效完成指定任务。这些都以获得包含自身及其他无人机的信息为前提,因此信息共享是实现集群和协同规划的基础和核心。

无人机向飞行自主化、作战作业模式集群化及任务高效化发展,提高无人机状态及环境多元信息获取及处理能力、动态重规划能力、智能自主规划能力及多机协同规划能力,无论是对强对抗作战体系的军事领域,还是对复杂应用环境的民用领域,其必要性和重要性愈显突出,迫切需要进一步发展。

4.3.2　无人机任务规划内容及流程

无人机任务规划包含航路规划、任务载荷规划、数据链路规划、应急处置规划、其它辅助设备规划等,如图 4-3 所示。

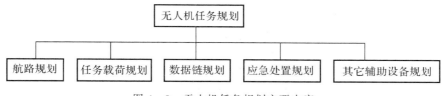

图 4-3　无人机任务规划主要内容

1. 航路规划

航路规划是任务规划最早形成的基础,规划从起始位置到目标位置的航路,并对规划的航路进行测试,是任务规划的核心内容之一。

无人机航路规划以任务地点、时间为初始和基本依据,以无人机的飞行性能、油耗、航路上的地形地貌、空域管制、气象条件、电磁环境等作为输入数据或约束条件,通过相关模型和算法,规划出一条满足某一需求的能够实现且安全的航路。必要时,可规定必经的航程点及到达时刻。

航路规划包括航路上相关信息获取及处理、建立航路上各种外部环境模型、确定航路规划策略及规划算法、计算获得航线、标明关键航程点等。

2. 任务载荷规划

无人机任务载荷规划以任务地点、时间及任务特点、任务最终目的为初始依据,以无人机的性能、任务区域的地形地貌、空域管制、气象条件、电磁环境、敌方火力等作为输入数据或约束条件,依据任务要求和任务载荷工作需求和特点,对任务载荷合理配置,并对各种状态分解或组合,安排其不同时刻或时段的工作模式及工作状态,规划出一个任务载荷工作状态的时间序列,例如上电、启动、出舱、拍照、投放、发射、返舱、断电等,综合兼顾任务成功率、无人机安全及其它相关性能。

3. 数据链路规划

根据任务特点及环境条件、电磁环境、频率管制、信息保密等要求,规划数据链路不同阶段的链路类型、工作频段、功率大小、上下行信道工作模式、天线工作模式、传递的数据类型、帧格式、字段数量等。

4. 应急处置规划

针对飞行过程中不同模式的异常或突发状况,按照无人机飞行及设备的安全等级,规划相应的策略或措施,例如卫星信号丢失、数据链路失效、动力系统异常等场景下,航路及任务等方面的安全处置方法,以最小的代价保证无人机安全返航或安全降落。

5. 其它设备规划

规划与航路及任务载荷协调工作的其它机载设备的工作状态,例如需要配合任务载荷的加热或通风冷却的环控设备、应答设备、照明设备、地形跟随或规避设备、敌我识别及航管设备等。

早期无人机航路规划沿用了有人机的技术、流程和方法,都是通过在地面预先规划好后导入无人机相关设备。

无人机任务规划流程如图 4-4 所示。

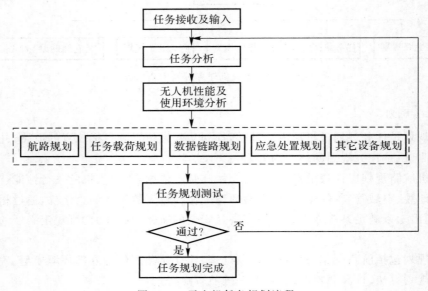

图 4-4 无人机任务规划流程

4.4 无人机航路规划

4.4.1 航路规划内容

无人机航路规划是在给定的空间及特定约束条件下,寻找无人机从起始位置到达目标位置,且满足给定的约束条件和性能指标的最优或可行航路,并自动生成沿该航路飞行的指令,必要时刻在该航路上设置若干个必经航程点。

无人机在飞行过程中根据当前位置及目标位置,合理制定及优化以经纬度和高度为要素的三维或以经纬度、高度及时间为要素的四维导航制导策略,按此策略规划合理航路,计算航路的航迹偏差、待飞距离、待飞时间等,引导无人机飞行,并执行预先规划的各种任务和操作,以满足完成任务的要求。当无人机出现某种异常时,能按预定或实时制定的航路完成指定功能。

无人机不搭载操纵人员,预规划时设定的相关时空环境约束条件,无法和有人机飞行员现场感知一样准确,同时飞行中操纵人员对无人机的干预要通过数据链遥控信息上传,而数据链存在的传输延迟、被干扰及中断等风险,会导致地面操纵人员的干预失效,因此面对复杂的任务、多变的环境及巨大的信息量,单纯依靠人很难快速规划出一条精确可靠的航路,无人机需要更严谨、更完善的航路预规划和更快、更灵活的航路动态实时重规划,以减少突发或特殊情况下对地面操纵人员的依赖,提高无人机航路及任务规划的自主性。

无人机航路规划出的飞行航线必须考虑无人机飞行性能,应该具有可实现性。考虑航路上的地形地貌及障碍物、气象条件、敌方火力等因素,减少空中碰撞及空域竞争和冲突,避开敌方火力威胁,保障航线的安全性。同时保证本次飞行过程中的其它特性要求,例如对经济性、任务高效性、航程最短等要求。无人机航路的可实现性受无人机自身飞行性能限制,安全性受无人机在飞行过程中航路上地理、气象、电磁及其它战场环境限制,其它性能也受相关条件的限制。

随着新技术的不断发展和无人机应用环境的不断扩展,对无人机自主安全飞行和任务执行要求不断提高,对路径规划的要求也不断提高,例如可行性、自主性、可靠性、安全性、准确性、实时性、高效性、经济性等,都是航路规划时必须考虑的,达到多种性能的最优统一。

4.4.2 航路规划约束条件

无人机航路规划约束条件是指规划出的航路要满足无人机自身的机动性能约束、飞行任务的时空环境约束、无人机动力能源总量约束等约束条件。规划的性能指标最优目标取决于飞行的主要目的和任务要求,或任务效能最高、生存概率最大、飞行时间最短、到达时间最准、费用最小、实时性最高等。

一般情况下,约束条件不同,规划出的航路就会不同,即使在同一约束条件下,也可能规划出多条航路,此时可将最优理论应用到规划算法中,从而得到一条最优航路。

无人机航路规划常见约束条件有以下几方面。

1. 最大航路总长度

最大航路总长度限制了所规划航路的总长度不能超过一个设定的最大距离,它由无人机加载的动力能源、执行任务的高度、速度和时间、任务载荷特点及对信息传输种类和距离要求决定。

2. 最大可消耗的动力能源

规划时要考虑无人机在本次飞行时装载的动力能源,即本次飞行中最大燃料重量或电能容量,确保这些能源不仅能完成任务,而且能安全返回。

3. 最大/最小飞行高度

最大/最小飞行高度规定了规划的航路上飞行高度的范围,不仅取决于无人机飞行性能、任务特点等,还取决于航路上的地理、气象、电磁及其它战场环境,综合考虑飞行安全、任务完成、安全返航及突防等。

4. 最大/最小飞行速度

最大/最小飞行速度规定了规划的航路上飞行速度的范围,不仅取决于无人机飞行性能,还取决于任务特点、航路上的气象等条件。

5. 最大爬升/下滑角

规定了规划的航路上最大爬升角和下滑角,不仅取决于无人机飞行性能,还取决于任务特点、航路上的气象等条件。

6. 最大转弯角

规定了规划的航路上最大转弯角,不仅取决于无人机飞行性能,还取决于任务特点、航路上的气象等条件。

7. 最小航路段距离

规定了航路上相邻两个位置点的最短距离,取决于无人机飞行性能,尽量减少无人机通过姿态变化等频繁调整航向,提高巡航段效率。

8. 多无人机协同

无人机集群和协同应用模式的出现,使多无人机协同航路规划成为无法绕开的关键和核心技术之一。和单机航路规划相比,多无人机协同航路规划的约束条件除了和单无人机航路规划相同外,还增加了相邻无人机状态约束,而且这些约束是动态变化的,例如相邻无人机间的距离、方位、航向、高度、速度等,因此需要快速获取相邻无人机的状态信息,实施基于信息共享的在线动态实时规划,始终保持时间和空间上的协调性和一致性,为多架无人机规划出各自的航路,避免时间和空间上的冲突。这样规划出的航路对单架无人机并不一定是最优的,但对于无人机集群飞行和协同作业来说,飞行和任务执行却是最优的。

4.4.3 航路规划一般方法

航路规划算法是自动化航路规划的核心,是航路规划系统能够完成规划功能的关键,无人机中通常由航空电子综合计算机以软件的形式实现。航路规划问题本质上可以归结为路径寻优问题,航路规划算法可以延用运筹学领域、人工智能领域、最优控制领域和机器人领域的一些理论和方法。

通常航路规划算法包括以下几类。

1)几何方法,通常指一些结合图论的搜索算法,例如基于概略图的规划方法、基于栅格的图搜索方法等。

2)数学规划方法,包括动态规划法、非线性规划法等。

3)人工势场法,将环境视为一个人工势场,无人机被目标吸引,被障碍物排斥。

4)智能航路规划法,例如蚁群算法、遗传算法、粒子群算法、模糊逻辑算法、模糊退火算法、弹性带算法等。

需要特别指出的是,这些算法在其它相关专业书籍中都有详细叙述,本书仅从概念和原理上对常用算法做一简单介绍。

在无人机航路规划应用中,为了便于将这些航路规划算法工程化,一般会将规划空间和无人机模型进行简化,如将三维空间简化为二维空间,将复杂的威胁空间简化为一些简单的几何形状,将无人机简单视为质点运动模型,使得算法简化,也可以将几种不同的规划算法结合起来,求解最优航路,缩短规划所用的时间,提高空间效率。

1．航路规划的几何方法

（1）基于概略图的航路规划方法

基于概略图的航路规划算法是一种基于图论的描述方法，首先按照一定的规则把无人机的飞行环境表示为一个由许多条线段组成的网络图，将航路规划问题转换成为网络图的搜索问题，然后通过设计某种搜索策略，在网络图上实现航路的搜索。通常使用的基于概略图的航路规划算法有随机路线图法、通视图法等。

1）随机路线图法。随机路线图法是在规划空间中进行随机采样，生成路线图后在此路线图中进行路径搜索，在不断得到新的采样点时，如果此采样点和之前路线图中的某节点间存在一条可行路径，那么就把这个采样点添加到路线图中作为个新的节点，然后寻找该节点和路线图中与之相邻的节点间的可行路径，并将此路径作为两个节点间的边加入到之前的路线图中。

随机路线图法权衡了规划时间和路径质量，通常情况下能较快地获取可行路径，当随机路线图构造所花费的时间越长，就越有可能得到最优的路径。

采用随机方法，如果采样的节点数量不够，有可能得不到满足约束条件和性能指标的可行路径，尤其难以得到最优路径。当约束条件较多时会极大影响随机路线图航路规划效率，而且它所产生的边在实际航路规划时往往必须通过一些附加数据进行描述，不能简单采用直线形式，这导致航路规划的路线图数据结构复杂。当规划环境已经确定时就可以把随机路线图事先构造出来，这样规划的效率就会有大幅的提高。

一旦随机路线图的规划环境出现变化，那么往往需要浪费大量的时间用来重新构造新的路线图，而局部更新的方法则不能适应新的环境，因此，在线实时航路规划一般不能使用此方法。

2）通视图法。通视图法通常是由给定的规划空间中障碍区域相互可见的顶点之间的连线构成。由于仅将相互可见的顶点连线，最后获得的路径一般都有几段沿着障碍物的边缘。因此在规划航路时需注意留出安全距离。

（2）基于栅格图航路规划方法

理论上路径搜索可以在连续的状态空间中进行，但为了便于计算机处理和算法设计，通常要将连续的状态空间进行离散化，即栅格化处理。栅格化之后，定义沿栅格搜索的行进策略（通常沿相邻的栅格行进）和代价，即可运用图搜索算法找到从起点到目标点的代价最小路径。栅格化的粒度视具体情况而定，与所需的航路精度和时间效率有关，当栅格的划分较细时，最终获得的路径越精确，但需要占用更多的计算资源。当栅格的划分较粗时，可以得到概略路径，此时的计算速度就快。A＊算法是常用的基于栅格图的航路规划方法。

A＊算法是静态路网中一种用于求解最短路径的最为直接有效的搜索方法。A＊算法从起点开始，首先遍历起点周围的临近点，然后再遍历已经遍历过的点的临近点，逐步向外扩展，直到找到终点。A＊算法不仅关注已走过的路径，还能预测未走过的点或路径，不搜索经过概率很小的点，提高了搜索效率。

A＊算法的估价函数可表示为

$$f(n) = g(n) + h(n)$$

其中：$f(n)$ 为初始点途经节点 n 到达目标点的一个估价函数；$g(n)$ 表示状态空间中由初始节点到达节点 n 的实际代价，是实际发生过的已知信息；$h(n)$ 是从节点 n 到达目标节点的最佳路径的一个估计代价，是未发生的预测信息，估价函数 $f(n)$ 的选取决定着搜索效率和是否能够找到最优解。假设节点 n 到达目标节点的实际距离为 $d(n)$，若估价值 $h(n) < d(n)$，那么可以得到一个最优解，但会出现一系列其它问题，例如搜索的范围较大、搜索的点数比较多、搜索的效率很低。若 $h(n) = d(n)$，即距离估计 $h(n)$ 和最短距离相等，那么搜索就将严格沿着最短的路径执行，搜索效率在这种情况下是最高的。若 $h(n) > d(n)$，虽然会缩小搜索的范围，减少搜索的点数，算法的搜索效率也大幅提高，但是此时并不能保证可以获得最优解。

启发函数 $h(n)$ 一般表示为当前节点 n 和目标节点 E 的直线距离或表示为当前节点 n 与目标节点 E 的 X 轴距离和 n 与目标节点 E 的 Y 轴距离的最大者。

$A*$ 算法中 $h(n)$ 既不能太大，也不能太小。由于 $A*$ 算法总是扩展那些具有最小 f 值的节点，所以当 $h(n)$ 估计过低时，会造成过度浪费，引起一种误导，导致本身不是通向解的节点也要搜索，这样必定浪费时间和空间。但是若 $h(n)$ 估计过高，一旦超过实际值，就极有可能错过最优解。$A*$ 算法可以直接在地图上根据起点和目标点搜索到最优路径，但是空间需求太大，随着地图扩大和障碍物增多，所需空间呈指数级别增长。

2. 航路规划的数学方法

(1)动态规划法

动态规划法是把需要解决的问题作为一个过程，然后将过程分解为多级易于求解的过程，当这些单级决策问题都被解决后，多级决策问题就迎刃而解。

无人机航路规划根据任务阶段可分为起飞阶段、巡航阶段、任务阶段、返航阶段、回收降落阶段，每个阶段规划决策的依据和边界条件不同，决策目标与所期望的结果不同，需要单独做出决策，但每个阶段又互相联系，上一阶段的决策结果对下一阶段的决策产生影响，因此动态规划方法非常适合在无人机航路规划中应用。

基于动态规划的航路规划方法，一般有以下步骤。

1)划分阶段：按照问题的时空特征，把问题划分为多个有序阶段。

2)确定状态：每个阶段及状态，用不同的状态表示。

3)确定策略：明确各阶段及各状态之间的转换条件。

4)确定边界：明确终止或边界条件。

5)设计实现：设计并实现算法。

动态规划法中状态变量数量太多时，计算机的存储容量随维数的增大而迅猛增加，甚至会导致无法实现。

(2)非线性规划法

非线性规划也是基于数学规划的一种方法，在最优设计、系统控制等相关领域得到了广泛应用。无人机航路规划包含有非线性函数，可以采用非线性规划方法。

基于非线性规划的航路规划方法，一般有以下步骤。

1)确定方案：收集航路规划相关资料和数据，确定方案和方法。

2)明确指标：分析相关数据，确定指标。

3)给出评价标准：确定和平衡指标之间的权重及评价标准。

4)寻求约束条件：明确航路规划所有约束条件。

非线性规划包括无约束的非线性规划和有约束的非线性规划，无约束问题是多元函数求极值的问题,它是有约束问题的基础,通常无约束问题的求解方法包括共扼梯度法、最速下降法、鲍威尔直接法以及变尺度法等。

3. 航路规划的人工势场法

人工势场在无人机航路规划中应用的核心思想是将无人机虚拟为在一个人工势场中飞行,目标区和投放区域被指定引力势能,威胁区和障碍区则被指定为排斥势能,两者叠加产生人工势场,在人工势场吸引力和排斥力的合力作用下,规划出一条切实可行的路径,完成避障功能。

人工势场法描述简洁直观,规划的路径平滑安全,但是由于其存在局部最优解,容易产生死锁,当吸引力和排斥力平衡时,就会在局部范围内振荡,导致航路规划失败。当障碍物和目标距离较近时,有可能始终到达不了目标。由于其没有考虑到无人机实际飞行速度,吸引力和排斥力的合力随着速度变化,对较近的障碍物容易发生意外。

4. 航路规划的智能化方法

(1)蚁群算法

在大自然中,蚂蚁找寻食物时经常会四处游荡。一旦一只蚂蚁发现食物来源,它会马上返回蚁巢并分泌信息素吸引其它蚂蚁,蚁群最初随机选择不同路径在蚁巢和食物源之间行走,在分泌的信息的引导下,更多的蚂蚁会选择最短路径,最终使用同一条路径,从而产生最短路径作为主导路径。

蚁群算法(ACO)是一种用于寻求一条优化路径的概率性算法,具有分布计算、信息正反馈和启发式搜索特征。

蚁群算法一般有以下步骤。

1)给定各个节点上信息素的初始值,如数量、信息素因子等。

2)所有的蚂蚁从起点一同向着目标点的方向前进,每只蚂蚁可以依据状态转移的规则选择与之相邻的可以到达的节点,当全部蚂蚁抵达终点时,此次循环结束。

3)更新信息素。对于蚂蚁经过的路径节点,按照给定的信息素的加强机制进行修改,对于蚂蚁没到的各节点,对原有的信息素进行挥发。

4)重复上述过程,直至求得最优路线。

(2)遗传算法

遗传算法模拟了达尔文提出的生物进化理论的自然选择规律和遗传学中的生物进化过程,是一种随机搜索算法,它与传统的搜索算法有诸多的不同之处。随机生成一组种群的初始解,种群中的每一个独立的个体染色体,都被作为问题的一个解,从初始解开始不断搜索,在随后的迭代过程中,染色体不断进化遗传,用适应值来衡量染色体的优劣。前一代染色体在进行交叉或者变异操作后产生的下一代染色体被称作后代。根据每个个体的适应值大小进行选择,部分后代被保留下来,而一些前代被剔除出去,往往适应值较高的染色体会被选择留下来,若干代后,最终收敛到最佳染色体,它便极有可能是最优解或者次优解。

遗传算法一般有以下步骤。

1)随机产生一个初始种群,种群的个体总数是定值,对每个被称作染色体的个体,用基因编码表示。

2)计算每个个体的适应值大小,判断其是否与优化准则相符。若符合,则将最佳个体和它代表的最优解输出。

3）依据适应值的大小选择需要保留的个体，若个体的适应度较高，其被选中的概率也较大，反之亦然。

4）根据一定的交叉方法和交叉概率，产生新的个体。

5）经过交叉、变异操作后，生成新一代种群。

遗传算法避免了其它算法存在的复杂而又困难的推论推导过程，能够直接获取问题的最优解。同时，它带来了运算时间长、动态规划路径困难、在解决路径规划问题过程中容易出现个体收敛不合理、效率低，进化效果不明显的问题。

（3）粒子群算法

粒子群算法是通过设计一种无质量的粒子模拟鸟群中的鸟，粒子具有位置和速度两个属性，每个粒子在搜索空间单独搜寻最优解，并将其记录为当前个体极值，将个体极值与群中其它粒子共享，找到最优的个体极值作为粒子群当前全局最优，粒子根据自身个体极值和群全局最优调整自己位置和速度。

粒子群优化算法计算简单、个体数量少、鲁棒性较好，在多维连续空间的优化问题上能获得令人满意的效果。粒子群算法和遗传算法都是基于群体迭代，但它没有交叉和变异的过程，既适用于科学研究，又可以广泛运用在工程实践当中。

粒子群算法应用到无人机航路规划中，具有大范围全局搜索的能力，利用个体极值更加稳定，收敛速度较快，参数的调整简单方便，有可扩展性，易于和其它算法结合，但此算法搜索的后期，局部搜索能力很差，不能有效地利用反馈信息，会导致路径规划失败。

（4）模糊逻辑算法

无人机飞行中，通常包含着许多不确定因素，包括无人机状态、自然环境及战场环境等，对于这些特定的环境特征的描述，往往带有不确定性，即存在着"大概""可能"的成分，不能进行精确计算或使用某一确定的规则，这种情况下可以用模糊逻辑算法进行航路规划。

模糊逻辑算法更符合人们的思维习惯，把模糊控制和环境感知结合，对传感器精度的要求不高，易于把专家的知识直接转化为控制信号，不需要构建数学模型，具有较好的实时性，能方便快捷地进行无人机航路规划。

（5）模拟退火算法

模拟退火算法是基于概率的一种算法，它借鉴了热力学里退火这一过程。在进行航路规划时，模拟退火算法对起始点周围一定范围内的全部航路点进行"加热"，通过不间断的迭代运算，逐渐使所有航路点的温度都冷却。通过随机产生的一个冷却时间表可以决定冷却的速度。禁飞区域在一般情况下都会被赋予比其它区域更高的能量状态，故而在冷却过程进行时将回避上述的禁飞区域，在经过一定的迭代后，通过对规划区域进行最低温度的寻找，即可获取最佳航路。但是由于存在概率性选择的操作，该算法每次搜索到最优解的时间都是不确定的，而且同一问题的计算结果也可能不相同。

（6）弹性带算法

弹性带算法是基于通过多个点并且每个点只能通过一次的情况下寻找一条可能的最短路径的思想，应用在实时航路规划中，收敛速度快、在任何情况下都能得到一个次优解，充分满足了实时航路规划对于求解速度和稳定性的要求。

第5章 无人机导航系统

5.1 无人机导航概述

5.1.1 无人机导航简介

导航是确定航行体在空间的位置,并引导航行体按预定航线运动的技术或方法。自航空技术出现的 100 多年来,随着社会发展、军事需求及高新技术进步,人类早已摒弃单纯利用肉眼观察天体来确定位置的方法。随着航空无线电的快速发展,从 20 世纪 20 年代的无线电罗盘,40 年代的无线电高度表、多普勒导航系统、塔康(TACAN)等导航系统,60 年代的惯性导航系统,70 年代的卫星导航系统,到 80 年代的地形辅助导航系统及近些年出现的各种基于卫星的组合导航系统,导航已成为集力、机、光、声、电、磁等多学科于一体的一门综合学科,出现了基于天文、惯性、无线电、地磁、红外、激光、声呐及地形地貌匹配等多类导航系统和方法,用于提供航行体相对于参考坐标系的位置、速度、姿态及时间等信息,支持航行体安全、准确、快速到达目标地点。当今导航已经从单纯服务于航天、航空、航海领域延伸扩展到诸多应用领域,甚至渗透到人们日常生活的方方面面。

若导航设备都安装在运动体上,所有用于导航的数据都来源于运动体上的设备,不依赖于外界信息,这种导航方式称为自主导航。自主导航具有独立、不受外界干扰及隐蔽性好等特点,例如惯性导航、多普勒导航、天文导航等。

若需要安装在运动体上导航设备和安装在其它空中或地面的导航设备配合,通过相互协调工作,才能实现导航功能的导航方式,称为非自主导航,例如无线电导航、卫星导航等。

当今无人机应用最广泛的是卫星导航系统,新型惯性导航系统及各种导航系统联合工作的组合导航系统也在无人机上得到愈加广泛的应用。

5.1.2 无人机导航系统功能

无人机导航系统主要为无人机提供在所选用的参考坐标系中的位置、姿态、速度、高度等参数,并支持引导无人机在起飞、巡航、着陆整个过程中,按实时解算或预定的航路安全、准确、准时地飞行。具体应具有以下功能。

1)获取定位必要的参数,例如无人机姿态高度、速度、航向等。

2)实时提供满足无人机精度要求的定位信息,例如经度、纬度、航向、方位等。

3）接收和管理航路/任务规划数据，并引导无人机按规划的航路/任务飞行和执行任务。

a. 接收、保存并读取导航/任务规划数据，例如起飞、巡航、回收航线数据等。

b. 按照预定策略生成导航/任务规划数据，例如根据跑道、回收场地数据，自动生成起飞、回收航线等。

c. 按照预定策略和导航/任务规划，在相应航程点或位置发送无人机机载设备控制指令，例如停车、开伞、放滑橇/起落架、任务载荷控制指令等。

d. 如有需要，实时自主生成航线或导航控制量控制无人机飞行，自主跟随运动目标、自主对准打击目标等。

4）按指令控制无人机导航模式，并能进行不同模式间的安全平滑转换。

a. 无人机飞行过程中按照遥控指令或预定策略进行导航模式状态转换，例如起飞、巡航、回收航线转换，定点导航航线切换，航点切换，着陆过程阶段切换等。

b. 根据目标航路航点类型、位置、高度、方位等预定航线信息及无人机位置、高度、场高等状态信息，按照预定的导航控制律生成航向控制量、高度控制量、场高控制量等导航控制量，控制无人机按照预定航线飞行。

5）应急及突发状况下的导航。

a. 接收、保存应急策略设置和电子围栏、应急迫降航线数据，根据无人机位置与电子围栏数据进行预警和告警，并自主控制无人机在电子围栏容许的空域中飞行。在得到无人机异常状态信息并确认需要应急迫降时，能自动进入应急迫降航线。

b. 根据无人机故障模式，例如数据链中断、发动机异常停车等，按照预定策略进行应急模式切换，包括应急模式的进入和退出。

c. 按照预定策略对导航控制模式进行状态转换，例如应急返航、进入应急伞降航线等；

d. 根据无人机故障模式和预定策略发出机载设备自毁指令或控制无人机自毁；

6）下传导航信息及应急控制状态数据。需要指出的是，在工程应用中，其中的部分功能在无人机飞行管理系统中实现。

5.1.3　无人机导航系统性能

虽然导航系统种类多，功能也有差异，但衡量和表述导航系统基本要求，一般可以采用以下几个性能指标。

1. 定位精度

定位精度指系统给出的位置及高度与真值之间的偏差，例如位置精度、高度精度、航向精度等。

2. 导航精度

导航精度指实际飞行的航迹与给定航迹之间的偏差，或地面滑行的实际轨迹与给定滑跑轨迹的偏差。

3. 实时性

实时性可归结为导航数据更新率，由导航系统在单位时间内提供导航数据的次数和航路解算周期决定。

4．覆盖范围

覆盖范围指导航系统给出精度要求的面积或立体空间,它与导航系统体制及特点、系统中相关部分几何关系等有关。

5．航程点容量及航线容量

航程点容量指一条航线上可单独分解出的必经位置点,航程点愈多,航线愈准确,但占用时间愈多。航线容量指导航系统可保存的航线数量,这些航线可以是以前规划好的历史航线,也可以是为本次飞行规划好的航线。

6．可靠性

可靠性指导航系统在规定条件规定时间能按规定性能提供导航数据的能力。

7．安全性

安全性指导航系统在出现异常情况下的应急处理能力及对其它系统的保护能力,例如导航系统异常时,可采用与其它设备组合或降级导航方式发出告警信息或状态等。

8．保密性

保密性指导航信息防止被截获、破解、篡改及自毁的能力。

无人机应用需求不同,对导航系统的性能要求也不尽相同。例如在火箭助推发射起飞阶段,无人机升入空中,在起飞场地上空存在较大的调整空间,此阶段导航系统对飞行安全影响很小。在巡航任务阶段,不同任务载荷工作原理与模式不同,故导航系统允许的偏差也不同。在滑跑着陆阶段,无人机从空中回到地面,对位置、姿态及高度都有较高要求,导航系统就需要较高精度。

5.2　导　航　方　式

5.2.1　天文导航

天文导航系统是利用已知的自然星体在空间的准确位置信息,借助探测设备,对自然星体进行观测,通过解算获得探测点位置和姿态等信息的导航系统,又称为星光导航。

天文导航通过星体自身在太空的固有运动规律,利用装在地面、海上和空中的静止或运动物体上的天体测量仪器,在同一时刻对不同星体或不同时刻对同一星体进行观测,测量自然星体的方位和高度,计算获得物体在空间运动的位置、航向、速度及姿态参数。

天文导航是一种自主式导航,不依赖其它外界信息,不向外传递信息及能量,隐蔽性好。天文导航精度主要依赖于对星体的观测精度,误差不随时间积累,适合在续航时间较长的环境中使用。

天文导航输出不连续,天体测量仪器受气象条件影响较大,为了能满足高速运动体的导航需求及恶劣气象条件的影响,一般会与其它导航方式组合使用。

随着卫星、飞船、空间飞行器等航天事业的快速发展,天文导航更加成为远洋航行及航天器导航的重要辅助手段。

5.2.2 无线电导航

无线电导航是一种利用无线电波在均匀介质和自由空间直线恒速传播的原理,通过安装在航行体上的接收系统,接收来自位置已知的地面台站发射的无线电信号来进行定位的导航技术。定位方式有两种,一种是测量航行体相对于已知地面台站的距离、距离差或信号的相位差进行定位,是远距离定位系统,如罗兰导航系统、欧米伽导航系统等。欧米伽系统覆盖全球,其二维精度约 2~4 km。另一种是测量航行体相对于已知地面台站的方位角进行定位,一般用于近程导航,如伏尔(VOR)系统、塔康系统等。VOR 系统只能提供方位,一般与距离测量设备或 TACAN 配合使用实现定位功能,测距范围为 200 n mile(1 n mile≈1.852 km),定位精度为测量距离的 0.25%,在民用领域得到广泛应用。TACAN 系统可同时为航行体提供相对于地面已知台站 350 km 左右的距离和方位,在军用飞机上得到广泛应用。

5.2.3 惯性导航

惯性导航是采用惯性元器件,实时测量载体相对于惯性空间的运动参数,在给定的初始运动条件下,经计算得到载体的实时速度、位置、距离和姿态等导航信息。惯性导航不依赖外部信息,完全依靠自身机载设备,就可以在全球范围内的任何介质环境中自主、隐蔽、连续获取载体完备的运动参数,实现全天候的三维定位、定向数据,同时也不向外辐射信号,不易受到干扰,不受外界环境影响,是一种自主式导航系统。

惯性元器件一般指陀螺仪和加速度计,陀螺仪用于测量 3 个轴向的角速度,经过积分运算得到姿态角,加速度计测量 3 个轴向的运动加速度,根据得到的姿态角可获得 3 个轴向加速度在导航坐标系的投影,经过对加速度分量积分运算得到瞬时速度,再次经过积分得到位移量,结合载体初始位置,得到瞬时位置,如图 5-1 所示。

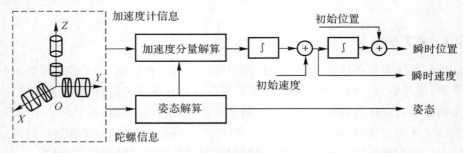

图 5-1 惯性导航基本原理

运动参数的表述都是相对于某一空间基准的,为了保证惯性元器件测量值相对于导航坐标系,并且不受机体姿态变化的影响,按照导航坐标系构建方法和途径及惯性测量器件在机上安装方式,惯性导航系统可以分为平台式惯性导航系统和捷联式惯性导航系统。

平台式惯性导航系统是在载体上建立一个陀螺稳定平台实体,陀螺稳定平台始终跟踪所需要的导航坐标系,隔离了载体角运动对加速度测量的影响,解决了加速度计输出信号分解问题。将惯性测量装置安装在惯性平台的台体上,这样平台上的 3 个实体轴与地理坐标系的 3 个轴向保持一致,使得 3 个加速度计输出正好是导航计算所需要的 3 个加速度分量。同时也隔离了载体的角振动影响,使得测量元件有较好的工作条件。平台式惯性导航原理如图 5-2 所示。

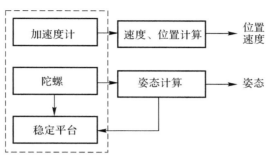

图 5-2　平台式惯性导航原理图

捷联惯性导航系统没有实体稳定平台,而是建立一个数学平台,把加速度计和陀螺仪直接安装在载体上。它获取陀螺绕机体的 3 个角速度,经过姿态矩阵计算,可以解算出姿态角,生成姿态转换矩阵,通过姿态转换矩阵,实现加速度从机体坐标系到导航坐标系的转换,从而获得加速度计测量的沿机体的加速度在导航坐标系中的分量。数学平台是捷联惯性导航的核心,尤其姿态角解算是关键技术。捷联惯性导航原理如图 5-3 所示。

随着机载计算机技术的发展,捷联式惯性导航系统的性能已日趋稳定,在无人机上已得到广泛的应用。

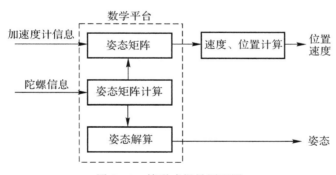

图 5-3　捷联式惯导原理图

平台式惯性导航和捷联式惯性导航各有特点,其性能对照如表 5-1 所示。

表 5-1　平台式惯性导航和捷联式惯性导航特点对照

类　别	平台式惯性导航系统	捷联式惯性导航系统
大　小	大	小
重　量	重	轻
性　能	超　高	高
稳定性	受振动影响	不受振动影响
实时性	好	相对较低

续表

类别	平台式惯性导航系统	捷联式惯性导航系统
维修性	差	好
软件实现	相对简单	相对复杂
硬件实现	相对复杂	相对简单
结构	复杂	简单
成本	高	相对较低

惯性导航系统主要由惯性器件、稳定平台及相关数据处理及坐标转换软件组成,它的性能主要由惯性器件、稳定平台性能及它们的安装精度、数据处理及坐标转换软件算法的优劣决定,这些性能一般包括惯性器件零漂、标度因子、噪声和带宽、安装垂直度、软件精度、实时性以及这些性能的重复性和稳定性。

惯性导航系统在给出了载体的初始位置和速度后,系统可以实时推算载体的位置、速度及姿态,进行自主导航,是一种航位推算系统。惯性导航系统定位结果是通过积分获得。惯性器件会产生漂移,随着飞行时间的增加,积分后产生较大的误差积累,导致定位精度随时间增加呈发散趋势,所以惯性导航系统在长时间应用时,一般作为主导航系统,利用其它导航系统周期性进行修正,形成组合导航系统,解决惯性导航系统自身的局限性。

5.2.4 卫星导航

卫星导航系统是一种依靠导航卫星进行定位导航的天基无线电导航方式,可对地面、海洋、空中和空间载体定位导航。

时间测距导航定位是卫星导航系统常用测量方法之一,当已知卫星轨道位置和地球的相互精确关系,通过在轨道上运行的一定数目的人造卫星向地面和空中发射经过编码和调制的无线电信号,由载体上的接收机接收,测量从发射到接收的时间,就可以确定接收机到发射机的距离。如果载体上的接收机同时获得和三颗卫星间的距离,就可以确定载体在三维空间的位置。为了保持接收机和卫星及卫星之间时钟一致,消除时钟误差带来的距离误差,通过至少四颗卫星,就可以获得三维空间位置和精密时间。

卫星导航系统由导航卫星、地面台站和用户定位设备组成,如图 5-4 所示。

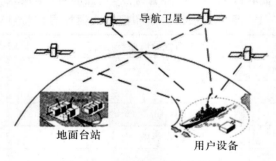

图 5-4 卫星导航系统示意图

导航卫星是卫星导航系统的空间部分,有多颗导航卫星构成空间导航网。

地面台站跟踪、测量和预报卫星轨道并控制管理星载设备工作,包括跟踪和测量卫星的位置坐标,接收卫星发来的遥测数据,计算卫星轨道,预报下一时间段的轨道参数,确定并向卫星发送所需的导航信息等。

用户定位设备通常由接收机、定时器、数据预处理器、计算机等组成。它接收卫星发来的微弱信号,从中解调并译出卫星轨道参数和定时信息等,同时测出距离、距离差和距离变化率等导航参数,然后解算出用户位置的位置坐标和速度矢量分量。

用户利用导航卫星测得的自身地理位置坐标与真实的地理位置坐标之差称为定位误差,是卫星定位导航系统的重要性能指标,定位精度主要取决于轨道预报精度、导航参数测量精度及其几何放大系数和用户动态特性测量精度。轨道精度主要受地球引力场模型影响和其它轨道影响,导航参数测量精度主要受卫星和用户设备性能影响,如接收灵敏度等性能、信号在电离层及对流层多路径误差因素影响,它的几何放大系数由定位期间卫星和用户位置之间的几何关系图形决定。

卫星导航系统具有全球性、全天候、实时性和高精度等优点,自出现后迅速发展,在各个领域应用得到不断扩展。

目前世界上可以使用的卫星导航系统有美国的 GPS、欧盟的"伽利略"、俄罗斯的GLONASS 和中国的"北斗"。

1. GPS

GPS 系统由美国国防部负责,从 20 世纪 70 年代开始研制,90 年代初开始投入使用,是目前应用最广泛的全天候星基无线电定位导航系统,用于地球表面及近地空间用户的精确定位、测速及授时,以其全球覆盖、全天候、高精度和多用途等特点,广泛应用于全球诸多领域。

GPS 系统空间布有绕地球运行的 27 颗(24 颗工作,3 颗备用)卫星,距地面约 1.7×10^4 km,均匀分布在 6 个轨道上。卫星运行周期为 11 h 58 min,因此同一观测站每天出现的卫星数目视时间和地点而定,最少 6 颗,最多可达 11 颗,这种卫星配置改善了 GPS 性能。

GPS 可提供两个等级的服务,分别作为军民两用系统。美国提供给全球各国使用的民码(C/A 码)定位精度可达 10 m 以内,在海上精度更高;美国军方使用的军用码(P 码)精度可达 1 m 以内甚至更高。

为了进一步提高 GPS 定位精度,出现了差分 GPS(又称为 GPS 增强系统),它由一些主站、许多本地监测站和用于向用户广播式发送增强信号的地球静止卫星或地面基准站组成,每个本地监测站都装有能跟踪视野内所有卫星的接收机,能将获取的 GPS 测量值,通过数据链发送给主站,主站根据已知的测量站位置和其所收集的信息,估算出卫星星历误差和时钟误差以及电离层延迟参数,再将这些参数发送给位于同步轨道的通信卫星或地面基准站,卫星或地面基准站再将这些修正值发送给用户,以此形成广域或局域增强系统,提高定位精度。

2. 伽利略导航系统

"伽利略"导航系统是由欧盟从 21 世纪初开始研制和建立的世界上第一个基于民用的卫星导航系统,它空间布有 30 颗轨道卫星,分布在高度约 2.4×10^4 km 的 3 个轨道面上,每个轨道上分布 9 颗工作卫星和 1 颗备用卫星。由于采用了更为先进的技术,定位精度更高,可达到 1～3 m。

3．GLONASS 卫星导航系统

GLONASS 卫星导航系统由苏联开始研制，后由俄罗斯继续完成并改进。GLONASS 卫星导航系统空间有 24 颗卫星在轨工作，另有 3 颗在轨备用，分布在高度 1.9×10^4 km 的 3 个轨道面上。与 GPS 不同的是，GLONASS 信号传输体制采用的是 FDMA，即频分多址——信号由每个轨道的信号载波频率区分，共 24 个间隔点。GPS 采用的 CDMA，即码分多址——不同卫星的信号的载波频率相同，由各自的伪随机码区分。

4．北斗卫星导航系统

北斗卫星导航系统是中国自行研制的全球又一成熟的卫星导航系统，系统由空间端、地面端和用户端组成，可在全球范围内全天候、全天时为各类用户提供高精度、高可靠的定位、导航及授时服务，并具有短报文通信能力。目前北斗卫星导航系统空间布有 55 颗地球静止轨道卫星、倾斜地球同步轨道卫星和中圆地球轨道卫星，分布在高度 2.1×10^4 km 和 2.5×10^4 km 的 3 个轨道平面上，定位精度优于 10 m，授时精度优于 20 ns。

根据统计，目前正在运行的在轨导航卫星中，北斗卫星导航系统的卫星数占比最大，其次是 GPS。这 4 种卫星导航系统功能和应用领域没有太大区别，但 GPS 的市场份额具有绝对优势。从精度上看，民用 GPS 为 10 m 以内，如果环境条件较好，则可能达到 2 m 左右，GLONASS 卫星导航系统精度可以达到 2～8 m，伽利略导航系统开放精度可达 1～3 m，北斗卫星导航系统在全球范围可达到 10 m 以内，在亚太地区开放精度可达 5 m。

综合来看，这 4 种卫星导航系统关键指标差距不是特别大，其它方面各有优势，随着这些系统的不断完善，还会发生相应变化。例如 GPS 的全球覆盖率高；北斗卫星导航系统兼容性强，具有短报文功能，可把自身位置发送出去；GLONASS 卫星导航系统精度高；伽利略导航系统技术先进，安全系数高。

5.2.5　组合导航

任何一种导航方式都有其独特性和局限性，为了提高定位导航精度，常常把两种或两种以上的导航系统以适当的方式组合，利用性能上的互补，取长补短，获得比单独使用任何一个系统都更高的导航性能，而且几个系统之间相互冗余，具有余度功能，提高导航系统可靠性。

由于测量原理不同，航迹推算方法和参考基准方法具有较强的互补性，将两者合理有效组合，从导航模式、导航独立性和导航性能等方面，都能收到更好的效果。惯性导航系统和卫星导航系统就是这两者组合的典型代表。目前在无人机中最常用的是惯性导航/GPS 组合和惯性导航/北斗组合导航系统。

GPS 导航系统和惯性导航系统各有其显著的优缺点，如表 5－2 所示。

表 5－2　惯性导航系统和 GPS 特点对照

特　性	惯性导航	GPS
精度	短时间内高，长时间发散	短时间噪声影响较大，长时间高
初始条件	需要	不需要

续表

特　　性	惯性导航	GPS
姿态信息	有	无
敏感引力	是	否
自主性	有	无
抗干扰能力	高	低
数据更新率	高	低

惯性导航系统具有自主性、隐蔽性、导航参数全、不易受外界干扰和气象条件限制、短时间内导航精度高等优点,但需要初始对准,并且长时间会产生误差积累。而 GPS 不需要初始对准,也不产生误差积累,两者可按照一定的组合策略,形成惯性导航/GPS 组合导航系统。

惯性导航系统随着时间的增加,导航误差积累会导致系统发散,在无人机需要长航时飞行应用中,单一的纯惯性导航系统不能满足需要。GPS 工作会受到无人机飞行机动的影响,当无人机机动超过 GPS 的动态范围、遇到环境遮挡或多径干扰时,会出现信号中断、接收机锁死或者误差增加等状况,无法正常使用。无人机在高速飞行过程中,需要更快的导航信息更新频率,GPS 的更新频率一般在 1～5 Hz,而惯性导航系统不需要信号的空间传输,信号更新会更快。惯性导航/ GPS 组合导航系统互相取长补短,系统性能高于各自导航系统的性能,可以实现对惯性导航的校准、惯性导航系统的空中对准、惯性导航系统的位置修正等,也可以弥补 GPS 卫星跟踪丢失造成的影响,改善动态特性和抗干扰性能。惯性导航/GPS 组合导航一体化的实现,可以将 GPS 接收机和惯性导航部件集成在一起,进一步减小系统的体积、重量和成本。

目前,应用最多的组合方法是基于最优估计理论,采用卡尔曼滤波,从概率统计最优的角度估计出系统误差并消除误差。根据惯性导航和 GPS 实现组合的位置及数据不同,可分为松组合、紧组合和超紧组合。

松组合是将 GPS 输出的位置、速度信息和惯性导航输出的位置、速度和姿态信息输入卡尔曼滤波器,滤波器通过比较两者的差值,建立误差模型以估计惯性导航的误差,利用这些误差信息对惯性导航结果进行修正,获得位置、速度和姿态组合导航结果,如图 5-5 所示。

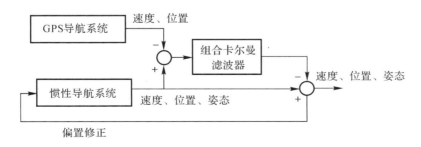

图 5-5　惯导/GPS 组合导航松组合框图

　　紧组合是将 GPS 输出的伪距、伪距变化率等信息和惯性导航输出的位置、速度信息通过最优估计算法进行信息融合,产生最优结果,如图 5 - 6 所示。

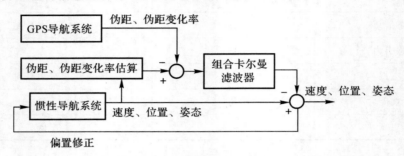

图 5 - 6　惯导/GPS 组合导航紧组合框图

　　超紧组合和前两种组合方式相比,组合位置更超前,在硬件上已经实现组合和共享,惯性导航的信息已用于 GPS 中的接收机的基本环节,实现较为复杂。

第6章 无人机航空电子综合计算机

6.1 无人机航空电子综合计算机概述

6.1.1 无人机航空电子综合计算机特点

无人机信息化、数字化需求的迅速发展,使航空电子系统功能和组成的集成化、综合化程度更高,无人机通用综合化航空电子系统的发展需求更加迫切。计算机作为航空电子系统诸多部件的核心,起着愈加重要的作用,但这种由许多不同功能不同类型计算机组成的航空电子系统,结构复杂,可靠性难以提高,维护困难,成本高居不下,限制了先进的综合化无人机航空电子系统发展。基于核心计算机的模块化、综合化无人机航空电子系统以其多功能、高集成度等特点和紧凑灵活的实现方式在无人机上得到广泛的应用。工程中常常将这种综合了飞行控制计算机、飞行管理计算机、导航计算机、大气计算机、机电计算机等功能的核心计算机称为无人机航空电子综合计算机、无人机飞行控制与管理计算机、无人机机载计算机等。

无人机航空电子综合计算机是机载的嵌入式计算机,和通用计算机及其它地面计算机相比,具有以下特点。

1. 功能及资源综合性

无人机航空电子综合计算机是航空电子系统的重要组成部分,它最大的特点就是综合性强。微电子技术的高速发展,基于同构或异构的多核、SOC(片上系统)等各种微处理器功能性能及集成度不断提高,无人机航空电子综合计算机可以集成和综合航空电子系统更多的功能及处理器硬件资源,逐步成为航空电子系统的软件统一运行平台,是航空电子系统甚至是无人机系统综合组织、综合操作和综合管理的核心,是联系空中和地面指挥系统的枢纽。

2. 接口多样性

无人机航空电子综合计算机功能及组成资源上的综合性,使无人机航空电子综合计算机处理的机载信息急速增加,成为机载信息汇集、处理和分发中心。一方面,它接收地面发送的各种信息,进行相应处理后,按需要分发给相应的机载设备。另一方面,采集和汇集机载设备各种信息,按需要处理后,发送给地面,在机载所有设备之间建立起信息传输和交换通道。受技术、制造、标准、市场、成本等各种因素影响,机载设备接口多种多样,各不相同,所以航空电子综合计算机的接口必须数量多、种类多,才能满足无人机航空电子系统要求。

3. 安全性

安全性指系统不产生人员伤亡、系统毁坏、重大财产损失的非预期事件和不危及人员健康和环境的能力。无人机航空电子综合计算机安全性主要包含故障少、影响小、信息准确等方面。①故障少,指综合计算机自身尽量少地出现故障,特别是故障出现后,能及时检测到并迅速隔离,避免故障蔓延,引起更多的故障。②影响小,指综合计算机要能够避免对使用人员造成身心影响,对环境造成污染,对财产造成损失。③信息准确,指综合计算机接收、处理及发送的信息除了本身传输正确外,不能被截获、泄露、篡改等。安全性不仅和无人机安全相关,而且和任务甚至战场安全相关,和人民身体、财产及环境等利益相关。

4. 可靠性

可靠性指综合计算机在规定时间内和规定条件下能完成规定功能并达到规定性能的能力,包含硬件可靠、软件可靠及信息可靠。和有人机不同,无人机一旦出现异常,人工干预和应对的能力和作用很有限,因而综合计算机要尽量提高可靠性,尽量减少飞行风险及任务失败概率。

5. 实时性

无人机上许多功能都有时间约束限制条件,需要根据要求快速做出响应,综合计算机在完成这些强实时性功能时,必须有实时性支持。如果不能满足实时性要求,在规定的时间窗口不能完成规定功能,就会导致系统瘫痪、任务失败甚至威胁到无人机安全。例如无人机控制系统的采样周期、高速数据传输过程,以及高速无人机、察打无人机等时敏无人机系统,都属于强实时任务。

6. 确定性

确定性是指计算机的某一任务的执行从开始启动到全部完成所需时间的范围是可以预知的,这既是保证实时性的前提,也是综合计算机合理调度任务,避免系统竞争,提高运行效率的保证。例如在总线数据传输过程中,如果具有确定性,计算机就可以合理调度和安排多个节点的通信,提高总线传输能力。

7. 容错性

容错性指系统对故障的容忍能力,当系统工作过程中一个或几个关键部分发生故障时,系统能自动检测出故障,并能采取相应措施保证系统维持原有功能或在功能性能降低的可接受范围内继续工作。容错性不仅能提高无人机可靠性和生存能力,减轻地面操纵人员在突发异常情况下的压力,还能提高无人机维修性,降低无人机全生命周期成本。

8. 抗恶劣环境

无人机最突出的特点之一就是可以代替有人机在恶劣环境全天时全天候工作,特别是高速无人机或远程无人机,在飞行过程中会经历快速的环境条件变化,而且无人机对机载设备安装空间、安装方式及允许重量要求苛刻,一般不会设置环控系统用于专门改善温度环境、振动环境、电磁环境及其它环境,所以航空电子综合计算机必须具有对温度、振动、盐雾、雷电、沙尘及电磁干扰等环境条件的耐受力,也是对可靠性、安全性要求的支撑。

6.1.2　无人机航空电子综合计算机发展

随着微电子技术、数字技术和材料技术等领域高新成果不断涌现,为了满足无人机功能不断丰富、性能要求不断提高的需求,无人机航空电子综合计算机将在以下几方面发展。

1. 功能高度综合和资源深度集成

无人机应用领域不断拓展,无人机功能愈加多样和复杂,一方面,航空电子综合计算机不仅能处理一般数据,还能高性能处理多样化海量视频、图像、雷达等信号。另一方面,为机载所有信息处理提供支持的高性能微处理器、高速网络及总线、高速高精度数据处理电路、统一的通用软件平台等深度集成的硬件软件资源,使航空电子综合计算机作为无人机机载信息处理唯一平台成为可能。

2. 开放式体系结构和模块化硬件软件

开放式体系结构和模块化的硬件软件,不仅能更好地支撑无人机航空电子综合计算机综合化集成化实现,还是无人机标准化和市场化的必然结果。开放式体系结构和模块化的硬件软件改善了综合计算机互联互通互操作性,增加了硬件软件的复用性,提高了系统可移植性,规范了各层级的标准,缩短了研制周期,降低了研制风险,减少了成本,无论对无人机设计者、制造者还是使用者,都是有益的。同时开放式和模块化在一定程度上改变了研发、制造和最终用户的关系,用户对产品有了更深程度的了解与更多的参与,加深了用户对产品的认同感。

3. 自主化的任务决策与智能化的资源管理

随着无人机应用领域不断拓展,应用场景及飞行环境更加复杂,面对以海量数据、影像及其它等方式呈现的飞行过程,地面操纵与指挥人员大脑反应速度和地空信息传输延迟,都会影响任务决策正确性和准确度、资源协调调度和动态管理的实时性和及时性,自主化的任务决策与智能化的资源管理成为未来综合计算机应具有的重要能力,高性能的处理器及先进的算法也为自主化的任务决策及智能化的资源管理提供了实现的可能性。

4. 可靠性、经济性与可用性的统一

传统思想中,为了提高可靠性,人们习惯不惜成本,采用多种措施和方法,但却使系统变得更加复杂、成本变得更高、产品变得难用。未来的无人机航空电子综合计算机在传统思想的前提下,除采用传统方法以外,更多地采用新思想、新技术等,从用户需求出发实现产品,使用户用得起、用得好、用得放心。

6.1.3　无人机航空电子综合计算机功能及性能

1. 功能

无人机航空电子综合计算机集成和综合了航空电子系统的功能,是航空电子系统的软件统一运行平台。

（1）系统控制

1）无人机平台上电初始状态设置。

a. 飞行模态：例如指令控制模式。

b. 舵面状态：例如爬升、直飞状态。

c. 发动机状态：例如发动机油门在最大位置、进风量在中间位置。

2）各种机载设备初始状态配置。

a. 数据链：例如遥测发射机小功率、全向天线工作。

b. 任务载荷：例如任务载荷电源为断电状态、舱门为关闭状态、吊舱为升起状态。

c. 起降设备：例如起落架为落下状态。

d. 其它设备：例如应答机航管模式、航行灯自动闪烁后停止、环控设备停止。

3）时序及任务调度。

a. 无人机机载与地面时钟同步、定时与周期管理。

b. 对包括飞行控制、飞行管理等各类周期及非周期任务按优先级协调调度。

4）上电 BIT。

a. 综合管理计算机自身上电 BIT，包括处理器、存储器、各类接口等。

b. 启动相关任务载荷上电 BIT。

（2）飞行控制

1）将接收的飞行控制指令、飞行传感器和采集的数据，按不同通道的控制律进行解算。

2）按无人机飞行控制系统设定的各种控制量及状态边界条件，对解算量进行必要的处理和限制。

3）将结果输出到各通道的舵机，实现飞机姿态、高度、航向及航迹的控制和稳定。

（3）飞行管理

1）飞行模态选择及转换，成功完成一段航线飞行或某种任务，例如手动飞行、程控飞行、自主飞行、应急处理等。

2）按任务规划的航路，解算出航迹控制量，参与相应控制通道的控制律解算。

3）完成对发动机燃油、环控、起落架等的控制和管理，提高发动机燃油使用效率。

4）完成各种武器或外挂物的安全运载或投放管理。

5）应急管理：进行各种应急状态和故障模式下无人机自主飞行管理，保证应急状态下无人机以安全模式工作，确保飞机安全返航等。

（4）飞机定位与导航

获取飞机位置信息，并计算到达目标位置的航程点及航路。

（5）任务规划与管理

1）根据任务要求、任务状态及飞行过程中各种信息，制定最佳任务剖面，包括航路、时间、速度、飞行模态、任务载荷状态及任务流程等。

2）优化任务规划，并装订和加载。

（6）飞行参数状态和机载设备状态的采集与处理

1）采集无人机飞行状态及飞行参数。

2)采集机载设备状态并进行行相应处理。

（7）数据链设备控制

1)控制机载数据链工作状态,例如发射机功率、接收机频率、天线工作方式(搜索、跟踪)等。

2)接收机载数据链设备传送的遥控信息,解码后完成分发及执行相关指令。

3)将无人机飞行状态、飞行参数及机载设备状态,编码形成遥测帧后,传送给飞机数据链设备。

（8）任务载荷控制与管理

1)根据遥控指令、预先规划或动态实时生成的指令控制任务载荷工作。

2)采集任务载荷工作状态及相关参数。

（9）系统自检与健康管理

1)系统自检:完成基于 BIT 的系统自检,包括上电 BIT、飞行前 BIT、飞行中 BIT、维护 BIT 等。

2)状态监测:无人机故障监测、定位与报告。

3)余度管理:根据预定策略进行故障与隔离、余度表决、系统重构等。

4)自主学习与决策。

2.　性能

综合计算机的主要性能如下。

1)核心处理单元的处理能力,包括运算速度、寻址能力、存储器容量等。

2)系统最短采样周期,反映了综合计算机快速实时处理能力。

3)精度,包括在规定工作模式下的数据采集、计算及控制精度、分辨率、漂移和误差,反应综合计算机飞行控制及飞行管理的精准程度。

4)异步度,反映多余度综合计算机每个通道间的输出的时间同步程度。

5)总线速度、带宽、带载能力及最大节点数,反映综合计算机信息交换能力。

6)外部接口数量、类型、精度,反应综合计算机对外部信号处理能力。

7)平均故障间隔时间、故障检测覆盖率、虚警率、同步时间等,反映综合计算机可靠性、维修性及余度管理等能力。

8)体积、重量、功耗,反映综合计算机对使用的要求及适应能力。

6.1.4　无人机航空电子综合计算机组成

无人机航空电子综合计算机按功能主要由核心处理单元、接口控制单元、外部总线单元、内部总线单元、容错与健康管理单元、电源单元、机箱单元等功能模块组成,如图 6－1 所示。

（1）核心处理单元

核心处理单元是综合计算机的处理、计算和控制中心,是操作系统、监控系统和综合计算机飞行控制和管理软件运行平台,其性能是无人机航空电子综合化实现的重要技术依据和物理支持。核心处理单元将所有外部接口接收到的信号,按信号种类和用途分类处理,通过控制律解算或其它处理方式,生成相应的控制指令,并通过外部接口将控制信号输出至执行机构或部件,从而实现无人机的飞行控制及管理。

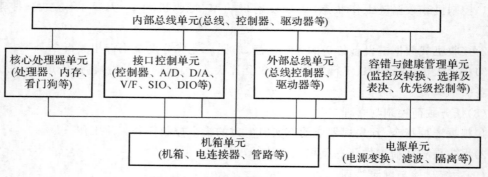

图 6-1　航空电子综合计算机组成

（2）接口控制单元

接口控制单元将接收的各种模拟量及离散信号进行必要的转换和处理,使之成为与综合计算机一致或方便处理的信号,例如数/模转换、模/数转换、电平转换、V/F 转换、功率放大或驱动等,或对不同量值范围的量进行归一化处理。

（3）外部总线单元

外部总线单元主要实现与其它机载设备通过总线互联互通,例如和各种传感器、舵机、任务载荷、数据链、GPS、ADS-B 等。

（4）内部总线单元

内部总线单元用于连接综合计算机内部各单元,并完成各单元之间的信息传输。

（5）容错与健康管理单元

容错与健康管理单元完成故障检测、定位、隔离及余度输入/输出信号的选择与仲裁。容错与健康管理单元可以预测、实时检测关键部件故障,并采取隔离、重构等手段,使故障现象软化和减缓,协调维持其规定功能,或在可接受的性能指标变化下,继续稳定可靠运行。同时便于无人机的即时维护、修理、缩短维修时间,提高无人机的运行效率。容错与健康管理是增强无人机可靠性、安全性和维修性的重要途径,是提高无人机生存力的重要保障。

（6）电源单元

电源单元用于将无人机电网电压变换为综合计算机所需的各种电压,为综合计算机供电,提高供给综合计算机内部的电源品质,包括二次电源及相应的滤波、隔离电路等,例如将+28 V 转换为+5 V、+3.3 V 等电源变换器及相应的滤波及隔离电路。

（7）机箱单元

机箱单元除了装载以上单元,起到固定和各种防护作用外,还装有电连接器或其它类型连接器、各种管路接头,通过机载电缆和管路与其它机载设备及外部环境相连相通。

这些功能单元可以独立作为一个单元模块,也可和其它单元合并在一个模块中,因此综合计算机也可根据机箱结构、安装位置等需要进行物理模块划分。

6.2　无人机航空电子综合计算机体系结构

6.2.1　无人机航空电子综合计算机体系结构概念

无人机航空电子综合计算机体系结构指以处理器为主要对象的功能模块组成及它们之间的连接方式、功能分配及硬件软件关系、信息交换种类及交换方式等,其目的是通过设置必要的硬件和软件资源,确定硬件之间、硬件软件之间、软件之间合理的功能划分,以及它们之间高效的信息传输机制,构建一个功能性能满足无人机航空电子综合计算机要求,特别是满足高效性、可靠性及安全性等方面要求的信息处理平台。

6.2.2　无人机航空电子综合计算机体系结构主要类型

无人机航空电子综合计算机体系结构按处理器组成及功能划分,主要有以下几种。

1. 单机结构

单机结构是指无人机航空电子综合计算机中仅包含 1 个处理器单元和若干其它功能单元,它承担了综合计算机所有数据处理和其它控制及管理任务。单机结构功能性能及各方面都有一定限制,但其结构简单,维护容易,在体积、重量和价格等方面有较多优势,多用于功能简单、性能一般、其它方面无特殊要求的无人机上。

2. 并行结构

并行结构由两个或两个以上处理器模块,组成处理器阵列,共同求解同一问题,是在单处理器性能不能满足要求情况下,提高综合计算机处理速度和能力的一种有效手段。它的基本思想是把复杂任务分解成若干个子任务,阵列中每个处理器模块都在同时并行处理同一任务下分配给各自不同的部分,提高了综合计算机对高性能信号的处理能力,以满足无人机复杂任务的实时性要求,多用于有高速海量数据处理需求的无人机上。

3. 分布式结构

分布式结构有两个或两个以上处理器模块,每个处理器模块都在并行处理各自不同的相对独立的任务。各模块可以由某一个模块协调调度,也可以各自独立,由某种协议约束,实现自调度和管理。模块之间可以直接传输所需信息,也可以通过公共通信设备或网络传输。分布式结构一般用在独立任务较多,且任务间耦合较少的无人机上。

4. 容错结构

容错结构是指两个或两个以上相同或不同的处理器模块或其它功能模块,具有完全相同或部分相同功能,在其中一个出现故障时,其余的能够代替其继续完成全部或部分功能,使故障被屏蔽或将故障影响弱化。余度技术是实现容错的主要手段,是提高可靠性和安全性的主要方法之一,余度等级及余度数目确定、表决面选择、故障检测及定位、隔离与系统重构、主备单元之间的信息交互等是这种结构的关键,一般应用在对可靠性及安全性要求较高的无人机上。

6.3 综合计算机硬件

6.3.1 处理器单元

无人机航空电子综合计算机处理器单元最基本的要求是能够完成多种任务的实时处理功能,组成一般包括 CPU 及其最基本的外围电路外,应具有协处理器、存储器(RAM、ROM等)、DMA 控制器、实时时钟、矢量中断控制器、总线接口逻辑及驱动电路、"看门狗"定时器、对本单元及系统自测试的支持电路等。

1. CPU 种类

无人机航空电子综合计算机的 CPU 通常选用处理器和微控制器两类。

(1)处理器类

处理器主要有 X86 系列、PowerPC 系列等,处理能力强大,技术成熟,在无人机综合计算机上被广泛应用。

X86 系列处理器主要由 Intel 公司和 AMD 公司研发生产,它属于 CSIC 指令系统,具有处理性能高、软件支持广泛等优点,从早期 8086、186 等到现在的 Pentium(奔腾)、Pentium4等都属于 X86 系列,它们在不同的领域都得到了广泛应用。航空电子综合计算机中多数采用了 8086、186、286、386、486,基于 PC104 总线标准的 X86 最小系统板卡也在国内航空电子综合计算机中得到了广泛应用。

PowerPC 系列最早由 Motorola(摩托罗拉)公司、IBM 公司和 Apple(苹果)公司联合开发,具有升级性能好、功耗低、运算速度快、集成度高、RSIC 指令集等优点,获得广泛应用。无人机航空电子综合计算机中多采用 PowerPC603、PowerPC750/755、PowerPC 7410/7447 等。

(2)微控制器类

微控制器主要有 DSP 系列、ARM 系列 SOC 系列。

1)DSP 是数字信号处理专用处理器,在传统的微处理器的基础上针对信号处理进行了优化,具有结构灵活、易于使用、低功耗等优点。例如 TI 公司的 TMS320 系列产品在无人机航空电子综合计算机中得到了广泛应用。

2)ARM 是一个 32 位 RISC 处理器架构,具有体积小、功耗低、性能高、成本低等特点,广泛应用于嵌入式系统,其中 ARM、ARM9、ARM11 及基于 ARM - Cortex M 内核的 STM32 系列,被广泛用于各类小型无人机系统的综合计算机中。

3)SOC 是为某一应用专门设计的片上系统,它们的内核可以是 DSP 或 ARM,其主要目的是集成外围电路,减小体积、质量和功耗,多用于对安装空间及质量要求较高的场合。

处理器的选择需要依据航空电子综合计算机功能、运算量和速度要求,选择处理器类型、主频、内存容量、接口类型及数量、总线形式及带宽、环境适应性等,综合考虑功耗、技术成熟度、成本等因素。

2. CPU 选型要求

无论选用哪一种 CPU,都需要考虑以下要求。

1)主频:按系统需求选取,并要求在系统满负荷运行时有充分的裕量。

2)字长:根据需要。

3)指令系统:除基本指令,应能支持浮点运算。

4)数据类型:应提供多种类型的数据格式。

5)中断能力:应具有按优先级响应的硬件中断能力。

6)寄存器:应具有数量满足要求的专用或通用寄存器。

7)寻址能力:应具有多种寻址能力。

8)时钟:频率和稳定度按系统需要选择。

9)浮点运算部件:按系统需要选用。

10)存储器:存储器种类和容量按系统需要选用,并要求在系统满负荷运行是有充分的裕量。

3. 处理器单元实例

无人机航空电子综合计算机处理器单元除了 CPU 及其必要的外围电路外,一般还有接口隔离或驱动电路、"看门狗"电路和检测电路等。

1)接口隔离或驱动电路用于系统接口扩展。

2)"看门狗"电路用以监控程序流故障,其输出可使系统进入异常中断处理过程。

3)检测电路用于本单元特别是 CPU 基本系统的自检、故障诊断等。

图 6-2 所示为一个基于 Intel 80386 的处理器单元框图。

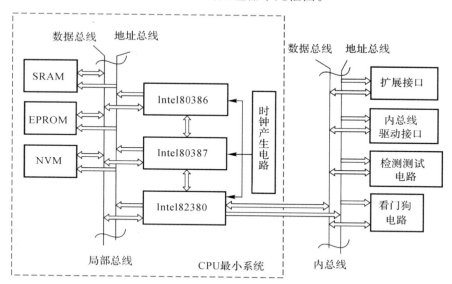

图 6-2　基于 Intel 80386 的处理器单元框图

Intel 82380 是一个 80386 环境下多功能外设支持芯片,集成有 8 通道高性能 32 位 DMA 控制器、20 级中断控制器、4 个 16 位定时/计数器等电路,Intel 80386 通过该芯片和外围电路连接。

图 6-3 所示为一个基于 PowerPC 的处理器单元框图。

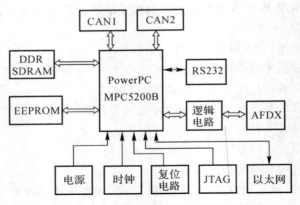

图 6 - 3　基于 PowerPC 的处理器单元框图

图 6 - 4 所示为一个基于 STM32 的处理器单元框图。

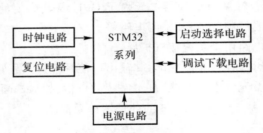

图 6 - 4　基于 STM32 的处理器单元框图

6.3.2　电源单元

1. 电源单元功能

无人机航空电子综合计算机电源单元的输入应能适应无人机供电系统的输出要求,包括稳态电压、畸变系数、瞬态峰值等,输出在满足综合计算机电压、功率需求前提下,应具有过压欠压保护功能、瞬时掉电保护功能和良好的电磁兼容性特性。

为满足以上要求,无人机航空电子综合计算机电源单元一般由 DC/DC 或 AC/DC 模块、滤波器、隔离电路、瞬时掉电保护电路等组成,如图 6 - 5 所示。

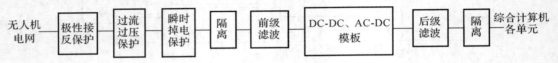

图 6 - 5　电源单元组成

DC/DC 或 AC/DC 模块主要实现电压变换,将无人机供电电网提供的电压转换为综合计算机所需各种电压。

滤波器用于减小变换器在电源线的高频噪声,切除前级电源的干扰对后级电路的干扰影响。

过流过压保护电路主要抑制电网上的尖峰和浪涌,保护后级电路。

隔离电路是为了隔断电源单元和前后级的相互串扰或倒灌。

瞬时掉电保护电路在电网瞬间掉电时给综合计算机或处理器及关键电路持续供电。

2. 综合计算机用电分析

(1)用电需求

从无人机航空电子综合计算机一般组成来看,其需求电压一般多为+5 V、±12 V 或±15 V、+3.3 V。其中,±12 V 或±15 V 一般提供给模拟器件或数模混合电路,+5 V 的电路大部分供给数字电路,+3.3 V 一般提供给 CPU 及其外围电路。

(2)用电环境

1)温度:无人机航空电子综合计算机属机载设备,安装在无人机机舱内,无人机从地面工作到升空飞行,高度变化引起的工作环境温度变化、电源单元本身的损耗转变为热能及其它电路工作产生的热能,都会对电源单元及其外围电路和其它电路造成一定的影响。

2)干扰:机载环境除供电系统在电源和地线上可能引入的干扰外,还存在其它设备的辐射、传导、浪涌干扰,例如发动机点火、继电器开关、雷达发射等干扰,输入电压和电流可能会超过额定范围,导致电源单元和负载电路的异常甚至损坏。

3. 电源单元性能要求

根据无人机航空电子综合计算机用电分析,电源单元性能指标一般要求如表 6 - 1 所示。

表 6 - 1　无人机航空电子综合计算机电源单元性能指标一般要求

性能		指标		
输入		+28 V 直流	+270 V 直流	400 Hz 交流
	稳态电压	+22.0~+29.0 V	+250~+280 V	108~118 V
	脉动幅值	1.5 V	6.0 V	
	瞬态峰值	+18.0~+50.0 V	200.0~330.0 V	80~180 V
	频率			393~407 Hz
输出		稳态电压	过压限制	纹波
	电压	+5 V(±0.2 V)	+6.5 V	50 mV
		±15 V(±0.5 V)	+18 V	100 mV
		如有其它芯片专用电压,如±12V、3.3V,按芯片相关要求		
	功率	按综合计算机需求,功率在预估功耗的基础上留有 30% 以上裕量		
	效率	75% 以上		
环境		按综合计算机工作环境确定		

4. 电源单元实现

(1)DC - DC 或 AC - DC 模块选择

尽量准确预估综合计算机用电量,根据输入电压范围、输出功率大小、电压规格、输出电流范围、纹波及环境等要求,选择合适的电压变换模块,并使其工作在最佳状态。

(2)滤波与隔离

在电网和电源模块输入端之间加入隔离和滤波电路,消除前级干扰后再进行 DC‐DC 或 AC‐DC 变换,减小无人机电网引入电源模块输入端的干扰。一般可选用带有隔离功能的 EMI 滤波器,也可在电源模块输入端对地跨接电容器,一方面为高频噪声和输入纹波提供低阻回路,另一方面防止电源模块的输入端供电电源等效电阻过大,以保证在各种情况下电源模块可正常运行。在电源单元输出端增加 EMI 滤波器和隔离电路,或在电源输出端与输出地之间增加电容器,一方面通过滤波器进一步抑制纹波,改进输出的动态响应,另一方面隔离特性使模块的输入与输出完全为两个独立的(不共地)电源,消除接地环路的影响,防止有的器件通过电源和地线引入干扰或发生电流倒灌,干扰其它敏感器件工作,同时减小电源模块输出阻抗。

(3)屏蔽与接地

DC‐DC 或 AC‐DC 模块甚至整个电源单元,可以采用金属外壳屏蔽,减少电源单元对外部辐射。DC‐DC 或 AC‐DC 模块的输出地引脚与壳体连接,且壳体接地,可有效避免电源模块对小信号电路造成的干扰。

(4)过流/过压保护

无人机上大型设备的开启和关闭、主电源系统和辅助电源及应急电源之间的切换等,都会产生过压或欠压浪涌或较高的尖峰电压及过流,电源单元应提供过流/过压保护功能,一方面,过流过压保护电路主要是抑制电网上的尖峰和浪涌,保护后级电路,一般采用功率开关管、双向瞬态抑制二极管等实现。另一方面,当模块检测到输出有过流/过压现象时,部分电源模块将自动保护,当过流/过压故障排除后,电源模块自动恢复正常输出,实现方法一般可采用检测电路配合继电器,或直接选用自复位保险管等。

(5)散热

电源模块有一定的损耗转变为本身的热能,使自身发热,并影响周围环境升温。对于 DC‐DC 或 AC‐DC 变换器而言,最高工作温度是指产品外壳(基板)的温度上限,即在任何情况下都要保证产品外壳(基板)温度不超过额定最高工作温度,这样才能保证电源模块在规定使用条件下长期工作可输出最大功率。实现方法可以通过散热片,或将电源模块直接安装在综合计算机的机箱箱体上,让箱体本身作为散热器,以满足模块散热需求。

(6)极性接反保护

使用时,为了防止输入端电源接反,可以在输入端串联二极管来实现保护。

(7)瞬时掉电保护

瞬时掉电保护电路在电网瞬间掉电时给综合计算机或处理器单元及关键电路持续供电,一般可用储能电容实现,电网正常工作时电容处于充电状态,电网掉电时其放电供电,保持正常供电时间不少于 50 ms。

6.3.3　内部总线单元

内部总线单元实现计算机内部各单元或功能模块的互连,无人机航空电子综合计算机的内部总线主要有 VME、CPCI、LBE 和自定义总线等。

1. VME 总线

VME 总线是 ANSI/IEEE 颁布的通用的计算机标准总线,是一个开放式架构。VME 采用异步数据传输,提供多种总线请求和仲裁机制,支持集中式和分布式总线中断系统,可以采用共享存储器方式,构成紧耦合多机系统。

VME 总线系统可动态选择支持 16 位、24 位、32 位、40 位或 64 位地址宽度和 8 位、16 位、24 位、32 位、64 位数据宽度。

VME 总线可包含 21 个插槽,第 1 个插槽必须是总线控制器,采用主从结构,允许有多个主设备和多个从设备,总线控制器由主设备担任,所有信号基于 TTL 电平。

VME 总线信号分为数据传输类、数据传输仲裁类、中断优先类和通用类。

数据传输总线有数据线、地址总线、读写线,地址修改码 AM0～AM5 定义地址宽度、数据周期的种类和主设备识别,地址选通 AS 用来指示地址有效,主设备用数据选通信号 DS0、DS1 控制传送,结合长字选择信号 LWORD 指出接收及发送数据有效字长,从设备用数据传送响应信号 DTACK 来指示传送完成,BERR 指示传输中的错误。

中断优先类总线是处理各模块中断请求的总线,包括中断请求线 IQ1～IQ7,其中 IQ7 优先权最高。通常仅有一个处理器处理中断,中断响应线 IACK 表明中断已被响应,仲裁器用 IACKIN 和 IACKOUT 信号,以菊花链方式向下传送,并在规定时间内提取请求设备的状态和中断矢量 IV。

数据仲裁总线为了确保在特定时间内只有一个模块或单元占用数据总线,请求仲裁模块协调各模块发出的指令。

通用总线负责一些基本工作,如电源＋5 V、±12 V,可选的后备电池＋5 V STDBY,独立的系统时钟,系统失效、系统复位串行数据线和串行时钟线。

2. CPCI 总线

CPCI 总线是由 PCI 工业计算机制造者联合会颁布的一种基于 PCI 总线的紧凑坚固的高性能总线,与 PCI 总线在电气、逻辑和软件方面完全兼容,支持 32/64 位数据宽度,采用集中总线仲裁方式。与 PCI 不同的是,CPCI 总线在安装方式、连接器类型及抗震和散热方面做了改进,因此具有高开放性、高可靠性及较高带宽,并具有热插拔和热切换能力,更适合航空领域使用。

CPCI 总线由 8 个插槽组成,包括 1 个系统槽和 7 个外围设备槽,系统槽为所有设备槽提供仲裁、时钟及复位服务。

3. LBE 总线

LBE 总线是我国颁布的一种航空标准总线,支持 32 位数据宽度,总线接口逻辑设计简单,在国内航空计算机领域得到成熟应用。

内总线的选用以简单、可靠、易于实现为目标,综合数据量、速率、带宽、带载能力等,必要时可自行定义。

6.3.4　外部总线单元

外部总线单元是综合计算机与外部其它具有总线的设备接口,是综合计算机核心处理器单元与外部其它具有总线的设备连接和信息传输桥梁,实现总线的控制和管理,例如通过外总线或系统总线与任务载荷、数据链、GPS、ADS-B等连接,如图6-6所示。

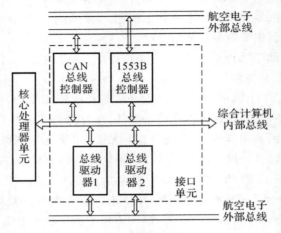

图6-6 外部总线单元

6.3.5 接口控制单元

接口控制单元是模拟量、离散量、开关量或其它形式的信号的输入、输出通道,把不同类型信号转换成计算机能处理的信号形式和量值范围,例如数/模转换、模/数转换、电平转换、V/F转换、功率放大或驱动电路等,综合计算机通过各种信号、简单串行或并行接口与传感器、舵机及其它设备连接,如图6-7所示。

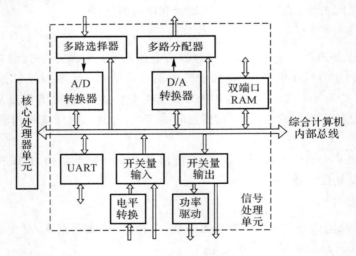

图6-7 接口控制单元

1. 接口控制

无人机航空电子综合计算机接口是定义综合计算机与其它航空电子设备、机载其它设备之间的关系,包括电气接口、机械接口和数字信号接口等。电气接口主要规定设备之间的电气连接关系,包括电源、模拟信号、离散信号等,机械接口规定设备间物理连接关系,包括机械安装、管路连接、气路连接等,数字信号接口规定设备间数字信号传输协议。

接口关系一般用接口控制文件来规定和表述,接口控制文件中可以是文字、图形、表格或曲线等。

对于模拟信号,接口控制文件中一般需要规定信号名称、来源、去处、电平、精度等,如表 6-2 所示。

表 6-2　模拟量接口需规定的内容

项目	内容及含意	举例
信号名称	信号便于引用的唯一名称,可同时规定与软件中一致的英文符号	俯仰角 angle-pit
来源	信号流出的设备	垂直陀螺
去处	信号流入的设备	综合计算机
信号电平	信号变化的最大幅值	± 6.4 V$\pm 1\%$
极性	信号物理状态与信号极性的关系	机头向上为正
物理范围	输出信号物理参数的范围	$\pm 78°$
说明	未包含在以上的需要说明的信息	

对于离散信号,接口控制文件中一般要规定信号名称、来源、去处、类型、信号逻辑电平等,如果是具有一定功率驱动能力要求的,需要规定最小电流和电压的输出,如表 6-3 所示。

表 6-3　离散量接口需规定的内容

项目	内容及含意	举例	
		带驱动能力	不带驱动能力
信号名称	信号便于引用的唯一名称,可同时规定与软件中一致的英文符号	任务载荷上电 p-p-on	抛伞 land
来源	信号流出的设备	综合计算机	综合计算机
去处	信号流入的设备	任务载荷	抛伞装置
类型	信号是否带驱动能力	带驱动	不带驱动
信号电平有效性 1	与信号名称含义一致的有效电平	地	$+5$ V
信号电平有效性 2	与信号名称含义相反的有效电平	开	0 V
驱动能力	信号提供的最小功率或电流	15 mA/$+15$ V	
说明	未包含在以上的需要说明的信息		

对于数字信号,接口控制文件中一般需要规定信号传输方式、速率、距离、电平、数据个数及数据格式、校验方式等,同时规定数据帧的相关属性,如表 6-4 所示。

表 6 - 4　数字信号接口需规定的内容

项　目	内容及含意	举　例
帧名称	便于引用的唯一名称,可同时规定与软件中一致的英文符号	遥控帧 fc-fra
来源	数据帧发送设备	机载数据终端
去处	数据帧接收设备	综合计算机
通信格式	链路层和传输层遵循的协议	异步 RS - 422
帧长度	传输每帧的字节数	32 Byte
通信周期	每帧数据传输周期	80 ms
说明	未包含在以上的需要说明的信息	

数字信号接口控制文件还需规定每个帧中的每个字节的属性,例如同步头字节个数和字节内容,数据的名称、符号、含义、范围、量化单位、有效状态、校验方式等。

2. 模拟量输入

模拟量输入是将外部输入的各种模拟信号转换成综合计算机能识别和处理的数字信号,主要由 A/D 转换器和其它用于信号调理的辅助电路组成。模拟量输入信号主要包括输入的交流、直流模拟信号。交流输入信号一般需要经过变压器、光电耦合器等器件整形和解调,并经过滤波电路、滤波器等滤波。直流输入信号经缓冲和滤波处理后,一般为±10 V 或±5 V,再进行 A/D 转换。如果多路输入信号共用一个 A/D 转换电路,则转换前需要经过多路选择器,然后输入至 A/D 转换器,如图 6-8 所示。

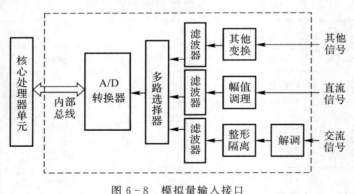

图 6-8　模拟量输入接口

模拟量输入需要的变压器、光电耦合器、解调器、低通滤波器、多路选择器等器件或电路,需满足系统及输入/输出信号要求,A/D 转换器一般按表 6-5 选用。

表 6-5　A/D 转换器一般选用表

性能参数	指　标
分辨率	应不低于 12 位
转换时间	不大于 20 μs 或按系统要求

续表

性能参数	指　标
输入电压范围	±5 V 或 ±10 V
精度	不低于 1 LSB
数字量输出编码	二进制补码
输入阻抗	大于 10 MΩ

3. 模拟量输出

模拟量输出是将综合计算机处理和计算的结果,转换成模拟量输出,用于控制其它机载设备,一般由 D/A 转换器和其它能产生满足要求模拟量的辅助电路组成,例如电压变换将 D/A 转换器输出的电压转换成满足其它设备或电路要求的电压,如果负载电路或设备有驱动电流或功率要求,还需要有驱动电路,常规的有三极管、继电器等,如果是交流信号,还需要调制,若同一路输出需分时输出到几个设备,则需要模拟量分配器等,如图 6-9 所示。

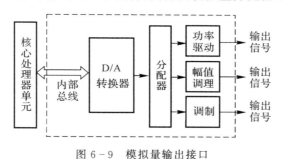

图 6-9　模拟量输出接口

模拟量输出需要的驱动电路、调制电路、电压变换电路等,需满足系统及输入输出信号要求,D/A 转换器一般按表 6-6 选用。

表 6-6　D/A 转换器一般选用表

性能参数	指　标
分辨率	应不低于 12 位
转换时间	不大于 5 μs 或按系统要求
输出电压	±5 V 或 ±10 V
精　度	不低于 ±1 LSB
数字量输入编码	二进制补码
最大负载	5 mA

4. 离散量输入输出

离散量输入输出接口主要包括隔离、滤波和整形,离散量输出主要包括缓冲、驱动和回绕测试等,如图 6-10 所示。信号来源和去处不同,所处环境不同,所需要的电路也不同。

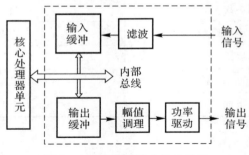

图 6-10　离散量输入输出接口

离散量输入/输出电平一般应符合的要求如表 6-7 所示。

表 6-7　离散量信号电平一般要求

	离散量类型	逻辑"真"	逻辑"假"
输入	28 V/地、28 V/开	大于或等于 18 V	±3.5 V 之间
	15 V/地	大于或等于 7.5 V	±3.5 V 之间
	5 V/地	大于或等于 2.0 V	小于 0.85 V
	地/开	±3.5 V 之间	开路
输出	28 V/地、28 V/开	大于 18 V	地或开路
	15 V/地	大于或等于 13.5 V	±3.0 V 之间
	5 V/地	大于 2.5 V	小于 0.8 V

6.3.6　容错与健康管理单元

综合计算机容错与健康管理单元完成综合计算机及航空电子系统故障检测、定位、隔离及余度管理等。

容错与健康管理的目的有两方面。一方面是减少无人机系统故障,提升系统异常情况下的残存能力,增强系统任务安全性和可靠性。另一方面,提前发现和预知早期故障,将故障定位到最小现场可更换单元,以便做出最佳维护响应;或者当检测到已发生的故障时,自动采取措施,完成故障检测、定位与隔离,使故障带来的影响最小。

6.3.7　机箱结构

机箱是无人机航空电子综合计算机的重要组成部分,是提高综合计算机的可靠性、维护性、电磁兼容性和使用寿命的重要措施之一,也是抗恶劣环境的重要保证。

机箱结构设计是无人机航空电子综合计算机设计的重要环节,涉及材料分析、结构设计及分析、电磁兼容设计及分析、热设计及分析、加固设计等方面,任何一方面都和综合计算机整体性能密切相关。

1. 机箱结构和组成

无人机航空电子综合计算机机箱一般由箱体、上、下盖板等组成,箱体可为一个整体,也可由侧板、前后面板组成,面板上一般装有电连接器、气路等管路连接件等,如图 6-11 所示。材料一般采用铝合金,外表面一般做导电阳极化处理,喷涂三防漆。

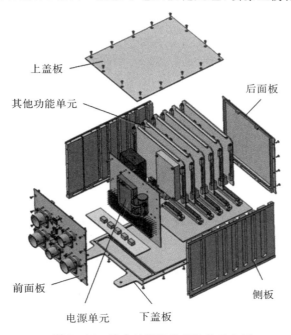

图 6-11　综合计算机机箱结构示意图

机箱内部有紧固装置和拆卸机构,必要时可用模块安装导轨,如图 6-12 所示。

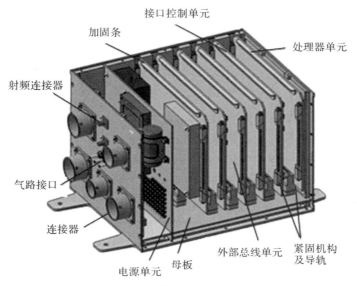

图 6-12　综合计算机机箱内部结构示意图

2. 机箱尺寸

不同的无人机提供给航空电子综合计算机安装位置和空间都不一样,因此综合计算机的外形尺寸也不一样,为了规范和统一机载设备的外形尺寸,美国航空无线电公司颁布了ARINC404 标准,以 1ATR(10.12 in,约 25.7 cm)作为英制尺寸的宽度单位,形成长度和高度相同、宽度不同的机载设备外形尺寸系列。我国国军标 GJB 441—1988 采用与ARINC404 相同的标准,单位采用公制。该标准规定的最小宽度为 1/4ATR,即 57.2 mm,长度为 315 mm 或 493 mm,高度为 194 mm。综合计算机常用的尺寸有 1/2ATR,3/4ATR和 1ATR。

为了满足机载设备的发展和实际需求,美国航空无线电公司在 ARINC404 标准基础上颁布了 ARINC600 标准。ARINC600 标准以 1MCU(25.15~25.65 mm)作为公制尺寸的宽度单位,形成长度和高度相同、宽度不同的机载设备外形尺寸系列。该标准中,长度和高度与 GJB 441 和 ARINC404 中规定相同,宽度为 1MCU~12MCU。

3. 机箱设计技术

无人机航空电子综合计算机的机箱设计包含以下内容。

(1)材料选择和处理

机箱材料和防护处理、电磁兼容、体积、重量、经济性等特性都有密切关系,因此在材料选择时不仅要分析常用材料,对新材料的跟踪和研究,或许会带来超出预想的效果。

(2)热设计技术

无人机航空电子综合计算机的综合化、小型化程度和集成度愈来愈高,同时在无人机上的安装位置相对拥挤,空间相对狭小,空气流通较差,很少配有环控设备,这样导致综合计算机工作环境热量积累,高温现象突出,对综合计算机可靠性和安全性甚至正常工作造成较大影响。热设计就是要通过传导、辐射和对流等方式,把综合计算机内部产生的热量发散出去,保证综合计算机正常工作。

考虑到无人机航空电子综合计算机电磁兼容性和抗恶劣环境等特点,机箱一般采用密闭自然散热方式,即机箱内部热量通过传导和辐射将热量带到机箱壳体,壳体通过辐射和对流将热量散发到周围环境。

综合计算机热设计包括以下几方面。

1)综合考虑元器件各种性能及降额设计,合理选择发热最小的元器件或组件。

2)合理布局元器件和部件的安装位置,发热大的尽量靠近散热好的位置,或紧贴在能直接散热的机箱壳体上。对热敏感的元器件或部件应远离发热大的元器件或部件,也可采取热隔离或热屏蔽措施。

3)元器件、印制板需要加导热条、导热板等辅助散热体时,将辅助散热体以最短的路径和机箱壳体连接,充分利用机箱作为散热体。

4)如果采用强迫风冷散热时,需要形成高效的对流回路,提高对流散热效果。

5)尽量增大机箱表面散热面积,例如表面可加散热槽。

（3）抗振动冲击设计技术

综合计算机在工作过程中,经常会受到来自发动机、外部气流、无人机起降等引起的振动和冲击,使综合计算机内部产生接触不良、机箱疲劳及损坏等安全隐患,影响综合计算机正常工作。抗振动冲击设计就是从提高综合计算机抗振动冲击能力和采取合理的减振缓冲措施两方面,减少振动和冲击危害,提高综合计算机对振动冲击环境的适应能力。

综合计算机抗振动冲击设计包括以下几方面。

1）机箱材料优先选用比刚度高即比重轻、强度高的材料,例如铝合金等。

2）结合安装位置等因素选择合适的机箱结构,机箱壳体的分离件尽量少,分离件集成尽量用焊接等方式,尽量避免用紧固件。可在承重较大或易变形局部增加厚度或加强筋。

3）机箱内部组件、板件及元器件尽量装配紧凑,对较大体积重量的元器件,需增加固定装置或用胶加固。对悬臂梁结构,需设计有支撑物。对装在机箱内的板卡,需有加固和锁紧装置。端头有焊点的线缆尽量选用软线。

4）在可能的情况下,机箱尺寸尽量小。

5）合理选择综合计算机在无人机上安装所需的减振措施或减振器。

（4）电磁兼容设计技术

无人机在飞行过程中,一方面综合计算机工作频率不断提高,对机载的其它设备的干扰增大。另一方面无人机机载设备及天线种类、工作频率及功率等复杂多样,加之安装密集,机舱空间狭小,导致机上电磁环境复杂。同时,外部工作环境的电磁干扰也愈加复杂,这些导致了综合计算机和其它机载设备正常工作受到严重威胁。需采取屏蔽、隔离、接地和搭接等电磁兼容技术和措施,减少综合计算机受外部电磁环境影响,并减少对外部环境的影响。

综合计算机机箱电磁兼容设计包括以下几方面。

1）电磁屏蔽和滤波设计,通过机箱材料选取、机箱分离件导电化连接装配、机箱上孔径尺寸优化、机箱表面处理和覆涂等措施,切断电磁辐射干扰的传播路径。通过增加滤波器和隔离器等措施,切断电磁干扰的传导路径。

2）机箱接地设计,搭接设计是在综合计算机地和其它设备地之间搭建一条低阻抗通路。合理的接地和搭接可以减少设备间的电位差引起的干扰,减小由接地电阻引起的各种地回路干扰或共阻抗干扰。

3）提高综合计算机内部供电品质,合理选用、使用和布局器件和走线,连接器尽量选用标准件,且在连接器前后都作相应屏蔽或滤波处理。

（5）"三防"设计技术

"三防"设计一般指防潮湿、防盐雾、防霉菌设计,但随着外界环境变得更加复杂,三防技术覆盖内容已超出早期范畴,例如太阳辐射、化学物质等因素影响以及它们之间的综合作用的影响。三防设计从材料选取、工艺防护、结构隔离防护等方面采取措施,提高综合计算机耐环境性能。

综合计算机三防设计包括以下几方面。

1）优先选用防水、防霉、防锈蚀的材料。

2）表面进行防水、防霉、防锈蚀处理。

3）涂敷防水、防霉、防锈蚀材料、加装非金属保护套。对过孔、焊点和特殊空间，可用环氧树脂或硅橡胶灌注或灌封。

4）机箱尽量密封。

6.3.8　硬件设计举例

图 6-13 为某无人机航空电子综合计算机组成原理框图，它是一个完全相似双余度架构，核心处理器单元采用基于 X86 处理器的 PC104，两个核心处理器单元同时输入信号，输出控制采用基于自检测比较监控模型实现。

机箱采用封闭式结构，除前后盖板外，箱体为一个整体，如图 6-14 所示。

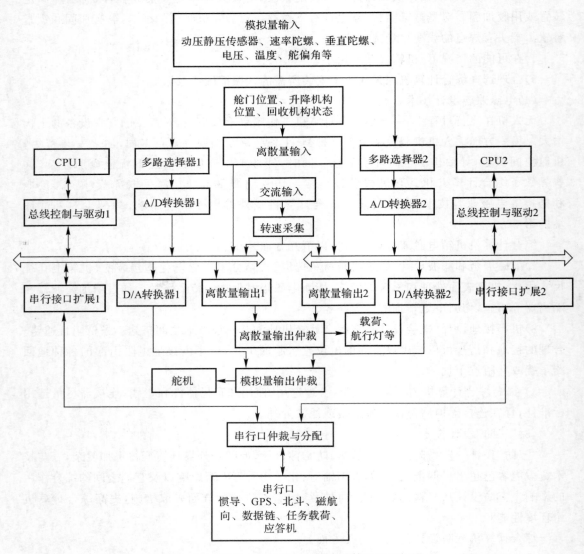

图 6-13　某无人机航空电子综合计算机原理框图

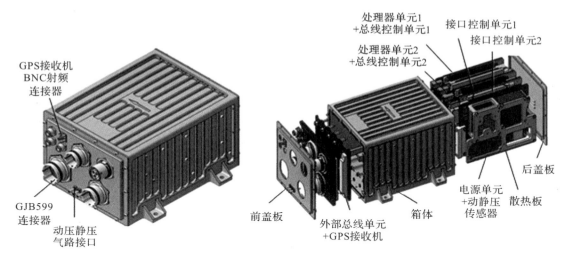

图 6-14　某无人机双余度航空电子综合计算机机箱结构图

6.4　综合计算机软件

6.4.1　综合计算机软件及特点

无人机航空电子软件是运行在无人机航空电子设备上,和硬件共同实现航空电子系统功能的软件和数据的集合,随着综合化航空电子系统的综合化、模块化程度越来越高,软件的功能也更强大,导致软件的规模更庞大,软件的结构更复杂,软件的可靠性和安全性更难以得到保障,软件成本更高。

无人机航空电子软件属于安全关键软件,一旦失效会对无人机安全造成严重威胁。一方面,必须对包括软件需求分析、软件设计及软件测试等环节的开发过程严格控制,另一方面,为了有效支持无人机航空电子软件的设计开发,许多新的开发思想、技术和工具不断问世,也逐步形成了针对不同应用的系列化标准。所有这些,不仅是为了提高软件对系统功能的实现能力,还是对软件安全性验证甚至对无人机适航审定提供支持。

无人机航空电子软件大多是嵌入式软件,软件结构一般分为模块支持层、操作系统层和应用层。模块支持层就是基础的硬件平台,操作系统层可使应用层透明地访问模块支持层。目前无人机航空电子软件使用较多的嵌入式实时操作系统有 VxWorks、嵌入式 Linux、μC/OSII、Android、iOS 及国产 ACoreOS、ReWorks 等。

无人机航空电子综合计算机软件作为航空电子系统核心关键软件,具有以下特点。

1. 复杂性

无人机航空电子综合计算机软件功能多,综合性强,集成度高,处理信息种类和数量多,逻辑及时序关系复杂,既有数据采集及处理类软件大量数据计算和交互,又有控制类软件复杂逻辑和时序要求,因此无人机航空电子软件从需求分析到软件验证,从开发平台到管理工具,都具有比其它应用软件更复杂的要求。

2. 嵌入式

嵌入式软件和硬件平台之间具有密切的关系和很强的耦合性,软件和特定的硬件平台相对应,要求软件设计人员对硬件非常了解,最终形成的执行代码是应用程序和操作系统的综合集成,也给软件测试环境搭建及测试用例设计带来困难。

无人机模块化综合航空电子核心思想是以时间和空间划分区域,硬件集成度、资源共享程度和协作处理能力更高,其软件通过合理的时间和资源划分,共享一组基于通用的模块化核心处理单元及其相关资源的硬件平台。

3. 实时性

无人机航空电子综合计算机软件具有很强的实时性,包括实时响应和实时处理。其输入和输出具有严格的时序关系,以保证无人机安全可靠飞行和高效执行任务。

4. 高可靠性和安全性

无人机航空电子综合计算机软件任何一个错误,都可能导致飞行或任务失败,甚至导致无人机坠毁。高可靠性和安全性要求对其进行定性和定量的需求分析。在软件设计中采取多种可靠性和安全性设计方法和措施,软件测试也要考虑完善的因素、方法及用例,例如强度测试、边界测试、反向测试等,以期望尽早发现软件缺陷,并加以改正。

5. 易维护性

无人机航空电子综合计算机软件安装运行于无人机上,不宜轻易将综合计算机拆卸、开盖或带回厂家,必须具有非常方便易行的软件接口,实现软件换版、升级或维修、排故等。

6.4.2 综合计算机软件开发过程

1. 主要开发过程

综合计算机软件属于机载嵌入式软件,开发过程包括基本活动、支持活动、管理活动,主要活动及内容如下。

1)项目策划和监控:为落实软件开发各项活动制订计划并对计划实施监控。

2)软件开发环境建立:建立、控制和维护包括软件开发、软件测试等在内的工程环境。

3)系统需求分析:参与用户提出系统需求,对用户提出的系统需求进行分析,提出实现需求所需要的软件任务书及使用的软件方法。

4)系统设计:参与并记录系统级设计决策工作。

5)软件需求分析及软件需求规格说明:从软件开发者的角度,根据系统软件任务书,定义每个 CSCI 的需求、实现需求采用的方法及 CSCI 对系统需求的满足程度。

6)软件设计:定义软件架构、模块划分和对软件需求的满足程度分析。

7)软件实现和单元测试:开发和实现与 CSCI 每个单元相对应的程序,定义单元测试的测试计划、测试用例等,并实施单元测试。

8)单元集成和测试:定义单元集成计划和集成后的测试计划。

9)CSCI 合格性测试:定义并实施 CSCI 测试计划、测试大纲等,验证并向用户证实软件是否满足软件需求规格说明定义的要求。

10)CSCI/HWCI 集成和测试:定义并实施软件配置项 CSCI 和硬件配置项 HWCI 集成及测试计划、集成及测试大纲等。

11)系统合格性测试:在目标机上对软件进行测试,验证并表明软件满足系统的要求。

12)软件使用准备:准备并安装在目标机上的安装程序,准备各种用户手册。

13)软件验收支持:提供能证明软件通过验收的证据,例如测试报告、评审记录等。

14)软件配置管理:定义并实施软件配置标识、配置控制、配置状态记实及配置审核等规定。

另外还有软件产品评价、软件质量保证、纠正措施、联合评审、测量与分析、风险管理等活动。

综合计算机软件开发过程与硬件开发过程密切相关,通常主要包含以下几个阶段,如图6-15 所示。

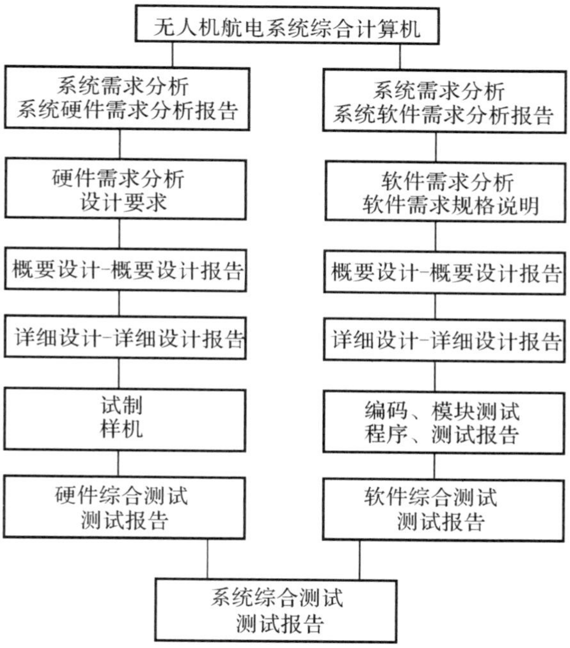

图 6-15　无人机航空电子综合计算机硬件与软件开发过程

在软件开发过程中,软件需求分析及软件需求规格说明、软件设计和软件测试是最基本的软件活动,强调的是正确的输入、合理的设计过程和充分的验证,三者共同作用,完成一个满足系统需求的软件。

2. 软件测试

软件最终状态是否满足要求可通过软件验证和软件确认来落实,软件验证指通过一系列活动证明软件满足需求规格说明规定的内容,贯穿于软件生命周期。软件确认是通过检查或提供证据确认软件满足系统或用户需求,一般在用户接收产品前进行。

软件测试是软件验证的重要组成部分,通过完善的测试用例,使软件运行于实验环境或真实系统及部件,以验证其满足需求规格说明的程度,并检测错误、给出评价的过程,这是软件设计质量保证的重要手段,是软件确认的基础。软件设计与软件测试的关系如图 6 - 16 所示。

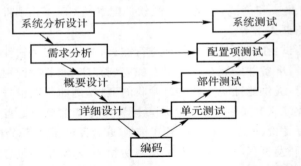

图 6 - 16 无人机航空电子综合计算机软件设计与软件测试对应关系

加强软件开发过程中单元测试和系统工作测试,完善测试用例,加强强度测试和边界测试,尽早发现软件缺陷,是提高软件质量的重要途径之一。

3. 软件配置管理

软件配置管理指通过版本控制、变更控制,保证软件配置项的完整性和可追踪性。软件配置管理内容包括配置标识、配置控制、配置状态纪实和软件发行管理和交付,它贯穿于软件全生命周期,同所有软件活动同步进行,也是提高软件质量的重要措施之一。

4. 软件工程化改进

软件工程化主要体现在软件开发技术推进和软件项目管理技术的推进。软件开发技术推进主要需要加强策划及需求分析,提高编程规范化程度,提高测试、评审效率及覆盖率。软件项目管理技术的推进则加强软件开发管理活动,加强项目监控、测量与分析等。

无人机航空电子综合计算机软件在开发与管理上进行工程化持续改进,能有效持续提高软件开发质量。

6.4.3 综合计算机软件功能划分及一般组成

无人机航空电子综合计算机软件通常由实时操作系统及硬件资源驱动程序和应用软件程序组成。

应用软件通常分为系统主控、飞行控制、飞行管理、定位与导航、任务管理、容错与健康管理 6 个功能模块,如图 6 - 17 所示。

系统主控模块负责软件启动、综合计算机及无人机初始化状态设置、时序同步及管理、各软件模块的调度等,是综合计算机软件的主程序。

飞行控制模块对各控制通道的飞行控制律进行计算,将得到的结果送往相应舵机驱动舵面。

飞行管理模块采集机载各种传感器、伺服设备、发动机、数据链、任务载荷等其它功能设备的数据和状态并按需要分发,按协议组成遥测帧发送给数据链机载数据终端。接收数据链机载数据终端发送来的遥控帧并解码和分发。完成飞行性能管理、飞行模态管理、航路/任务管理、动力管理、数据链管理、任务载荷管理、应急及安全保护管理、其它辅助管理等及任务规划中的各项内容。

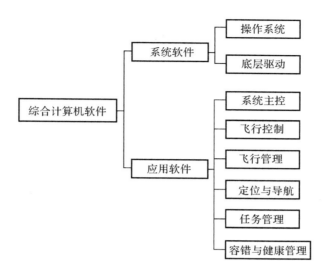

图 6-17　综合计算机软件组成

　　定位与导航模块解算或接收得到位置等信息,对无人机航线进行外环路控制,使无人机能够按照规划的航路飞行。

　　任务管理模块管理任务设备信息,并结合当前飞行状态数据,控制任务设备完成任务。

　　容错与健康管理模块完成各种 BIT 功能及其它测试功能,实现余度管理及容错策略,实现故障预测及诊断,并隔离故障,回报故障及潜在危害信息。通过一系列方法,保证无人机综合计算机及航空电子系统甚至无人机的信息安全。

　　综合计算机软件模块间的典型数据流如图 6-18 所示。

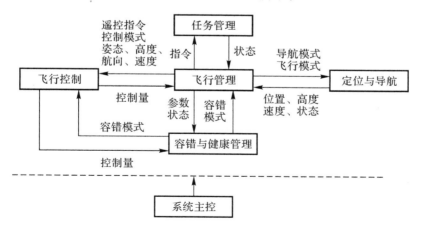

图 6-18　综合计算机软件模块典型数据流

6.4.4　综合计算机软件设计

　　无人机航空电子综合计算机软件应用对象为安全关键和任务关键系统,因此在软件设计中必须遵循一定的原则,采取必要的方法,以提高软件可靠性及安全性。

1. 软件设计原则

无人机航空电子综合计算机软件设计需遵循以下原则。

（1）模块化

为了增强综合算机软件的可靠性、安全性和重用性，提高设计效率，降低软件成本，在软件设计时应遵循模块化原则。根据综合计算机软件功能，设计相应的功能模块。各功能模块功能尽量相对独立，模块间逻辑关系尽量简单、交换数据量尽量少，以此作为提高可靠性安全性及软件复用率的措施之一，也可建立模块数据库，提高软件设计效率。

（2）可扩展化

在各种无人机系统中，航空电子综合计算机基本功能相同，在基本软件系统通用基础上，应在数据结构、变量、协议、时序等方面留有适当的裕量和接口，并设置适当的可重复配置措施，以便于实现扩展功能。

（3）最简化

针对某无人机系统，综合计算机在满足系统要求的前提下应简洁明了，避免过多超出需求的功能。

2. 数字滤波

在综合计算机软件设计中，须针对软件数据输入、数据处理及数据输出等关键环节，在实时性、时序同步、与控制有关的参数、算法及信息安全等方面，采取必要和有效的方法和措施，以满足高可靠性、高安全性要求。数字滤波是最常采用的方法之一。

（1）数字滤波及特点

滤波器可以分为经典滤波器和现代滤波器。

经典滤波器是假定信号中的有用成分和希望滤除成分分别在不同频带，通过一个线性系统就可以对噪声进行滤除。通常有高通滤波器、低通滤波器、带通滤波器、带阻滤波器。如果噪声和信号的频谱相互混叠，则经典滤波器就不能起到滤波的作用。

现代滤波器是从含有噪声的信号中估计出有用的信号和噪声信号。这种方法把信号和噪声本身都视为随机信号，利用其统计特征，引导出信号的估计算法，估计出信号本身。一旦信号被估计出，得到的信号本身比原来的信噪比高出许多。主要有维纳滤波、卡尔曼滤波、自适应滤波、小波变换等。

数字滤波指用软件的方法实现滤波器功能，对信号进行某种计算或判断处理，减少干扰在有用信号中的比重。

数字滤波器具有以下特点：

1）数字滤波通过软件实现，不需要增加硬设备，可靠性高，稳定性好，便于集成。

2）数字滤波可以对低频率信号滤波。

3）数字滤波可以根据信号类型、频率、幅度等特点，选取不同的滤波方法或滤波参数（可程控改变特性或复用），针对性强，精度高，修改和调试灵活、方便。

（2）常用数字滤波方法

1）限幅滤波法。大的随机干扰或采样器不稳定，会使得采样数据偏离实际值太远，为此采用对变化率限幅的滤波法。根据经验，确定相邻两次采样可能的最大偏差值，如果当前采样值 $y(n)$ 与当前有效值 $y(n-1)$ 之差在最大偏差范围内，则将当前采样值作为当前有效值,如果当前采样值 $y(n)$ 与当前有效值 $y(n-1)$ 之差超出最大偏差范围,则当前采样值无效,当前有效值不变,可用以下公式表述:

$$当 |y(n)-y(n-1)| \leqslant \Delta y_0 \text{ 时},取 \ y(n)$$
$$当 |y(n)-y(n-1)| > \Delta y_0 \text{ 时},则取 \ y(n)=y(n-1)$$

其中,Δy_0 为两次相邻采样值之差的可能最大变化量。Δy_0 值的选取,取决于采样周期 T 及被测参数 y 应有的正常变化率。Δy_0 要按照实际情况来确定,否则非但达不到滤波效果,反而会降低信号真实度。

变化率限幅滤波能有效克服偶然因素引起的脉冲干扰,克服大脉冲干扰,但无法抑制周期性干扰,平滑度差。

2)中值滤波法。该滤波方法是连续采样 n 次(n 一般为奇数),然后把 n 次采样的值按从小到大排列,再取中间值作为本次有效值,实际是一个排序选取中间值的过程。

中值滤波是一种典型的非线性滤波器,运算简单,能有效克服偶然因素引起的大的随机波动干扰,对变化缓慢的信号有良好的滤波效果,在滤除噪声的同时可以很好地维护信号的细节,但不适合快速变化的信号。

3)算术平均滤波法。连续取 n 个采样值进行算术平均运算,将算术平均值作为本次测量的当前值。

采样次数 n 的选取,对算术平均滤波算法的效果影响较大;当 n 较大时,滤波后的信号平滑度较高,但灵敏度较低;当 n 较小时,滤波后的信号平滑度较低,但灵敏度较高。

算术平均滤波法适用于抑制随机干扰小幅度高频噪声,能有效滤除混杂在被测信号上的随机小幅度高频噪声,不易消除脉冲干扰引起的误差,不适用于测量速度较慢或数据更新率要求较快的场合。

4)递推平均滤波法。递推平均滤波法是把 n 个连续采样值存入缓存区,且始终保持缓冲区有 n 个采样值,作为一个队列,对缓冲区中保留的 n 个采样值进行算术平均运算,作为滤波后的当前值。当一个新周期采样开始时,只需采集一次并存入缓冲区队列队尾,同时将缓冲区队列队首的数据剔除队列,再计算队列中 n 个数据的算术平均值作为滤波后的当前值,以此类推。

递推平均滤波法对周期性干扰有良好的抑制作用,平滑度较高,适用于高频振荡的系统,而且每周期只采样一次,实时性较好。但对偶然出现的脉冲性干扰的抑制作用较差,灵敏度低,不易消除由脉冲干扰所引起的采样值偏差,不适用于脉冲干扰比较严重的场合,且一定程度上浪费存储空间。

5)加权平均滤波法。无论是算术平均滤波还是递推平均滤波,每次采样值的重要程度都是一样的,为了体现各采样值的重要程度,可对平均滤波法进行改进,即可根据信号特点等给不同时刻的每个采样值分配一个加权系数 q,不同时刻的数据加以不同的权,这样,每个采样周期的当前值用公式表示为 $y(n)=q_n x(n)+q_{n-1}x(n-1)+\cdots\cdots+q_1 x(1)$,其中 $q_1+q_2+\cdots\cdots+q_{n-1}+q_n=1$ 且 $q_n>q_{n-1}>\cdots\cdots>q_1$,即一般给予新采样值的加权系数较大,调整加权系数,就可以改变滤波后信号灵敏度和平滑度。

加权平均滤波法适用于有较大纯滞后时间常数的对象和采样周期较短的系统。对于纯滞后时间常数较小,采样周期较长,变化缓慢的信号,不能迅速反映系统当前所受干扰的严重程度,滤波效果较差。

6)低通滤波法。一阶低通滤波算法实际是用软件代替硬件实现了 RC 低通滤波器功能,用此种方法来实现对低频干扰滤波,用公式表示为 $y(n)=(1-q) \times y(n-1)+q \times x(n)$,$y(n)$ 为本次滤波的输出值,$x(n)$ 为本次采样值,$y(n-1)$ 为上次的滤波输出值,q 为滤波系数,其值通常远小于 1。

低通滤波法和加权平均滤波的本质区别的是本次滤波的输出值主要取决于上次滤波的输出值,不是上次的采样值,本次采样值对滤波输出的贡献是比较小的。

低通滤波算法适用于信号变化比较缓慢,干扰信号具有周期性、频率较高的场合。但滤波后信号相位滞后,灵敏度低,滞后程度取决于 q 值大小,也不能消除滤波频率高于采样频率的 1/2 的干扰信号。

滤波算法的截止频率 $f=q/2\pi T$,T 为采样间隔时间,q 为滤波系数。

例如:当 $T=0.5$ s(即每秒 2 次),$q=1/32$ 时,$f=(1/32)/(2\times3.14\times0.5)=0.01$ Hz。

7)复合滤波法。对于有特殊要求的信号,如果一种滤波方法达不到较为理想的效果,可采用复合滤波法,即把几种滤波方法的思想结合起来,例如中位值平均滤波法、限幅平均滤波法等。

3. 输出信号平滑

综合计算机控制模态转换时,输出信号控制舵机运动。输出信号有时会产生幅度较大的突变,甚至可能是阶跃信号,引起舵机快速大幅度运动或转动。或者是输出极性相反的快速变化信号,引起舵机运动或转动方向频繁快速改变。舵机的这些抖跳,都会产生较大的电流,从而引起电网电流急剧增大或不稳定,甚至导致电网瘫痪。因此在这些输出信号进入设备前,需要对其进行平滑处理,以减小伺服机构的抖跳,淡化对电网造成的影响。

输出信号平滑常采用增加一阶惯性环节来实现,即通过 $1/T_s+1$ 实现模态转换过程的平滑,达到信号平滑的目的。

4. 限幅器

在综合计算机接收、采集、计算或处理后的数据超出规定的阈值或既得物理量值时,应采取限幅处理,通过限幅器,将超限的数值限制在规定的最大值或最小值。

5. 指令及状态的有效性保证

指令及状态的一致性保证一般用在接收开关指令或一些关键指令的场合,一方面消除开关指令抖动,另一方面对数据或关键不可恢复指令的安全确认。一般可设置一个滤波计数器,将每次接收指令与当前有效指令状态比较,如果接收指令和当前有效指令状态一致,说明当前值仍有效,计数器清零。如果接收指令与当前有效指令状态不一致,说明有新的指令或状态,为了确认其有效性,计数器加 1,并判断计数器是否大于给定上限 N,如果计数器大于等于 N,说明接收指令确为有效指令而非噪声,将本次接收指令作为当前有效指令,并将计数器清零。

6. 数据完整性

无人机航空电子综合计算机中的数据完整性主要指遥控遥测数据、任务规划数据、导航数据、任务数据的正确性、有效性和兼容性,防止错误数据的引入产生无效或错误操作,导致无人机出现异常状态。

为保证综合计算机数据完整性,可采取以下措施。

1)做好数据完整性的顶层规划,制定完善合理的数据完整性约束条件。例如遥控帧的同步头定义、帧内按内容分区、帧内关键数据重复发送、数据个数限制、校验方式等。

2)设计和选取合理可行的检查方法,确保不会对约束条件产生误判。例如在遥控帧接收过程中或接收完成后,在同步头和数据个数满足条件的前提下,再对帧内相关内容和条件进行判断,以确认遥控帧是否正确。

3)设计和选取合理可行的方法,以应对约束条件以外的情况下,对数据的处理和利用。例如接收的遥控帧无效时,是否可利用部分有效数据,或通过其它渠道获得必要数据,完成对无人机的操控。

6.4.5　信息安全

信息技术的发展,使得信息的内涵不断丰富,信息的重要性不断提高。在无人机中信息的地位更加突出,无人机航空电子综合计算机作为无人机信息的集中和分发中心,不仅关乎无人机任务完成及无人机安全,还关乎战争安全甚至国家安全。信息安全技术已成为无人机航空电子综合计算机设计中必不可少的重要环节。

无人机信息安全要素指信息的保密性、真实性、完整性、驻留系统的安全性及资源的知识产权所属性。

根据无人机任务特点和工作环境,准确合理地分析和确定无人机信息安全要素,选择信息安全策略,是信息安全的前提。

无人机航空电子综合计算机信息安全的保密性、真实性及完整性表现在信息在传输过程中是否会被截获、篡改、伪造、窃取等。驻留系统的安全性及资源的知识产权所属性表现在是否会被外界通过非法访问、恶意侵入等,导致软件被篡改、破坏或复制。因此无人机航空电子综合计算机信息安全防护主要包括信息传输安全和软件访问安全,可采用以下措施。

(1)信息加密

综合计算机存储的信息和传输中的信息都有可能通过非法侵入被截获。一方面篡改或注入虚假信息,引导无人机进入非预定航路或执行非预定任务。另一方面,窃取后关键信息泄露,导致非预期结果,因此需要对计算机存储器的信息和传输的信息或其中的关键及敏感信息加密。

根据信息重要程度不同,加密措施可以采用国家认可的加密体制和系统,也可以采用用户指定的加密系统或自定义加密措施。

(2)授权与访问控制

综合计算机软件一旦被加载到目标机上投入运行,对其访问只能是具有授权的系统维护人员,包括对存储器的数据和程序的访问,而且不同程度的授权可访问不同的区域或对象,甚至需要具有授权的几人同时实施,以此防止非法访问导致软件或数据被破环或盗取。

(3)身份确认

为了防止信息被截获后修改或注入非法内容,信息发送方在发送时都要加盖表明自身身份的唯一的身份戳,该身份戳不是一个固定数据,而是以信息帧中某些信息的某种特殊组合形成,这样当信息被篡改后,无法形成合法的身份戳,信息接收方接收时首先确认该身份戳是否合法,以此判断该帧信息是否可用。

(4)数据分割

为了防止关键信息被截获,可以将关键数据以字节为单位按某种约定分割,将分割后的信息存储或传输,这样即使信息被截获,在不知道分割及还原约定时,也无法还原得到有用的信息。

(5)分区存储

将关键数据分区存储,可减少因非法访问导致信息泄露造成的损失。

6.4.6 多元数据融合

1. 多元数据融合概念

数据融合技术起源于军事领域,在军事上应用最早、范围最广,涉及监视、指挥、控制、通信和情报任务的各个方面。数据融合技术对无人机的影响更为深远。无论是在瞬息万变的现代战场形势,还是在复杂多样的作业领域,影响无人机自主执行任务的因素变得更多、更复杂。面对海量数据,要及时获取各种可靠有用的信息,对飞行态势做出完整准确的判断和评价,实施决策及有效的指挥控制,迫切需要数据融合技术的应用和支持,因此高速、低成本及高可靠性的数据融合技术不仅适用于军事及无人机领域,在工业监控、智能检测、机器人、图像分析、目标检测与跟踪、自动目标识别等领域也已得到越来越广泛的应用。随着传感器技术、高性能计算技术及与云计算技术、人工智能技术等发展,新的、更有效的数据融合方法也将不断推出。

数据融合指对来自不同信息源关于某一实体特征量的时间序列、空间序列和频率序列等的描述进行综合分析,得到对该实体更准确、更完整和更可靠的描述,正确认知该实体。

多元数据融合也称为多传感器数据融合,是一种可消除系统的不确定因素,提供准确的观测结果和综合信息的智能化数据处理技术。多传感器数据融合是充分利用不同时间与空间的多传感器数据资源及不同传感器的不同特性,对按时序获得的多个传感器信息,在一定的准则下自动分析综合,通过性能互补,扩大传感器测量时间、空间及频率覆盖范围,增强测量设备抗干扰能力及可靠性,获得比单一信息源或各组成部分更精确、更充分、更真实、更可靠的结果、估计和判断,提高传感器测量置信度和准确度。

多元数据融合流程如下。

1)不同传感器采集数据。

2)对传感器输出数据进行特征提取的变换,提取代表观测数据的特征矢量。

3)对特征矢量处理,完成各传感器关于目标的说明。

4)将各传感器同一目标的说明数据进行分组,即关联。

5)利用融合算法将每一目标各传感器数据进行合成,得到该目标的融合结果。

2. 多元数据融合特点

1)冗余性:传感器的原理、组成、实现及处理方式等可能不同,但对结果的表示、描述或解译结果相同。

2)互补性:信息来源不同且相互独立。

3)合作性:不同传感器在观测和处理信息时对其它信息有依赖关系。

4)信息的可分层性:数据融合所处理的多源信息可以在不同的信息层次上出现,利用信息的可分层结构特性,结合并行处理机制,不仅能获得不同层次不同需求特点的融合结果,还可保证系统的实时性。

3. 多元数据融合方式

多元数据融合按融合信息的层次可分为以下方式。

(1)数据层融合

数据层融合指对各种传感器采集来的数据不经任何处理,直接在原始数据上进行分析和综合的融合方式。

(2)特征层融合

特征层融合指对各种传感器采集来的原始数据进行特征提取,然后对特征信息进行分析和综合的融合方式。

(3)决策层融合

决策层融合指各种传感器对采集来的原始数据进行基本处理,包括预处理、特征提取和结果生成等,然后通过关联处理进行决策层融合判决,最后获得联合推断结果的融合方式。

4. 多元数据融合方法

利用多个传感器信息融合的结果优劣,主要体现在融合算法上。因此,多传感器系统数据融合的核心问题是选择合适的融合算法。对于多传感器系统来说,信息具有多样性和复杂性,因此,信息融合方法不仅具有可靠性和准确性,同时还有可实现性,即算法实现的运算速度和精度、与其它相关系统的接口性能、对信息样本数量及特征的要求等。

多传感器数据融合在不少应用领域根据各自的具体应用背景,已经提出了许多成熟并且有效的融合方法。多传感器数据融合的常用方法基本上可概括为随机和人工智能两大类,随机类方法有加权平均法、卡尔曼滤波法、多贝叶斯估计法、D-S证据推理法、产生式规则法等;而人工智能类则有模糊逻辑理论、神经网络、专家系统等。可以预见,神经网络和人工智能等新概念、新技术在多传感器数据融合中将起到越来越重要的作用。

(1)加权平均法

加权平均法是信号级融合最简单、最直观方法,该方法将一组传感器提供的冗余信息进行加权平均,结果作为融合值,该方法是一种直接对数据源进行操作的方法。

(2)卡尔曼滤波法

卡尔曼滤波法是一种利用线性系统状态方程,通过系统输入输出观测数据,对系统状态进行最优估计的算法。由于观测系统数据中包括噪声和干扰,所以最优估计可以看成是去除噪声和干扰,获得真实数据的滤波过程。

卡尔曼滤波是在测量方差已知的情况下,能够从一系列存在噪声和干扰的数据中估计出动态系统的状态。卡尔曼滤波算法主要包括预测和更新。预测是根据上一时刻($k-1$时刻)的后验估计值来估计当前时刻(k时刻)的状态,得到当前时刻的先验估计值。更新是使用当前时刻的测量值来更正预测阶段估计值,得到当前时刻的后验估计值。

卡尔曼滤波算法主要包括5个方程,2个用于预测阶段的时间更新方程和3个用于更新阶段的测量更新方程。时间更新方程根据前一时刻的状态估计值推算当前时刻的状态变量先验估计值,测量更新方程将先验估计值和新的测量变量结合起来,构造改进的后验估计值。主要用于融合低层次实时动态多传感器冗余数据。该方法用测量模型的统计特性递推,决定统计意义下的最优融合和数据估计。卡尔曼滤波实质上是一个预测—更新的递推过程,因此算法实现时系统不需要处理大量的数据存储和计算。

(3)多贝叶斯估计法

贝叶斯估计为数据融合提供了一种手段,是融合静环境中多传感器高层信息的常用方法。它使传感器信息依据概率原则进行组合,测量不确定性以条件概率表示,当传感器组的观测坐标一致时,可以直接对传感器的数据进行融合,但大多数情况下,传感器测量数据要以间接方式采用贝叶斯估计进行数据融合。

多贝叶斯估计将每一个传感器作为一个贝叶斯估计,将各个单独物体的关联概率分布合成一个联合的概率分布函数,提供多传感器信息的最终融合值。

(4)D-S证据推理方法

D-S证据推理是贝叶斯推理的扩充,推理结构是自上而下分三级。第1级为目标合成,是把来自独立传感器的观测结果合成为一个总的输出结果(ID)。第2级为推断,是获得传感器的观测结果并进行推断,将传感器观测结果扩展成某种可信度目标报告。第3级为更新,在推理和多传感器合成之前,要先组合(更新)传感器的观测数据,通过同一传感器的一组连续报告代替单一报告,消除各种传感器存在的随机误差。

(5)产生式规则

产生式规则采用符号表示目标特征和相应传感器信息之间的联系,与每一个规则相联系的置信因子表示它的不确定性程度。当在同一个逻辑推理过程中,2个或多个规则形成一个联合规则时,可以产生融合。

(6)模糊逻辑推理

模糊逻辑是多值逻辑,通过指定一个0到1之间的实数表示真实度,相当于隐含算子的前提,允许将多个传感器信息融合过程中的不确定性直接表示在推理过程中。如果采用某种系统化的方法对融合过程中的不确定性进行推理建模,则可以产生一致性模糊推理。与概率统计方法相比,逻辑推理存在许多优点,它在一定程度上克服了概率论所面临的问题,它对信息的表示和处理更加接近人类的思维方式,它一般比较适合于在高层次上的应用(如决策),但是,逻辑推理本身还不够成熟和系统化。此外,由于逻辑推理对信息的描述在很大程度上受主观因素影响,所以,信息的表示和处理缺乏客观性。

(7)人工神经网络法

神经网络具有很强的容错性以及自学习、自组织及自适应能力,能够模拟复杂的非线性映射。神经网络的这些特性和强大的非线性处理能力,恰好满足了多传感器数据融合技术处理的要求。在多传感器系统中,各信息源所提供的环境信息都具有一定的不确定性,这些不确定信息的融合过程实际上是一个不确定性推理过程。神经网络根据当前系统所接受的样本相似性确定分类标准,这种确定方法主要表现在网络的权值分布上。利用神经网络的信号处理能力和自动推理功能,即实现了多传感器数据融合。

通常使用的多元数据融合方法依具体的应用而定,并且由于各种方法之间的互补性,实际中常将2种或2种以上的方法组合进行多传感器数据融合。

第7章 机载数据测量

7.1 无人机机载数据测量概述

7.1.1 无人机测量设备功能及分类

测量是借助必要设备和方法,取得被测对象的定性或定量信息的过程,是认识客观世界的基本方法之一。

测量设备是把被测对象的参数自动转换成可直接观测的指示值或等效信息的设备。对于不能通过目视直接观测的参数,需要通过一定的转换来实现。传感器作为一种常用的转化装置,其敏感元件直接感受被测量参数,并转换为可用电信号。

无人机上装有多类传感器,分别用来测量飞行姿态、飞行状态、无人机位置、动力装置及燃油系统、武器与火控系统、液压、电源、起落架、环控、救生、安全与防护等机载设备的工作参数和工作状态。无人机测量设备准确、实时、可靠,是无人机系统正常、安全飞行的基本条件和前提。

无人机系统中使用测量设备按功能可以分为以下 5 类。

1)飞行状态、飞行姿态信息以及操纵系统工作参数类测量设备,用于飞行控制和飞行管理系统。

2)位置、航向等定位参数类测量设备,用于飞行控制、飞行管理系统和导航系统。

3)大气数据类测量设备,测量气压高度、上升速度、修正空速、真空速、马赫数等,用于飞行控制和飞行管理系统。

4)高度类测量设备,用于测量无人机真实高度和各种其它类型高度。

5)其它机载设备工作参数测量设备,测量温度、流量、角度、力及力矩、电压、电流等,用于任务系统、液压系统、电气系统、环控系统、起落架系统、救生系统和安全与防护系统等。

无人机机载测量设备按被测对象性质分类可以分为以下两类。

1)物理量测量设备:包括压力、力、力矩、位移、速度、加速度、角位移、角速度、转速、温度、液位、密度、流量、电量、方位、距离和地理位置测量设备等。

2)化学量测量设备:主要包括成分测量设备、烟雾探测器和火焰探测器等测量设备。

根据应用系统和环境不同,无人机测量设备的选用、配置和安装也不同,同一性质的测量设备可以应用在不同的系统,同一系统也可以设置多个测量设备来测量同一个参数,以保证系统工作的可靠性与安全性。

例如在飞行控制系统中,来自大气数据、飞行状态和飞行姿态的测量信号,都要用于飞行控制。在导航系统中,各种导航定位传感器提供的信息通过融合,用于准确引导无人机到达预定目标。

7.1.2 无人机测量设备的静态误差及其分类

被测参数在客观上存在一个真实的值,称为被测参数的真值,记为 x_i,将其引入测量设备,测量设备的原理输出值或理想输出值记为 y_t,一般称为实测值或指示值等,表示被测真值的大小。

测量设备应能真实准确无失真地给出被测量的大小,但由于实际测量设备结构及参数、测量原理、测量方法等因素及使用环境的变化,导致测量设备的实际输出值 y_a 不等于理想输出值 y_t,它们之间产生的差值通常定义为测量误差,即:

$$\Delta y = y_a - y_t \tag{7-1}$$

测量设备在测量过程中产生的测量误差的大小是测量设备的重要技术指标之一,也反映了测量技术水平和测量设备的品质。

误差在不同的应用场合有不同的分类方法,按误差的表达形式可分为绝对误差和相对误差。按误差出现的规律可以分为系统误差、随机误差和过失误差。按误差产生的原因可以分为原理误差、构造误差和使用误差。

1. 绝对误差和相对误差

(1)绝对误差

测量设备的绝对误差指被测参数的实际测量值或利用有关模型计算得到的近似值 y_a 与相应的理想或原理无失真真值 y_t 之间的差,如式(7-1)所示。

在实际测量中,测量设备得到的是实际的输出值 y_a,而不是所希望得到的真值 y_t。如果想知道真值 y_t 的大小,不仅需要知道测量设备的实际输出值 y_a,还应知道其误差 Δy,然后由下式来确定真值 y_t,即:

$$y_t = y_a - \Delta y \tag{7-2}$$

习惯上,常把与绝对误差大小相等,符号相反的量称为修正量,以 Δy_c 表示,即:

$$\Delta y_c = -\Delta y = y_t - y_a \tag{7-3}$$

于是可得:

$$y_t = y_a + \Delta y_c \tag{7-4}$$

为了便于获得各种被测参数的真值,统一计量标准,各国标准计量局和国际有关机构都设立了各种实物基准和标准器,并指定以它们的数值作为相应被测参数的近似真值,规定测量设备的实测值均分别与其比较,以确定其误差,这种确定测量设备误差的过程称为标定或校准。

(2)相对误差

测量设备的相对误差指测量中绝对误差与同量纲的约定值的百分比,根据所取约定值的不同,相对误差可为以下 4 种。

1)标称相对误差:

$$\xi_s = \frac{\Delta y}{y_t} \times 100\%$$ (7－5)

2)实际相对误差:

$$\xi_a = \frac{\Delta y}{y_a} \times 100\%$$ (7－6)

3)额定相对误差:

$$\xi_{ra} = \frac{\Delta y}{y_{max} - y_{min}} \times 100\%$$ (7－7)

式中:y_{max},y_{min} 分别为测量设备输出的最大值与最小值。

4)最大额定相对误差:

$$\xi_{max} = \frac{\Delta y_{max}}{y_{max} - y_{min}} \times 100\%$$ (7－8)

测量中,常用最大额定相对误差 ξ_{max} 来表示具有线性特性的仪器仪表或测量设备的精度等级。例如某仪器的精度为 0.1 级,则表明该仪器的最大额定相对误差为

$$\xi_{max} = \frac{\Delta y_{max}}{y_{max} - y_{min}} \times 100\% = 0.1\%$$ (7－9)

由于 $y_a \gg \Delta y$,且有 $y_t \approx y_a$,因此标称相对误差与实际相对误差之间的差别不大,在实际使用时可以不加以区别,可互相替代。

2. 原理误差、构造误差和使用误差

(1)原理误差

原理误差是由测量依据的理论、测量原理或方法等因素引起的误差,也称为方法误差。

(2)构造误差

构造误差是由测量设备构造、材料、工艺、制造等因素引起的误差。

(3)使用误差

使用误差是由使用环境、使用方法及使用人员等因素引起的误差。

3. 系统误差、随机误差与过失误差

(1)系统误差

在测量过程中,如果测量误差保持不变,或按一定规律变化,则称这类误差为系统误差或确定性误差。如果系统误差的数值大小和符号在整个测量过程中均保持不变,则称其为恒值误差,否则称为变值误差。变值误差可按其误差数值及符号的变化规律分为线性误差、周期性误差和按复杂规律变化的误差。

产生系统性误差的主要原因有原理误差、构造误差、设备误差、环境误差、人员误差等。

(2)随机误差

随机误差也称为偶然误差。在相同的条件下对同一参数进行多次重复测量时,各次所得到的测量值的误差大小和符号各不相同,且变化无确定性规律,但其平均值却随着测量次数的增加而趋于零。

（3）过失误差

由于测量过程中,测量者在操作、读数、记录、计算等过程中的大意和错误造成的一次性较大的误差。这类误差在合理判断后,应予以舍弃。

7.1.3 测量设备的主要静态性能指标及其计算

1. 测量范围

测量设备所能测量到的最小被测量（输入量）值 x_{min} 与最大被测量（输入量）值 x_{max} 之间的范围称为测试系统的测量范围,即 (x_{min},x_{max})。

2. 量程

测量设备测量范围的上限值 x_{max} 与下限值 x_{min} 的代数差 $x_{max}-x_{min}$ 称为量程。

3. 静态灵敏度

测量设备被测量的单位变化量引起的输出变化量称为静态灵敏度,即

$$S=\lim_{\Delta x \to 0}\left(\frac{\Delta y}{\Delta x}\right)=\frac{dy}{dx} \tag{7-10}$$

静态灵敏度是测量设备的重要性能指标,线性测量设备的静态灵敏度是一个常数。

4. 分辨力与分辨率

对于实际标定过程的第 i 个测点 x_i,能导致观测到输出变化的最小输入变化量 $\Delta x_{i,min}$,就是该测点处的分辨力。各测点处的分辨力可以不同。在全部工作范围内,各观测点分辨力的最大值 $\max|\Delta x_{i,min}|(i=1,2,\cdots,n)$ 就是该测量设备的分辨力,测量设备的分辨率

$$r=\frac{\max|\Delta x_{i,min}|}{x_{max}-x_{min}} \tag{7-11}$$

分辨力反映了测量设备感受输入信号微小变化的能力,对正反行程都是适用的。测量设备在最小分辨力的测点处称为阈值或死区。

5. 漂移

漂移是当环境温度和测量设备的输入不变时,输出量随时间变化的现象,这些变化由测量设备内部性能不稳定或内部温度变化引起,它是反映测量设备稳定性的指标。

6. 温漂

温漂是测量设备输入不变时,由外界环境温度变化引起的输出量变化的现象。温漂分为零点温漂和灵敏度温漂。零点漂移是规定温度和室温下零位变化与室温下满量程平均值的百分比,只是特性平移而斜率不变。灵敏度漂移是规定温度和室温下满量程平均值的变化与室温下满量程平均值的百分比,引起测量设备特性斜率变化。

7. 线性度

测量设备实际静态特性的校准特性曲线与某一理想参考直线不吻合程度的最大值就是线性度,计算方法如下:

$$\xi_L = \frac{\left|\left(\Delta y_L\right)_{\max}\right|}{y_{FS}} \times 100\% \tag{7-12}$$

$$\left(\Delta y_L\right)_{\max} = \max\left|\Delta y_{i,L}\right|, \tag{7-13}$$

$$\Delta y_{i,L} = \overline{y}_i - y_i \tag{7-14}$$

式中：y_{FS}——满量程输出；

$y_{FS} = \left|B\left(x_{\max} - x_{\min}\right)\right|$，$B$ 为所选定的参考直线的斜率；

　　$\Delta y_{i,L}$——第 i 个校准点平均输出值与所选定的参考直线的偏差，称为非线性偏差；

　　$\left(\Delta y_L\right)_{\max}$——$n$ 个测点中最大偏差。

8. 迟滞

迟滞是由于测量设备的机械部分的摩擦和间隙、敏感结构材料等的缺陷、磁性材料的磁滞等，引起测量设备对同一个输入量对应的正、反行程的输出不一致，即从大到小和从小到大的变化引起的输出不一致的现象。

7.1.4　无人机测量中的常用符号

θ——俯仰角，无人机纵轴 OX 轴与水平面之间的夹角，以抬头时为正。

φ——倾斜角，倾斜角也叫横滚角，它是无人机绕机体纵轴（OX）转动的角度，是无人机的对称平面与包括 OX 轴的垂直平面之间的夹角，无人机右倾时为正。

ψ——航向角，无人机纵轴 OX 在水平面内的投影与无人机参考航向（如真北向、磁北等）之间的夹角，以机头右偏为正。

L——无人机所在的纬度。

λ——无人机所在的经度。

H——无人机所在的高度。

v_E——无人机的东向速度。

v_N——无人机的北向速度。

v_U——无人机的天向速度。

g——重力加速度。

R——地球半径。

ω_{ie}——地球自转角速度。

7.2　航　向　测　量

7.2.1　无人机航向测量概述

无人机航向测量指无人机航向角的测量，通过航向测量设备，不仅可以为操纵人员提供航向指示，还可以为飞行控制及导航系统提供航向基准及航向偏差。

1）航向：指无人机机头方向，根据所选择的水平面基准线不同，航向可分为真航向、磁航向、罗航向、大圆航向和陀螺航向。

2) 真航向: 地球表面上某点与地球旋转轴所构成的平面与地球表面的交线称为该点的真子午线或地理子午线, 从真子午线顺时针至机体纵轴在水平面的投影线的夹角, 称为真航向角。地球北极为真北极, 也称为真北。

3) 磁航向: 地球表面上某点地磁的水平分量的指向或静止磁针所指的方向称为该点的地磁子午线方向, 即包含地球表面某点和磁轴的平面和地球平面的交线, 从地磁子午线顺时针至机体纵轴在水平面的投影线的夹角, 称为磁航向角, 靠近地理北极的一端或磁针北端指向的是磁北极, 也称为磁北。

4) 罗航向: 飞机上的铁磁物质及电气设备会形成一定的磁场, 受该磁场影响, 放置在飞机上的磁针指向该磁场的水平分量和地磁的水平分量合成后的磁场方向线, 称为罗子午线 (罗经线), 从罗经线方向或罗子午线顺时针至机体纵轴在水平面的投影线的夹角, 称为罗航向角, 磁针北端指向的是罗盘北向即罗北。

5) 陀螺航向: 由于两自由度陀螺在惯性空间具有定轴性, 能稳定自身轴向, 因此将两自由度陀螺自转轴置于水平方向, 作为航向基准线, 它所指示的航向称为陀螺航向。将陀螺自转轴基准置于真子午线, 指示的航向为陀螺真航向, 将陀螺自转轴基准置于磁子午线, 指示的航向为陀螺磁航向。

6) 罗差: 罗子午线和磁子午线之间的夹角称为罗差, 罗子午线在磁子午线以东时罗差为正。

7) 磁差: 由于地球的地磁南北极与地球南北极并不重合, 因此地面上同一点的地理子午线与地磁子午线也不重合, 两者之间的夹角称为磁差、磁偏或磁偏角。当磁子午线在真子午线的东侧, 则称为东偏, 磁偏角为正。不同点的磁偏角不同, 同一点的磁偏角也会随时间发生微小变化。

8) 磁倾角: 由于地球磁场的磁力线收敛于南北极, 所以地球磁场强度方向与水平面不平行, 地磁强度与水平面的夹角称为磁倾角, 一般靠近地磁极的磁倾角较大。

几种航向之间相互联系, 相互关系如图 7-1 所示。

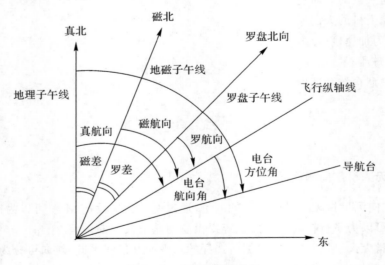

图 7-1　几种航向的关系

7.2.2　航向测量方法

目前无人机上用于测量和指示航向角的仪表主要有磁传感器、磁罗盘、陀螺罗盘、陀螺磁罗盘、天文罗盘、无线电罗盘、GPS 等。

1. 磁传感器

磁传感器用于敏感大地磁场在飞机三个机体轴上的分量,通过标准接口输出数字信号,可由综合计算机根据三路信号及飞机的俯仰、倾斜角信号解算出无人机的磁航向角。

由于磁航向传感器体积小、成本低的优点,广泛应用于中小型无人机系统中。无人机航空电子综合计算机根据磁航向传感器敏感的三轴机体大地磁场分量(X^b、Y^b、Z^b),结合垂直陀螺仪(或惯性导航设备)测出飞机的俯仰角 θ 和倾斜角 φ,通过式(7 - 15)完成飞机的磁航向 ψ 测量:

$$X = X^b\cos\theta + Y^b\sin\theta\cos\varphi + Z^b\sin\theta\cos\varphi$$
$$Y = Y^b\cos\varphi - Z^b\sin\varphi$$
$$\psi_磁 = \arctan\frac{Y}{X} \tag{7 - 15}$$

通过上式计算出机体磁航向信息,结合当地的磁差,通过下式即可得到无人机的真航向:

$$真航向 = 磁航向 + 磁差 \tag{7 - 16}$$

2. 磁罗盘

磁罗盘就是带传感器的指南针,和指南针一样,利用磁针始终指向地磁北极的特性测量和指示无人机的罗航向,根据罗航向、罗差和磁差计算出无人机的磁航向和真航向。

磁罗盘一般主要由磁针组件、表壳组件及罗差修正器组成,磁针组件包括可以自由转动的磁针、用于增加表针运动阻尼和减小摩擦的罗盘液及和磁针固联的刻有 $0° \sim 360°$ 的刻度环。表壳组件包括一个非铁磁材料的外壳和一根表示飞机纵轴的航向标线组成。罗差修正器用来抵消飞机环境对罗盘的影响。

磁罗盘安装时,磁针与罗子午线一致或平行,磁针的南极(S)指向刻度盘 $0°$(N),磁针的北极(N)指向刻度盘 $180°$(S),当飞机航向改变时,磁针和刻度环不动,表壳及航线标线随飞机一起转动,航向标线就相对于刻度环转动一个角度,航向标线对应的刻度盘上的读数即为飞机的罗航向,如图 7 - 2 所示,图中 S、N 分别表示磁针的南极和北极。

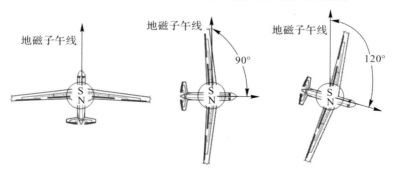

图 7 - 2　磁罗盘示意

3. 陀螺罗盘

陀螺罗盘是利用两自由度陀螺定轴性,将陀螺仪自转轴置于水平位置,作为航向基准线测量飞机航向,陀螺罗盘不能寻找基准,不能找北,因此陀螺罗盘又称为陀螺半罗盘或航向陀螺。

陀螺罗盘一般由两自由度陀螺、水平修正器和方位修正器、刻度盘、航向指针组成。两自由度陀螺外框轴与飞机立轴平行,陀螺仪自转轴置于水平位置,作为航向基准线。水平修正器产生力矩作用与外框轴,保持陀螺仪自转轴始终在水平状态。方位修正器产生力矩作用于内框轴,一方面保持陀螺自转轴在一定时间内稳定在航向基准线,另一方面使自转轴进动到新的航向基准线,如图7-3所示。

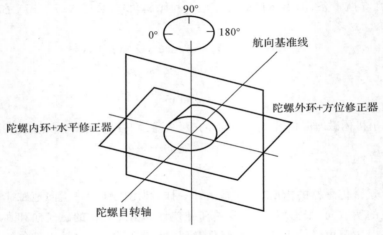

图 7-3 陀螺罗盘示意

4. 陀螺磁罗盘

磁罗盘可以自动定向,但稳定性较差。陀螺罗盘(航向陀螺)有很好的稳定性,但不能寻找基准,不能找北,将磁罗盘和陀螺罗盘结合起来,就形成了陀螺磁罗盘。

陀螺磁罗盘由磁传感器、陀螺机构等组成,既能在平飞时测量飞机航向,又能在飞机转弯时,自动解除磁航向修正信号,准确指示飞机转弯角度。

5. 无线电罗盘

无线电罗盘本质上是利用无线电进行测向的设备,是利用机上的无线电设备接收来自地面导航台发射的电磁波,利用环形天线跟踪电磁波来向,连续测量飞机纵轴与电磁波来向的夹角,即相对方位角。

6. 天文罗盘

天文罗盘是利用对天体定向而获得飞机真航向的仪表,按测量方法可分为地平式和赤道式两种。地平式的定向面与天体的地平经圈重合,赤道式的定向面与天体的赤经圈重合。

天文罗盘用于按天体保持航向、修正磁罗盘及测定远距离目标的真方位。天文罗盘组成较多,在飞机上安装占据空间大,因此一般用于大型飞机。

7.3　姿　态　测　量

飞机的俯仰角 θ 和倾斜角 φ 称为姿态角。对于任务要求不高的无人机常用到陀螺仪和航向传感器的组合来得到姿态角和航向角。近年来,惯性测量设备作为测量运动物体角运动的一种装置,通过计算得到姿态角、航向角、姿态角速度、航向角速度等多个测量值,在无人机上得到了广泛应用。

7.3.1　姿态测量中的常用坐标系

1. 惯性坐标系(i)

导航中常用惯性坐标系作为参考坐标系。根据使用要求的不同,可选择不同指向的惯性坐标系。

常用的惯性坐标系为地心惯性坐标系,即坐标系原点为地心;x_i 和 y_i 轴在地球赤道平面内,x_i 轴指向春分点,春分点是天文测量中确定恒星时的起始点;z_i 轴指向地球极轴,该坐标系在太阳系不随地球的转动而转动,如图 7-4 所示。

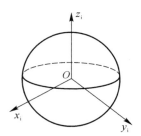

图 7-4　惯性坐标系

2. 地球坐标系(e)

原点为地球中心,z_e 轴指向地球极轴,x_e 轴通过零子午线。x_e 轴和 y_e 轴位于赤道平面,如图 7-5 所示。通过该空间直角坐标系可转换至经度、纬度和高度定位。

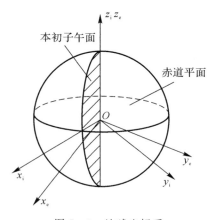

图 7-5　地球坐标系

3. 地理坐标系(g)

该坐标系原点固定在地球表面某参考点 O(例如起飞地、目标地或轨迹上某一点),通过 O 点作地球的经度圈及纬度圈,并作 Ox_g 与纬度圈相切,方向向东,另作 Oy_g 与经度圈相切,方向向北,在地球半径方向向上作 Oz_g,这就构成了固定在 O 点的地理坐标系 $Ox_gy_gz_g$,如图 7-6 所示。

在惯性捷联导航系统中,通常 x_g 轴指向东即 E, y_g 轴指向北即 N, z_g 轴指向天顶。

有的导航系统也采用北西天或北东地作为地理坐标系的轴向。轴向的确定与沿用习惯、使用方便性以及地处东半球还是西半球等情况有关。从导航计算方便性上讲,差别不大。

在飞行控制系统中,通常 x_g 轴指向北即 N, y_g 轴指向东即 E, z_g 轴指向地。

在导航计算、控制律计算中常将该坐标系与机体坐标系互相转换。

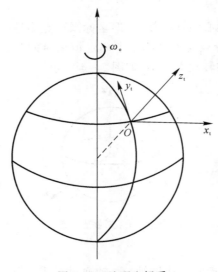

图 7-6　地理坐标系

4. 机体坐标系(b)

原点为载体重心。

在惯性捷联计算中, x_b 轴沿机体横轴指向右, y_b 轴沿机体纵轴指向前, z_b 轴指向机体竖轴方向,指向上。

为了工程实现方便,在实际使用中,机体坐标系应与地理坐标系一致,如机体坐标系"右前上"对应转换到地理坐标系为"东北天"。机体坐标系"前右下"对应转换到地理坐标系为"北东地"。

5. 平台坐标系(p)

平台坐标系是与平台台体固连的右手直角坐标系,两个轴在台体平面,另一个轴垂直于该平面。平台坐标系为描述惯性导航系统中平台指向的坐标系,因此在惯性导航系统中,3个加速度计和 3 个陀螺的输入轴应与该坐标轴重合。

6．导航坐标系（n）

导航坐标系是惯性导航系统在解算导航参数时采用的坐标系,通常与系统所在位置有关。对于平台惯性导航系统,平台坐标系即为导航坐标系。对于捷联惯性导航系统,由于载体坐标系的参数耦合有载体转动分量,需将载体坐标系的参数转换到导航坐标系,即求出载体运动参数在导航坐标系的分量。

7.3.2 陀螺仪

陀螺仪是测量运动物体角运动的一种装置,在无人机上多用于姿态角和姿态角速率的测量。根据其测量参数不同,可将其分为垂直陀螺仪和角速率陀螺仪。

1．垂直陀螺仪

垂直陀螺仪由陀螺转子、框架及驱动转子的电机和角度传感器等组成,用于测量无人机的姿态角（即俯仰角和倾斜角）。

陀螺转子是陀螺仪的核心,陀螺转子常采用电机拖动使其绕自转轴恒速高速旋转,其最基本的特性是稳定性和进动性。

当陀螺转子高速旋转时,如果施加的外力矩是沿着除自转轴外的其它轴向,陀螺并不沿外力矩方向转动,其转动角速度方向与外力矩作用方向垂直,这种特性称为陀螺仪的进动性。例如当外力矩绕外环轴作用时,陀螺仪将绕内环轴转动;当外力矩绕内环轴作用时,陀螺仪将绕外环轴转动。

当陀螺转子高速旋转时,如果没有外力矩作用在陀螺仪上,陀螺仪的自转轴在惯性空间的指向保持不变,这种特性称为陀螺仪的定轴性,也称为稳定性。

垂直陀螺仪是一个三自由度陀螺仪,利用陀螺的进动性,以及纵横两个液体电门能较准确地敏感地垂线方向的特点,由纵向力矩电机和横向力矩电机与两方向的液体电门相配合构成自动跟踪地垂线的控制系统。飞机姿态发生变化时,角度传感器（电位器）输出其相对地垂线的角位移（俯仰角和倾斜角）信号,供给有关控制系统完成相应的显示和控制任务。

图 7-7 是某型垂直陀螺外型。

图 7-7 某型垂直陀螺

垂直陀螺主要组成为液体开关和三自由度陀螺及相关的驱动电机、滑环、电位计、控制电路等,见图 7-8。

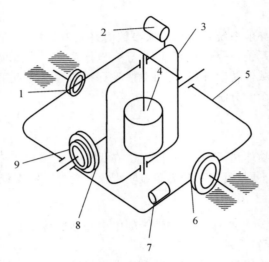

图 7-8　垂直陀螺仪内部结构示意图

1—横向电位器；　2—纵向液体电门；　3—内环；　4—陀螺电机；　5—外环；
6—纵向力矩修正电机；　7—横向液体电门；　8—横向力矩修正电机；　9—纵向电位器

　　液体开关具有敏感地垂线的能力,但是液体易受干扰、没有稳定方向的能力,如图 7-9 所示。三自由度陀螺具有抵抗干扰、稳定方向的能力,但是它不敏感地垂线。将两者结合起来就组成了垂直陀螺的主要部件,使垂直陀螺同时具有了敏感地垂线和稳定方向的能力,这正是其测量两个姿态角的关键。

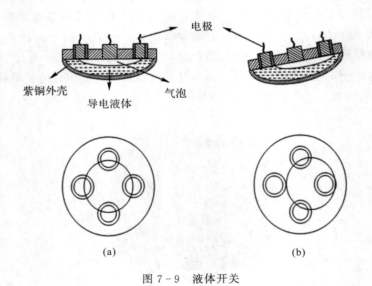

图 7-9　液体开关

(a)水平情况；　(b)倾斜情况

　　横向液体电门装在陀螺的内环上,用以敏感陀螺自转轴沿飞机横向相对于地垂线的偏离,横向力矩电机的转子固定在陀螺的壳体上,定子固定在陀螺的外环轴上。当陀螺的主轴在横向偏离地垂线时,由横向液体电门敏感其偏离角,使其定子绕组中的电流相位发生变化,形成绕外环轴的修正力矩,使陀螺内环轴进动,以消除偏离。

纵向液体电门装在陀螺的外环上,快修电门的电刷与陀螺壳体的位置相对固定,换向环安装在外环轴上,纵向液体电门敏感陀螺自转轴沿飞机纵向相对于地垂线的偏离。纵向力矩电机的转子固定在内环轴上,定子固定在外环上。当陀螺的主轴在纵向偏离地垂线时,则在内环轴上形成绕内环轴的修正力矩,使陀螺绕外环轴进动,以消除偏离。

倾斜电位器的电刷固定在陀螺的内环轴上,电位器的环形绕组固定在陀螺的后板上,用以测量飞机的倾斜角。俯仰电位器的电刷固定在陀螺的内环轴上,电位器的环形绕组固定在陀螺的内环架上,用以测量飞机的俯仰角。

2. 角速率陀螺仪

在单自由度陀螺仪速率基础上,增设了弹性元件、阻尼器和角度输出装置,组成角速率陀螺。

设单自由度陀螺仪速率角动量为 H,装有弹性元件,弹性约束系数为 k_s,则当角速率陀螺相对壳体转动 β 角时的弹性约束力矩

$$M_s = k_s \beta \tag{7-17}$$

稳态时有

$$k_s \beta = H \omega_x \tag{7-18}$$

即

$$\beta = H \omega_x / k_s \tag{7-19}$$

由上式可以看出,单自由度陀螺仪输出信号与输出角速度 ω_x 成比例。因此单自由度陀螺仪广泛用来组成测量飞机角速率的仪表。

根据陀螺仪设计原理不同,可分为以下几类:

1)挠性陀螺仪:挠性陀螺仪用弹性接头代替滚珠轴承的内框和外框的万向支架,采用了弹性支承,漂移小,结构及工艺简单,但抗冲击能力差。

2)静电陀螺仪:静电陀螺仪的球形转子靠静电吸力支承,球形转子可以绕三个正交轴自由转动,可以测量任意角度范围,用作全姿态测量,能承受较大的冲击和振动,但制造工艺复杂、成本高。

3)MEMS 陀螺:MEMS 陀螺即微机械陀螺,是建立在微米/纳米技术基础上的前沿技术,将微机电系统装置与电子线路集成到微小的硅片衬底上,通过检测振动机械元件上的哥氏加速度来实现对转动角速率的测量。其具有成本低、抗冲击能力强等特点。

4)激光陀螺仪:激光陀螺仪没有机械转动部件,利用激光束的光程差测量角位移的装置。具有漂移小,精度高,结构简单,工作寿命长,可靠性高,维修简单等特点。

5)光纤陀螺仪:光纤陀螺仪以光纤线圈作为敏感元件,原理与激光陀螺相同,激光器发出的光线通过分束器成两束反向传播的光,沿光纤向两个方向传播,传播路径的变化,决定了敏感元件的角位移。具有零部件少,抗冲击及过载能力强、结构简单,成本较低,体积小,重量轻等特点。

不同角速率陀螺仪各自性能不同,表 7-1 给出几种角速率陀螺仪对比。

表 7 - 1　几种陀螺仪性能对比

类　别	精度/[(°)·h⁻¹]	体　积	价　格	其　它
挠性陀螺	$10^{-3} \sim 10^{-2}$	cm 级	低	结构简单,力学误差大,动态范围小
静电陀螺	10^{-11}	中等	高	可靠性高,全姿态测角,工艺要求高
MEMS 陀螺	1	mm 级	最低	可靠性高,易于批生产
激光陀螺	10^{-4}	较小	较高	启动时间短,存在闭锁现象
光纤陀螺	略低于激光陀螺	cm 级	低于激光陀螺	综合性能较好

7.3.3　惯性导航系统

1. 概述

惯性导航系统是一种复杂的机电综合系统,其基本工作原理以经典的牛顿力学为基础,是相关技术发展到一定程度时在工程上的具体实现。

理想情况下,假设载体以加速度 a 作水平运动,对 a 积分一次即可得到载体的水平速度,再积分一次即可得到载体的水平位移。

实际上,地球是球体,当载体在地球表面运动时,载体水平面将沿地球表面转动。同时,地球的自转运动又带动当地水平面相对惯性空间旋转,载体不可能只作理想的水平运动,同时会有相对不同参照坐标系沿三个轴的转动引起的姿态变化,这时为了得到载体的位移,必须测得载体沿某固定坐标系的加速度,所以加速度计必须安装在惯性平台上。惯性平台依靠角速率陀螺维持所要求的空间角位置,通过修正回路对角速率陀螺施加力矩,实现惯性平台对两种角速度的跟踪,即地球的自转运动角速度和载体在地球表面运动时水平面相对于地球旋转运动的角速度。

参与控制和测量的陀螺和加速度计称为惯性器件,这是因为陀螺和加速度计都是相对惯性空间测量相应参数的。而惯性平台是惯性导航系统的核心部件,它为安装在其上的陀螺和加速度计建立起一个不受运动影响的测量基准。

根据构建惯性平台方法的不同将惯性导航系统分为两大类:采用物理方法构建平台的系统称为平台式惯性导航系统;采用数学算法构建平台的系统称为捷联式惯性导航系统。

根据惯性平台跟踪地球自转角速度和跟踪水平坐标系类型的不同,又可分为三类:若平台跟踪地球自转角速度和地理坐标系,则系统称为指北方位系统;若平台跟踪地球自转角速度和当地水平面,则系统成为称为游移方位系统;若平台跟踪地球自转角速度的水平分量和当地水平面,则系统成为自由方位系统。

平台式惯性导航系统是在载体上建立一个陀螺稳定平台实体,陀螺稳定平台始终跟踪所需要的导航坐标系,隔离了无人机体角运动对加速度测量的影响,解决了加速度计输出信号分解问题。对于指北方位系统,平台式惯性导航系统将惯性导航装置安装在惯性平台的台体上,在角速率陀螺上施矩,使物理惯性平台始终跟踪地理坐标系,这样惯性平台上的 3 个实体轴与东北天地理坐标系的 3 个轴向保持一致,使得 3 个加速度计输出正好是导航计算所需要的 3 个加速度分量。同时也隔离了无人机机体的角振动影响,使得测量元件有较好的工作条件。

捷联惯性导航系统是通过建立一个数学平台代替实体稳定平台,平台功能以数学形式存在,称之为数学平台,把加速度计和陀螺仪直接安装在无人机机体上,运用该数学平台实现对运动参数的坐标转换作用,即由无人机机体坐标系转换到平台坐标系(地理坐标系)。陀螺绕机体的 3 个角速度,经过姿态矩阵计算,解算出姿态角,生成姿态转换矩阵,通过姿态转换矩阵,实现加速度从机体坐标系到导航坐标系的转换,从而获得加速度计测量的沿机体的加速度在导航坐标系中的分量。数学平台是捷联惯性导航系统的核心,姿态角解算、姿态转换矩阵等是决定捷联惯性导航系统的关键。

在捷联式惯性导航系统中,由于陀螺和加速度计和机体采用直接固连,不具有平台式惯性导航系统通过环架隔离运动的作用,所以,陀螺和加速度计的动态范围要大,能在恶劣动态环境中保持正常工作,一般需采用高精度陀螺仪,激光陀螺仪等。

对于平台惯性导航系统,姿态和航向角可直接从平台环架上提取。在捷联式惯性导航系统中,平台的作用体现在综合计算机中,平台以数学平台(姿态矩阵)形式存在,它是存在于计算机中的方向余弦矩阵,运用该矩阵实现对运动参数的坐标转换作用。由于惯性导航组件固连在无人机上,加速度计测量的加速度和陀螺仪测量的角速度都是沿机体轴或绕机体轴的量,计算机便可通过坐标转换基本基本方程计算出相应的位置参数,并通过计算获得姿态角和航向,如图 7 - 10 所示。

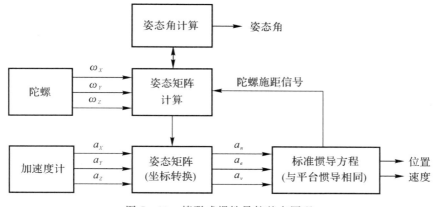

图 7 - 10　捷联式惯性导航基本原理

这里仅以指北方位系统的捷联式惯导为例介绍其基本工组原理,因此下面所述的平台坐标系均为地理坐标系。

2. 惯导的比力方程

惯性器件固连在机体上,加速度计测量和陀螺仪测量的参数为沿机体轴或绕机体轴的测量分量。加速度计输出是机体相对惯性空间的比力参数,陀螺的输出是机体相对惯性空间的转动角速度参数。

捷联惯导基本方程的实现与加速度计感测的比力有着密切的联系,称之为比力方程,即:

$$f = \dot{V}_{ep} + (2\omega_{ie} + \omega_{ep}) \times V_{ep} - g \tag{7-20}$$

式(7-20)描述了加速度计输出量与载体速度之间的解析关系。

式中：$\dot{V}_{ep}$——进行导航计算需要获得载体（即平台坐标系）相对地球的加速度向量；

$\quad\quad f$——比力向量，是理想加速度计在机体轴的输出；

$\quad\quad V_{ep}$——载体重心相对地球的速度；

$\quad\quad \omega_{ie}$——地球自转角速度；

$\quad\quad \omega_{ep}$——平台坐标系相对地球的旋转角速度；

$\quad\quad 2\omega_{ie} \times V_{ep}$——由地球自转和载体相对地球运动引起的哥氏加速度；

$\quad\quad \omega_{ep} \times V_{ep}$——由载体保持在地球表面运动引起的相对地心的向心加速度。

为确定载体在地球表面的位置，在指北方位系统中将式(7-20)写成沿平台坐标系投影形式，即

$$f^p = \dot{V}_{ep}^p + (2\omega_{ie}^p + \omega_{ep}^p) \times V_{ep} - g \tag{7-21}$$

由式(7-21)可得：

$$\dot{V}_{ep} = f^p - (2\omega_{ie}^p + \omega_{ep}^p) \times V_{ep} + g \tag{7-22}$$

ω_{ie}^p 是地球自转相对惯性坐标系的角速度在平台坐标系轴向分量构成的列向量，见下式，其分解示意如图7-11所示。

$$\omega_{ie}^p = \begin{bmatrix} 0 \\ \omega_{ie}\cos L \\ \omega_{ie}\sin L \end{bmatrix} \tag{7-23}$$

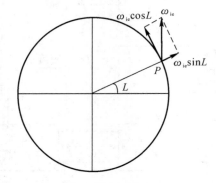

图7-11　地球自转角速度分量示意图

ω_{ep}^p 是载体水平运动引起的平台坐标系相对地球坐标系旋转角速度在平台坐标系轴向分量构成的列向量，见下式，其分解示意图见图7-12。

$$\omega_{ep}^p = \begin{bmatrix} -\dfrac{v_N}{R+H} \\[2mm] \dfrac{v_E}{R+H} \\[2mm] \dfrac{v_E}{R+H}\tan L \end{bmatrix} \tag{7-24}$$

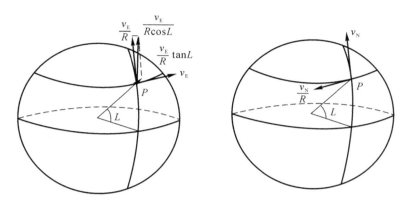

图 7-12　载体水平运动引起的平台坐标系旋转角速度分量示意图

将式(7-23)、式(7-24)代入式(7-22),展开表示为矩阵形式,有

$$
\begin{bmatrix} \dot{v}_E \\ \dot{v}_N \\ \dot{v}_U \end{bmatrix} = \begin{bmatrix} f_E^p \\ f_N^p \\ f_U^p \end{bmatrix} = \begin{bmatrix} 0 & -(2\omega_{iez}^p + \omega_{epz}^p) & 2\omega_{iey}^p + \omega_{epy}^p \\ 2\omega_{iez}^p + \omega_{epz}^p & 0 & -(2\omega_{iex}^p + \omega_{epx}^p) \\ -(2\omega_{iey}^p + \omega_{epy}^p) & 2\omega_{iex}^p + \omega_{epx}^p & 0 \end{bmatrix} \begin{bmatrix} v_E \\ v_N \\ v_U \end{bmatrix} + \begin{bmatrix} 0 \\ 0 \\ -g \end{bmatrix} \quad (7-25)
$$

求解这三个速度微分方程即可得到东向速度 v_E、北向速度 v_N 和天向速度 v_U 三个速度信息。但是 f^p 是比力向量在平台坐标系上的投影,而加速度计测量的是沿机体轴比力向量 f^b,两者的转换关系如下:

$$
f^p = C_b^p f^b \quad (7-26)
$$

由式(7-26)可以看出,对于捷联式惯导系统,需要将加速度计测量的比力信息 f^b 变换到平台坐标系得到 f^p 进行导航计算,而实现机体坐标系到平台坐标系需要坐标转换矩阵 C_b^p,转换矩阵 C_b^p 叫做姿态矩阵(又叫捷联矩阵),起到了平台的作用,所以姿态矩阵又可叫做"数学平台"。因此捷联惯导系统要解决的特殊性问题就是实时求出姿态矩阵,进行姿态矩阵的更新。

3. 姿态矩阵更新

(1)姿态矩阵的定义

姿态矩阵 C_b^p 是机体坐标系到平台坐标系的转换矩阵。设三个姿态角分别为:横滚角 φ、航向角 ψ、俯仰角 θ,得到以下机体坐标系(b)和平台坐标系(p)的变换关系:

$$
\begin{bmatrix} x_p \\ y_p \\ z_p \end{bmatrix} = \begin{bmatrix} -\sin\psi\sin\theta\sin\varphi + \cos\psi\cos\varphi & -\sin\psi\cos\theta & \sin\psi\sin\theta\cos\varphi + \cos\psi\sin\varphi \\ \cos\psi\sin\theta\sin\varphi + \sin\psi\cos\varphi & \cos\psi\cos\theta & -\cos\psi\sin\theta\cos\varphi + \sin\psi\sin\varphi \\ -\cos\psi\sin\varphi & \sin\theta & \cos\theta\cos\varphi \end{bmatrix} \begin{bmatrix} x_b \\ y_b \\ z_b \end{bmatrix} \quad (7-27)
$$

式中:

$$
C_b^p = T = \begin{bmatrix} -\sin\psi\sin\theta\sin\varphi + \cos\psi\cos\varphi & -\sin\psi\cos\theta & \sin\psi\sin\theta\cos\varphi + \cos\psi\sin\varphi \\ \cos\psi\sin\theta\sin\varphi + \sin\psi\cos\varphi & \cos\psi\cos\theta & -\cos\psi\sin\theta\cos\varphi + \sin\psi\sin\varphi \\ -\cos\psi\sin\varphi & \sin\theta & \cos\theta\cos\varphi \end{bmatrix} \quad (7-28)
$$

C_b^p 阵称为姿态矩阵。

显然,这个变换矩阵的元素是飞机的俯仰角、倾斜角和航向角的函数。由姿态矩阵可得:

$$\left.\begin{array}{l} \theta_{\pm} = \arctan \dfrac{T_{23}}{\sqrt{T_{21}^2 + T_{22}^2}} = \arctan \dfrac{T_{23}}{\sqrt{T_{13}^2 + T_{33}^2}} \\[3mm] \varphi_{\pm} = \arctan\left(-\dfrac{T_{13}}{T_{33}}\right) \\[3mm] \psi_{\pm} = \arctan\left(\dfrac{T_{21}}{T_{22}}\right) \end{array}\right\} \qquad (7-29)$$

在捷联惯导计算中,俯仰角 θ 一般取值范围在 $\pm 90°$,倾斜角 φ 一般取值范围 $\pm 180°$,航向角 ψ 一般取值范围在 $0° \sim 360°$。

因此,在捷联惯导中姿态矩阵有两个作用:其一是用它来实现坐标转换,将沿机体系安装的加速度计测量比力参数转换为平台坐标系的比力参数;其二是根据姿态矩阵的元素确定载体的姿态角。

为了实时求解姿态矩阵,必须要求解姿态矩阵 C_b^p 的微分方程进行即时更新。

(2)姿态矩阵的即时更新

姿态矩阵微分方程是捷联惯性导航系统的原理性基本方程之一,是数学平台的核心。其微分方程如下:

$$\dot{C}_b^p = C_b^p \Omega_{pb}^b \qquad (7-30)$$

其中,Ω_{pb}^b 为关于姿态角速度 ω_{pb}^b 的反对称矩阵。

ω_{pb}^b 为机体坐标系相对平台坐标系的角速度在机体坐标系轴向分量构成的列向量。其获取途径如下:

$$\omega_{pb}^b = \omega_{ib}^b - \omega_{ip}^b = \omega_{ib}^b - C_p^b \omega_{ip}^p \qquad (7-31)$$

式中:ω_{ib}^b 为陀螺的测量值,即机体坐标系相对惯性坐标系的角速度在机体坐标系轴向分量构成的列向量;ω_{ip}^b 为平台坐标系相对惯性坐标系的角速度在机体坐标系轴向分量构成的列向量;ω_{ip}^p 为平台坐标系相对惯性坐标系的角速度在平台坐标系轴向分量构成的列向量。ω_{ip}^p 包含地球自转相对惯性坐标系的角速度在平台坐标系轴向分量构成的列向量 ω_{ie}^p,以及载体水平运动引起的平台坐标系相对地球坐标系旋转角速度在平台坐标系轴向分量构成的列向量 ω_{ep}^p。

因此,ω_{ip}^p 由式(7-23)、式(7-24)可得:

$$\omega_{ip}^p = \omega_{ie}^p + \omega_{ep}^p = \begin{bmatrix} -\dfrac{v_N}{R+H} \\[3mm] \omega_{ie}\cos L + \dfrac{v_E}{R+H} \\[3mm] \omega_{ie}\sin L + \dfrac{v_E}{R+H}\tan L \end{bmatrix} \qquad (7-32)$$

将式(7-32)、式(7-31)代入式(7-30),即可得到姿态矩阵 C_b^p 的微分方程。只要给定

初始值 θ_0、γ_0、φ_0，在姿态角速度 $\boldsymbol{\omega}_{ib}^b$ 已知的情况下，由上述矩阵微分方程中各元素的联立可以求解姿态微分方程，即可确定姿态矩阵中的元素值。

4. 位置计算

为确定载体在地球表面的位置采用地理坐标系，利用该坐标系可将地球表面某点位置表示为经度 (λ)、纬度 (L) 和高度 (H)，这三个参数可以用式 $(7-21)$ 计算得到的飞机相对地球的运动速度以及初始位置信息，根据下式进行计算求得：

$$\left.\begin{array}{l} \dot{L} = \dfrac{v_N}{R+H} \\[3mm] \dot{\lambda} = \dfrac{v_E}{(R+H)\cos L} \\[3mm] \dot{H} = v_U \end{array}\right\} \qquad (7-33)$$

由于纯惯性的惯性导航系统中高度计算回路是不稳定的，误差会随时间迅速发散，所以当惯性导航系统处于纯惯性工作时，一般不按照式 $(7-33)$ 单独进行惯性高度计算，而采用卫星高度或气压高度等外部高度信息和惯性高度信息加权来计算垂直速度和高度。

在指北方位系统捷联惯导系统中，其以地理坐标系为平台坐标系，建立数学平台即姿态矩阵 $\boldsymbol{C}_b^n$，通过采集加速度计和陀螺的惯性参数，实时求解姿态矩阵，进行姿态矩阵的更新，从而实现比力的坐标转换、导航计算以及载体的姿态角的确定。

惯性导航系统具有特有的自主性优点，但是其具有多种误差源，主要包括惯性器件本身的误差、惯性器件的安装误差、系统的初始条件误差、系统计算误差以及各种干扰引起的误差等，这些误差源引起的系统测量误差（尤其是位置误差）随时间积累。随着卫星定位、无线电定位等技术的快速发展，将惯性导航系统与多种定位系统组合起来，形成组合导航系统，达到取长补短，提高测量精度的目的。

7.3.4　姿态、航向测量设备的选型

根据无人机系统的姿态测量指标，确定传感器类型及相应的指标，传感器选型可参考表 $7-2$ 进行。

表 7-2　姿态测量设备选型对照

姿态、航向测量精度指标	传感器选型	传感器关注指标
$1°\sim2°$	垂直陀螺	供电、启动功率和正常工作功率、陀螺启动时间、垂直精度、测量精度、测量范围
	磁传感器	供电、功率、测量范围、测量精度、分辨率、三轴磁电转换一致性、正交误差、零位漂移
$0.5°$	惯性导航设备	自对准时间、快速自对准时间、测量范围（航向角、俯仰角、倾斜角、角速率、线加速度）、组合导航精度（航姿测量精度、水平位置精度、高度精度、水平速度精度、垂直速度精度）、纯惯性航姿测量精度

7.4 位 置 测 量

位置测量主要指测量无人机的位置、即无人机所处的经纬度及高度。

地轴与地球表面的交点为地球的两极,通过地理南、北极的大圆弧叫做子午线或经线,它是表示地理南北的方向线。子午线和地轴构成的平面叫做子午面。通过格林尼治天文台的子午线为本初子午线,它与地轴构成的平面为本初子午面。子午面与本初子午面之间的夹角叫做经度。

通过地心并垂直于地轴的平面的大圆为赤道平面,赤道平面与地球表面的交线为赤道。赤道是纬线,且是一个大圆。凡是垂直于地轴的平面与地球表面的交线都是纬线。地垂线与赤道平面之间的夹角叫做纬度,如图 7-13 所示。

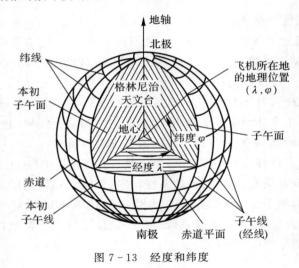

图 7-13 经度和纬度

常用的位置测量设备有惯性导航设备、卫星定位系统、天文测量设备、无线电定位测量等设备。

7.5 大 气 数 据 测 量

7.5.1 大气数据相关概念

为了准确地测量无人机飞行时的气压高度、空速、马赫数和升降速度等,可利用置于流场中的总、静压管、静压孔管或空速管,通过测量静压、总压和大气总温这三个基本大气数据信息,经解算,获得高度、大气密度、马赫数、修正空速、大气温度及真空速等数据。

工程上,把流体介质垂直作用于单位面积上的力称为压力。

由于参照点的不同,工程上常用到以下几个压力的相关概念。

1)差压:两个压力之间的相对差值。

2）绝对压力：相对于零压力（绝对真空）的压力。

3）表压：绝对压力与当地大气压之差。

4）负压：绝对压力小于大气压时，大气压与该绝对压力之差。

5）大气压：地球表面上的空气质量所产生的压力，大气压随所在地的海拔高度、纬度和气象情况而变。

7.5.2　总压管测量设备及其特性

总压管一般安装在机身头部或翼尖前缘不受紊流扰动的部位，但是，即使安装正确，测压管的结构和尺寸、迎角的变化以及激波和局部激波的存在等均可能使总压测量产生误差。

一般把由总压管引入的总压 p_{ti} 称为指示总压，自由流的总压 p_t 称为真实总压，二者的差值称为总压误差 Δp_t，其计算公式为

$$\Delta p_t = p_{ti} - p_t \tag{7-34}$$

总压相对误差为

$$\frac{\Delta p_t}{p_t} = \frac{p_{ti} - p_t}{p_t} \tag{7-35}$$

为了正确地引入总压，总压管的外径不能太大，总压孔的直径也应远小于管的外径，并使总压孔的轴线垂直于正激波。

7.5.3　静压管测量设备及其特性

与总压测量相比较，静压测量要困难得多，马赫数、迎角 α、静压管的结构和安装位置对引入静压的影响也要大得多。

在不考虑静压管的形状、结构、安装位置以及迎角所引起的误差时，静压相对误差是马赫数及其相对误差的函数。

静压管在飞机上的理想安装位置，是静压管所感受的压力能真实反映飞机所在处未被干扰的静压，并且不受飞行姿态、飞行速度的影响，往往需经空气动力学分析计算，再经过多次风洞试验和飞行试验才能最终确定。

安装在飞机头部的静压管，静压误差主要来源于机头受阻气流的正压力和机身最大截面积处的负压力的综合影响。通常当飞机马赫数在 0.8 以下时，机头受阻气流的正压力对静压孔处静压的影响比机身负压力的影响大，所引入的静压具有不大的正值静压误差。

对于安装在机翼前缘的静压管，静压误差的变化情况更为复杂。机翼、机身气流的扰动以及机头脱体激波的强度随马赫数的增大而增强并逐渐后移，这将使静压管在跨声速范围内产生较大的正负交替变化的静压误差，该变化规律随飞机外形不同差异很大。

对于开在机身上的静压孔（一般作为应急静压孔使用），由于主要受机身最大截面处负压力的影响，静压误差一般为负值。

由于静压管在飞机上的安装位置不同，因此所产生的静压误差差别很大，这是决定静压测量精度最主要的因素。同时，对任何安装位置的静压管，在跨声速区都有增减急剧变化的静压误差，该区域通常认为是静压不准确区，不经过精细的气动力校准和修正，测得的静压是不能使用的。

7.5.4 大气压力测量高度原理及方法

1. 高度分类及相互关系

飞行高度是指飞机的重心在空中距离某一基准平面的垂直距离。根据所选基准面的不同飞行高度可分为以下几种,如图 7-14 所示。

1)绝对高度:飞机与海平面之间的垂直距离。

2)相对高度:飞机与某一指定基准参考平面的垂直距离,例如飞机相对于起飞或者着陆机场的地平面的垂直距离。

3)真实高度:飞机与正下方地面目标基准平面的垂直距离,例如飞机相对于其正下方山体或建筑的垂直距离。

4)标准气压高度:飞机与标准气压海平面(ISO 规定标准气压海平面处的大气压力为101.325 kPa)的垂直距离。

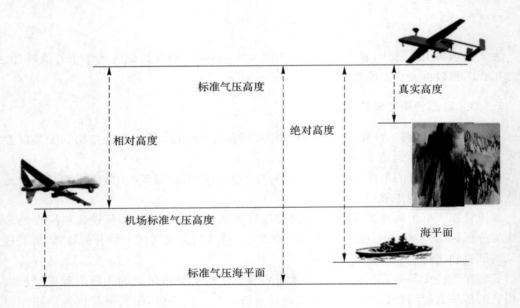

图 7-14 不同高度定义示意

2. 利用大气压力测量高度

所有大气标准都是根据海平面上的压力、温度、密度和重力加速度的平均值,以及温度随着高度变化的平均值而制定的。标准大气就是在北纬 45°,以各种平均条件作为大气标准求得的大气。

根据空气动力学原理,当飞机飞行高度小于 11 000 m,飞行马赫数不大于 1 时,在标准大气状态下,气压高度

$$H = \frac{T_0}{\tau}\left[1 - \left(\frac{p_H}{p_0}\right)^{\tau R}\right] \tag{7-36}$$

式中：T_0 为标准海平面大气温度 288 K；τ 为温度递减率 0.006 5 K/m；p_0 为纬度 45° 地区海平面的大气压力 101.325 kPa；p_H 为 H_P 高度上的气压值；R 为气体常数，$R = 29.2746$ m/K。

气压式高度表实质上是一种特殊的测量大气绝对压力的压力表。可用各种测绝对压力的弹性敏感元件来测量大气静压，目前使用较多的是真空膜盒、膜盒串、波纹管和各种谐振式压力传感器。

利用大气压力测量高度时，需要用到大气温度，通过测量大气总温和流速，可得到大气静温。大气总温传感器一般采用铂丝作热电阻，表面涂有绝缘层的热电阻丝缠绕在薄壁紫铜环上，有良好的导热效果，以满足大气总温可能变化的范围和测量精度高等特点。

3. 压力与气压高度测量误差分析

根据气压高度测量原理得知，气压高度的测量与大气静压压力有关，对式(7-36)求导，得到气压高度与压力的误差方程如下：

$$\frac{\mathrm{d}p_H}{\mathrm{d}H} = -\frac{p_0}{T_0 R}\left(1-\frac{\tau H}{T_0}\right)^{\frac{1}{\tau R}-1} \tag{7-37}$$

由式(7-37)可以看出：

1)气压高度误差与压力误差呈非线性变化；

2)在不同气压高度，由压力误差引起气压高度测量误差不同。

3)在相同静压压力误差下，气压高度越高，由压力误差引起的气压高度测量误差越大。

由压力误差引起的气压高度误差如表 7-3 所示。

表 7-3 气压高度与静压误差对比

H	$\dfrac{\mathrm{d}p_H}{\mathrm{d}H}\Big/(\mathrm{KPa}\cdot\mathrm{m}^{-1})$	$\dfrac{\mathrm{d}H}{\mathrm{d}p_H}\Big/(\mathrm{m}\cdot\mathrm{K}^{-1}\cdot\mathrm{Pa}^{-1})$
−500	−0.012 61	−79.328 45
0	−0.012 61	−83.208 34
5 000	−0.007 22	−138.499 44
8 000	−0.005 15	−194.162 49
9 000	−0.004 57	−218.664 82

根据式(7-37)，可将系统的气压高度测量精度分解指标至传感器的压力测量精度指标。例如无人机系统指标为气压高度量程为−500~9 000 m，气压高度误差小于 50 m。由于在相同压力误差下，气压高度越高，由压力误差引起的气压高度测量误差越大，因此该传感器的静压压力测量精度要求由气压高度 9 000 m 的压力误差所决定。

在全温范围，若满足气压高度误差小于 50 m 的技术指标要求，在气压高度 9 000 m，压力误差则通过表 7-3 计算：

$$\frac{\mathrm{d}H}{\mathrm{d}p_H} = \frac{50}{\mathrm{d}p_H} = -218.664\,82$$

$$\mathrm{d}p_H = -0.228\,66 \text{ kPa}$$

因此,传感器的静压压力测量精度要求应小于 0.23 kPa。一般应综合考虑系统误差的影响,在实际传感器选型时,其测量精度要求应留 10% 左右的余量。

7.5.5 利用大气压力测量空速

1. 空速分类及相互关系

空速是飞机相对于空气的速度,空速按不同的使用场合和作用,分为指示空速、校准空速、当量空速、真空速等。

1)真空速:也称为真实空速,是飞机飞行时相对于周围空气运动的速度,定义为飞机重心相对于空气气流的运动速度投影到飞机纵轴对称平面内的分量,也可以等价为飞机不动,空气以大小相等、方向相反的流速流过飞机。

2)指示空速:也称为表速,是根据测量的总压与静压的差值(即动压)得到,和空气动力的变化相关,只是对气流动压的测量,直接反映了飞机升阻力的变化。而真空速是动压和空气密度的函数,即

$$v = \sqrt{\frac{2p_D}{\rho}}$$

其中:v 为真空速;p_D 为动压;ρ 为飞行高度的空气密度。作为空速测量仪表的空速表都是在地面按照海平面标准大气条件下动压大小标定的,没有考虑大气密度随高度的变化,大气密度 ρ 采用的是海平面标准大气密度 ρ_0,较实际飞行高度的空气密度 ρ 大,而动压 p_D 又变小,所以指示空速就比真空速小。

3)校正空速:也称为校准空速,是在海平面标准大气条件下的具有相同动压时的真空速,但它考虑了由总压管和静压管安装位置引起的仪表误差,是指示空速经过修正安装误差后,在空速表上显示的空速。

4)当量空速:在高速、高海拔条件下,校准空速还需要对由空气可压缩性产生的误差进行修正,修正的校正空速称成为当量空速,是在海平面标准大气条件下的具有相同动压时的真空速,即 $\frac{1}{2}\rho_0 v_E^2 = \frac{1}{2}\rho v_T^2$,其中 v_T 为飞行高度上的真空速,v_E 为当量空速,ρ 为飞行高度的空气密度,ρ_0 为海平面标准大气密度。

本质上,当量空速是在标准海平面的真空速,它与实际来流的单位体积空气具有相同的动能,因此称为当量空速。当已知当量空速及飞机周围的大气密度时,就可以计算出真空速,即 $v_T = \sqrt{\frac{\rho_0}{\rho}} v_E$。

校正空速与当量空速实际上相差的就是总压管和静压管安装位置引起的误差。

几种空速之间的关系如图 7-15 所示。

5)地速:飞机相对于地面的速度,可以通过 GPS、地面导航设备测得。

6)马赫数:真空速与声速的比值。

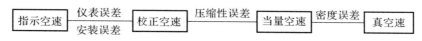

图 7 - 15　几种空速的关系

2. 大气压力测量空速原理

空速是通过测量飞机飞行时速度所产生的动压 p_D 经解算完成的。由动压 p_D 求得空速,通过空速和气压高度可得到真空速。

根据空气动力学原理,当飞机飞行高度小于 11 000 m,飞行马赫数不大于 1 时,在标准大气状态下,指示空速 v_0 的解算由下式完成:

$$v_0 = A_0 \sqrt{5 \left(1 + \frac{p_D}{p_0}\right)^{\frac{1}{3.5}} - 1} \qquad (7-38)$$

式中:A_0 为常数 $7.500\ 8 \times 10^6$;p_0 为纬度 45° 地区海平面的大气压力 101.325 kPa;p_D 为动压压力值,单位为 mmHg。

3. 压力与空速测量误差分析

根据空速测量原理得知,空速的测量与动压压力有关,对下式求导,得到气压高度与压力的误差方程如下:

$$\frac{dp_D}{dv_0} = 1.4 \frac{p_0}{A_0} v_0 \left(1 + 0.2 \frac{v_0^2}{A_0^2}\right)^{2.5} \qquad (7-39)$$

由式 (7-39) 可以看出:

1) 空速测量误差与动压压力误差呈非线性变化;

2) 在不同空速,由动压压力误差引起空速测量误差不同;

3) 在相同动压压力误差下,空速越小,由动压压力误差引起的空速测量误差越大。

压力误差引起的指示空速误差如表 7 - 4 所示。

表 7 - 4　动压误差引起指示空速误差对比

$v_0/(\text{km} \cdot \text{h}^{-1})$	p_D/kPa	$\dfrac{dp_D}{dv_0}$	$\dfrac{dv_0}{dp_D}$
50	0.118 2	0.004 731 9	211.329 782
100	0.473 6	0.009 487 5	105.401 306 ·
250	2.985 9	0.024 135 5	41.432 692
300	4.319 4	0.029 226 6	34.215 378
400	7.768 7	0.039 873 5	25.079 343

根据式 (7-39),可将系统的空速测量精度分解指标至传感器的动压压力测量精度指标。例如无人机系统指标为空速测量量程为 $50 \sim 350$ km/h,空速测量误差小于 8 km/h。由于在相同动压压力误差下,空速越小,由动压压力误差引起的空速测量误差越大,因此该

传感器的动压压力测量精度要求由空速 50 km/h 的压力误差所决定。

在全温范围,若满足 50 km/h 是误差小于 8 km/h,则通过表 7-4 可计算动压压力误差:

$$\frac{\mathrm{d}v_0}{\mathrm{d}p_\mathrm{D}}=\frac{8}{\mathrm{d}p_\mathrm{D}}=211.329\ 782$$

$$\mathrm{d}p_\mathrm{D}=0.037\ 8\ \mathrm{kPa};$$

因此,传感器的动压压力测量精度要求应小于 0.038 kPa。一般应综合考虑系统误差的影响,在实际传感器选型时,其测量精度要求应留 10% 左右的余量。

7.6 测量数据的融合

7.6.1 位置测量数据融合

无人机位置测量一般大多使用惯性传感器和卫星定位系统。惯性传感器提供平台位置和方向的一阶和二阶时间导数高频信息,但惯性传感器随着飞行时间的增加,提供的定位准确性会逐渐降低。现代卫星定位系统可提供关于平台位置的准确信息,但信息频率较低,延迟大。将这两种传感器的信息融合后综合使用,可以提供高实时性和高精度的定位信息,其它有效的定位信息也可以用来作为辅助的位置测量措施,改善无人机定位的精度和鲁棒性。

位置数据融合的形式有多种,其中主要位置数据融合为卫星定位系统(北斗或 GPS)与惯性导航系统(INS)融合、惯性系统与基于图像匹配的定位系统融合。

卫星定位与惯性导航系统组合有互补功能。惯导系统是航程推算系统,其主要优点是高度自主性,缺点是位置误差是随时间积累的。卫星定位系统单独使用时,会出现因干扰、天线遮挡、飞机高度机动飞行等引起的信号丢失现象,导致定位数据更新率不高或失效。卫星定位系统和惯性导航系统融合,既可利用 GPS 稳定的高精度信息补偿陀螺漂移及其它误差源造成的位置误差,又可以用惯性导航系统补偿卫星接收机的抗干扰能力和高动态信号跟踪能力。两者对照如表 7-5 所示。

表 7-5 惯性导航系统与卫星导航系统的特性比较

系统类型	优　点	缺　点
卫星导航	精度高 不随时间发散 准备时间短	信息更新速度低(1~10 Hz) 容易受干扰 信号有损耗
惯性导航	自主性强 信息传输速率快 不易受到外界干扰	误差无限制增长 必须获知地球重力场信息 存在初始对准和标定问题

目前,应用最多的组合方法是基于最优估计理论的卡尔曼滤波技术,从概率统计最优的角度估计出系统误差并消除误差。根据惯导和 GPS 组合实现位置及数据不同,可分为松组合、紧组合和超紧组合。

目前位置测量设备数据融合大多采用以卡尔曼滤波为核心的数据融合方法。扩展卡尔曼滤波具有简单、计算效率高和最优性(相对于传感器噪声特性)的特点,是利用与状态相关的噪声观察值估算动态系统状态的一种算法。该算法是递归的,而且需要一个状态估计动态模型(也称为过度模型)的状态估计和观测模型,建立的模型带有附加噪声误差,其中噪声呈白噪声和高斯概率分布。

惯性与基于图像匹配定位系统组合预先把可测量的与时间无关的地形变量数值编成数字地图,存储在无人机中,当无人机飞越该地区时,对地形再次进行测量。若飞行中获得的地面图像与预先存储的图像一致,则直接用存储的位置,并修正当前位置。

7.6.2　高度测量数据融合

一般无人机的高度测量设备有气压高度计、GPS 或北斗、无线电高度表等。在此仅介绍无线电高度表的测量原理及高度测量数据融合方法。

1. 无线电测量高度原理及方法

无人机上同时装有发射机(A)和接收机(B),两者相距为 l,并已知无线电在空气中的传播速度 c,无线电由发射机(A)传到接收机(B)所需的时间 t_1 为

$$t_1 = l/c \tag{7-40}$$

而无线电由发射机(A)经地面(O)反射到接收机(B)所需的时间 t_2 满足:

$$h^2 = -\left(\frac{l}{2}\right)^2 + \left(\frac{ct_2}{2}\right)^2 \tag{7-41}$$

故

$$t_2 = \sqrt{\frac{4h^2+l^2}{c^2}} \tag{7-42}$$

接收机接收到上述两个无线电的时间间隔为

$$\tau = t_2 - t_1 = \sqrt{\frac{4h^2+l^2}{c^2}} - l/c \tag{7-43}$$

$$h = \frac{1}{2}\sqrt{c\tau(c\tau + 2l)} \tag{7-44}$$

当无线电测量设备的发射机和接收机为一体($l=0$)时,有

$$h = \frac{1}{2}c\tau \tag{7-45}$$

利用无线电波反射特性来测量飞行高度的方法,是将高度测量转化为对时间的测量,由于它所要求的发射机功率与所测高度的四次方成正比,因此它在无人机上大多用于小高度的测量,它所测的最小高度取决于所能精确测量的最小时间间隔,如精确测量的最小时间间隔为 10^{-9} s,则所能测量到的最小飞行高度为 0.2 m,因此无线电高度表主要用于无人机的起飞降落阶段或作业区域的真实高度测量。

2. 高度测量数据融合方法

气压高度计结构简单且自主能力强,但误差容易受器件自身的零点漂移、温度漂移及外

界干扰的影响,误差会因高度的降低而增大。

一般无线电高度表因其低空精确测高特点被用作无人机测高设备,但测量范围有限,测量结果是飞行器至地面或目标平面的相对高度,无法得到飞机海拔高度,且受地形影响含有高频噪声。

GPS 或北斗信号虽具有定位准确度高、误差不会随时间积累等优势,但其信号更新频率慢,且易受到外界干扰,尤其在多建筑物的工作环境,容易出现遮挡现象,从而影响测量精度。

单一传感器受自身特点和测量条件的限制,在一定情况下,很难满足无人机各种飞行状态下的高度精确定位需求,一般可采用以下方法解决这一问题。

可以在无人机上安装多种高度传感器,在不同的飞行高度和状态对几种传感器获得的高度信号进行选择。这样能在一定程度上提高信息获取的准确性,但精度提高程度有限,并造成数据的极大浪费。

多种高度传感器信息融合可以弥补单一高度传感器存在不足,它对来自多个传感器的数据进行多级别、多方面、多层次的处理,从而提高高度测量的综合性能,产生新的有意义的信息,获的更具真实的高度值,为无人机完成自主飞行和执行相关任务提供更加有效的高度信息,这种信息是任何单一传感器所无法获得的。

融合原理可以为互补滤波的原理,即把误差特性相反的高度信号互相结合,对含有高频噪声分量的无线电高度信号用低通滤波器滤波,对含有零位误差和漂移的气压高度信号用高通滤波,这两个滤波器的时间常数协调一致,使短时间误差和长时间误差特性达到良好的折中。

通过基于联邦滤波器的高度信息融合,将各子系统的输出送给对应的子滤波器更新,以此获得各子滤波器的局部估计,然后将子滤波器的局部估计参数送入主滤波器进行全局滤波,从而得到全局最优估计。

通过基于贝叶斯估计的滤波方法的粒子滤波,依据系统状态变量的经验条件分布,在状态空间产生一组随机样本,这些样本可以称为粒子,然后根据观测量,不断地调整粒子的权重和位置,通过调整后的粒子的信息,修正最初的经验条件分布。当粒子数目足够多时,修正后的经验条件分布将收敛于系统状态向量真实的条件分布。此时,状态向量的估计值可以通过粒子的均值得到。这种滤波算法采用递推方式,很方便用计算机实现,并且,该算法能较好地适应观测信息出现异常突变时的情况,具有一定的鲁棒性。

第8章 舵　　机

8.1　无人机舵机功能与组成

8.1.1　无人机舵机功能

在无人机飞行控制系统中,舵机是飞行控制系统的执行机构,是无人机控制系统和稳定回路中重要组成部分。舵机是高精度位置伺服系统,其功能和性能指标直接影响无人机控制系统和稳定回路的性能,对无人机飞行控制系统的可靠性至关重要,也是影响整个无人机安全性的重要因素。

无人机舵机根据航空电子综合计算机输出的控制信号,按需要进行信号形式的转换,通过对无人机升降舵、副翼、方向舵等操纵面控制和驱动,产生一定的控制力或力矩,实现对无人机飞行和状态控制。在无人机工程应用中,也常常将舵机用于发动机进风道及冷却风道控制机构、舱门开闭控制机构、升降装置收放控制机构等,实现无人机发动机控制及其它功能设备的位置控制。无人机舵机一般具有以下功能。

1)驱动升降舵,实现飞机俯仰和高度控制。

2)驱动左、右副翼,实现飞机滚转控制。

3)驱动左、右方向舵,实现飞机航向控制。

4)驱动发动机进风量控制机构,控制发动机转速。

5)驱动发动机冷却风量控制机构,控制发动机气缸温度。

6)驱动任务舱门机构,控制任务舱门的打开和关闭。

7)驱动起落架机构,控制起落架的收放。

8)用作其它驱动。

9)具有故障检测及回报能力。

10)必要时具有一定的余度及容错能力。

8.1.2　无人机舵机分类及组成

无人机使用的舵机主要有电动舵机和电动液压复合舵机。

1. 电动舵机

电动舵机以电力作为能源,通常由电机、传动装置和控制电路等组成。控制电路一般包括控制器、位置传感器、测速装置、驱动电路及安全保护电路等。相比其它类型舵机,电动舵机组成简单,制造和维修较方便,和飞行控制系统采用同一能源,不需要配备其它形式的能源装置,不需要敷设其它线路或管路,信号控制与传输也较容易。随着稀土永磁材料的发展和电机制造技术的进步、电机性能不断提高、PWM 控制技术和大规模集成电路的应用及谐波减速器的使用,电动舵机在体积、重量、静态和动态特性及可靠性等方面不断进步,在无人机上得到愈加广泛的应用。

2. 电动液压复合舵机

无人机用电动液压复合舵机以高压液体作为能源,通常由液压传动系统、机械系统和控制系统组成,控制系统主要实现电机控制信号传递、类型转换和精度处理,液压传动系统主要在电机控制下,驱动液压泵为机械系统提供足够的液压能,机械系统将液压能转换为机械能驱动舵面。电动液压复合舵机灵敏度高,反应快,工作平稳,功率大,但体积较大,重量较大,一般多用于较大型的无人机上。

8.2 无人机舵机主要性能指标

8.2.1 主要技术指标

1. 静态误差 E

静态误差是系统在阶跃输入信号的作用下,系统输出位移的理论值和实际值之差,有时也称为稳态误差。舵机在零位的静态误差又称为零位误差或回零精度。静态误差计算公式如下:

$$E = \delta_{st} - \delta_{sr} \tag{8-1}$$

式中:δ_{st} 为舵机输出位移的理论值;δ_{sr} 为舵机输出位移的实际值,对于角位移舵机,单位均为度(°)。

引起舵机静态误差的原因是实际的控制元件都会有一定的死区存在,当舵机输入的误差信号小于或等于控制元件的死区值时,系统的输出端便不再产生位移,舵机便会产生一定的静态误差。

2. 过渡过程时间 T

过渡过程时间 T 又称为响应时间或调节时间,指舵机的输出位移从零到进入并保持在 $\delta_{st} \pm 5\%$ 范围内所用的时间。

舵机的过渡过程时间 T 由四个因素决定,即舵机的机电时间常数、饱和输出速度、输入信号的大小和系统输出位移的振荡次数。减小机电时间常数,提高饱和输出速度和减少振荡次数,可以缩短过渡过程时间 T。

3. 振荡次数 N

系统输出位移的振荡次数 N 实际上就是系统输出在稳定之前的超调量从稳定值的正偏差到负偏差,又从负偏差到正偏差改变的次数。振荡次数 N 与系统的阻尼系数和控制元件的死区值有关。当系统的阻尼系数增大时,振荡次数 N 减小;当系统的阻尼系数减小时,

振荡次数 N 增大。当控制元件的死区值增大时,振荡次数 N 减小;当控制元件的死区值减小时,振荡次数 N 增大。因此,控制元件的死区值对系统有一定的阻尼作用。

4. 系统输出位移超调量 σ

系统输出位移超调量 σ 实际上就是系统输出位移最大值 δ_{max} 超出理论值 δ_{st} 的部分与理论值 δ_{st} 的比值的百分数,即

$$\sigma = \frac{\delta_{max} - \delta_{st}}{\delta_{st}} \times 100\% \qquad (8-2)$$

式中:δ_{max} 为伺服系统输出位移的最大值;δ_{st} 为舵机输出位移的理论值。对于角位移舵机,单位均为度(°)。

舵机输出位移超调量 σ 是由舵机的控制元件的惯性引起的。当舵机的控制元件选定之后,它的转动惯量固定不变,而且系统的饱和输出速度也已经选定,因此它的动量 mv 也是一定的,当误差信号等于零时,输出位移的过冲量也是一定的。但是随着输入信号 u 的不同,它所对应的系统输出位移的理论值 δ_{st} 不同,即随着输入信号 u 值的增大,所对应的 δ_{st} 值也将增大,所以超调量 σ 随着输入信号 u 值的增大而减小。

5. 通频带 ω_c

通频带 ω_c 又称为带宽,指舵机的闭环对数幅频特性曲线比低频段曲线下降 3 dB 时所对应的频率范围 ω_c,也就是用幅值小于或等于线性区的正弦波信号输入舵机,在幅值大小不变的情况下,随着频率的不断增加,系统的输出幅值衰减到原来幅值的 70.7% 时所对应的频率范围。有时也可以用系统的开环对数幅频特性曲线与零分贝线的交点所对应的频率(截止频率)来近似表示舵机的通频带。

舵机的通频带是描述系统动态性能的一个重要参数,它表征系统的响应速度和复现输入信号的能力。通频带越宽,则系统的响应越快,但同时它的抗干扰能力也就越差。因此,舵机的通频带应该比无人机系统的固有频率高出 4~5 倍较为合适。

8.2.2　常用外特性指标

在选用无人机电动舵机时。常考虑以下性能指标。

1)工作电压:舵机正常工作时所需的电源电压,单位为 V。

2)控制信号:使舵机输出端发生改变的输入信号的类型和输入范围。

3)制动电流:电机堵转时的电流,单位为 A。

4)最大输出扭矩:舵机瞬态峰值扭矩,单位为 N·m。

5)额定输出扭矩:舵机可连续工作的最大输出扭矩。

6)输出轴角速度:舵机空载条件下输出轴端得角速度,单位为(°)/s。

7)输出控制行程:舵机输入有效控制信号时,输出端能移动的最大角度或位移,单位为度(°)或 mm。

8)死区:舵机输出不发生任何响应的输入信号范围。

9)控制精度:舵机在静态时实际位置输出与控制指令之间的误差。

10)小信号频带:舵机在小幅值正弦信号激励下,系统的通频带。

11)工作环境温度：舵机能正常启动，并且长时间工作的环境温度范围。

8.2.3 主要设计指标

无人机电动舵机设计时，需考虑以下主要指标。

1)最大输出扭矩；

2)额定输出扭矩；

3)输出轴角速度；

4)额定负载转速；

5)电气行程与机械行程；

6)机械零位与电气零位偏差；

7)控制精度；

8)回零精度；

9)额定电流；

10)功耗；

11)平均故障间隔时间；

12)尺寸与重量。

8.3 电动舵机工作原理

8.3.1 电动舵机与舵回路

无人机舵机在操纵各种操纵面时，要克服空气动力造成的舵面负载，即铰链力矩，它是作用在舵面上的气动力相对于舵面转轴的力矩，舵面铰链力矩对舵机工作影响很大，而且随飞行状态改变。为削弱铰链力矩对舵机工作的影响，需要采取一定的补偿措施。一般电动舵机在控制回路中加入反馈，以抵消铰链力矩的影响，使舵机自身成为一个带有负反馈的控制回路，其工作状态和性能不受飞行状态影响。一般将带有负反馈控制回路的舵机称为舵回路，典型的电动舵机工作原理如图 8-1 所示。

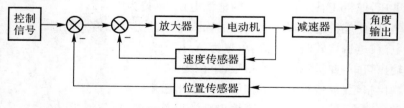

图 8-1 舵机原理图

舵机的工作原理是，当位置控制信号与位置反馈信号之差不为零时，放大电路放大此差值信号并驱动电动机转动，通过减速器减速，使输出轴按规定方向运动。输出轴同时带动反馈电位器即速度传感器转轴转动，反馈输出轴转速以增大舵回路阻尼，改善舵回路性能。位置传感器将舵机输出的位置信号反馈到舵回路输入端，当输出位置与输入一致时，偏差为

0,电机停止转动,从而使控制信号与舵偏角一一对应。舵机输出轴转动量和转动方向取决于控制信号的大小和极性。

电动舵机一般由电机、减速器及控制电路等组成。

1. 伺服电机

电机是伺服舵机的重要组成部分,是系统的执行元件,把驱动控制线路的电信号转换成机械运动,能够提供足够的功率使负载按所需的方向运动。电机与整个舵机的调速性能、动态特性、运行精度等均有密切关系。电机的选择一般要求如下。

1)调速范围宽。

2)有良好的稳定性,尤其是在低速时的速度平稳性。

3)负载特性硬,应有足够的负载能力。

4)具有快速响应特性,高的响应频率,即尽可能减小转子的转动惯量,增大转矩—惯量比。

5)能够频繁启动、停转和换向。

6)换向器和电刷间的接触火花尽可能小,以减小伺服噪声。

7)过载能力强。

无人机舵机大量使用空心杯电枢伺服直流电机,其主要特点如下。

1)低转动惯量。由于转子无铁芯,且壁薄而长,其转动惯量很小,起动时间常数小,可达 1 ms 以下。转矩/惯量比很大,角速度可达 10^6 rad/s。

2)损耗小,效率高。转子中无磁滞和涡流造成的铁耗,故其效率可达 80% 或更高。

3)灵敏度高,快速性能好,其起动电压在 100 mV 以下,可完成每秒 250 个起停循环。

4)由于绕组在气隙均匀分布,不存在齿槽效应,转矩波动小,低速运行平稳,噪声小。

5)转子无铁芯,电枢电感很小,因此换向性能好,火花小,电磁干扰小,寿命长。

2. 减速器

减速器是一种动力传递机构,是一个速度和力矩的变换装置,其功能是实现从电机到负载之间的减速和增大扭矩的作用。利用齿轮的传动比,将电动机的旋转速度减小到舵机需要的旋转速度,并得到较大的转矩。减速器把高转速的动力通过减速器输入轴上齿数少的齿轮啮合输出至输出轴上大齿轮,以此来达到减速的目的,一般用于低转速、大扭矩的传动设备。

无人机舵机使用的减速器通常要求结构简单紧凑、传动精度高、运行平稳、间隙小、效率高。

减速器的种类多种多样,按照传动类型可以分为正齿轮减速器、行星齿轮减速器、蜗轮蜗杆减速器、谐波减速器、滚珠丝杠减速器等,不同种类有不同特点和用途。

1)传统减速器。如正齿轮传动结构简单,受力情况较好,但是单级传动比较小,需要多级传动。

2)行星齿轮减速器。传动比大,传动效率高,但是制造、装配及调试要求比较高,同时齿隙和摩擦力难以调整,对频带有很大影响,不适宜有较高频带要求的舵机。

3)谐波减速器。由于采用柔性变形传动技术,单级传动比大,体积小,承载能力大,运动精度高,能够做到无侧隙啮合,但是刚度低,在有较高频带的系统中容易诱发抖振,并且转动惯量大,输入转速常常不能大于 3 000 r/min。因此,通常在谐波减速器输入轴前串联一级或两级齿轮,以减小折算到电机轴上的转动惯量,提高输入端的转速。

4)滚珠丝杠减速器。有减速比大、刚性好、效率高等优点,其间隙和摩擦力控制相对容易实现,同时有利于提高系统的刚度和精度,因而成为现代大多数要求较高的直线位移舵机选择的减速器。

减速器常用的参数如下。

a.减速比。减速比 i 指的是输入角速度 ω_{in}(或输入转速 n_{in})和输出角速度 ω_{out}(或输出转速 n_{out})之间的比值。

b.效率。传动效率 η 是通过输出转矩(或输出力)和输入转矩来计算的,即 $M_{out}=i\eta M_{in}$。

c.机械回差。驱动装置的机械回差 $\Delta\varphi_{out}$ 通常是指锁定输入端时,输出端的空回。

d.转动惯量。一般指整个传动装置折算至输入轴上的转动惯量。

3. 舵机控制器

舵机控制器是舵机的核心部件,它不仅要完成外部控制信号采集、传感器信号处理、功能保护、电动机驱动,还要完成整个系统的控制策略,实现伺服系统的控制要求。

舵机控制器一般可以分为模拟信号控制器和数字信号控制器,其中模拟信号控制器以电压值为控制信号,使用无源元件和运算放大器组成的电路来进行信号处理和功率驱动。模拟控制器具有很高的带宽,对设定值和反馈信号的改变,输出响应非常快。

数字信号控制器以数字信号处理器(DSP 或 ARM)作为核心处理器,通过软件可以实现复杂的速度及位置控制策略等功能。数字信号控制器可以通过总线或其它接口接收数字指令信号,配置及使用方便,抗干扰能力强。

舵机控制主要是电机控制。数字舵机中,控制 CPU 采用高速 PWM 调速模式,通过调整 PWM 的脉冲宽度,实现对输出电压平均值的控制,从而达到通过控制电机的电枢电压来实现电机调速。当实际转角 θ 与要求的角度 θ_{set} 存在误差时,控制器产生 PWM 波调制信号和控制伺服电机正、反转信号,PWM 信号经过驱动器进行功率放大后,驱动伺服电机转动,从而不断地调整角度,形成位置闭环系统。

在电机运动控制中,主要产生对电机运动的多个命令数据。对位置伺服作动系统而言,主要形成表征电机运动方向和速度的指令数据,一般是 PWM 控制信号,PWM 控制信号的占空比大于 50% 时,电机两端电压值为正,电机顺时针转动,占空比越大,电压值越大,电机转速越大;PWM 控制信号的占空比小于 50% 时,电机两端电压值为负,电机逆时针转动,占空比越小,电压值越大,电机转速越大;PWM 控制信号的占空比为 50% 时,电机两端电压值为零,电机转速为零,即电机停止转动。

在控制电路中常设置电流保护装置,通过控制器控制电机驱动芯片的输入控制信号,使电流始终保持在安全范围。当采集到电机电流超过一定阈值和一定时间后,回报过流标志信息,并启动电流保护机制;重新计时一定时间后,清除过流标志信息,停止电流保护,并继续监测电机电流信号,当该信号再次超过一定阈值和一定时间后,重新回报过流标志信息,并启动电流保护机制。对位置伺服作动系统而言,电流保护是指减小 PWM 控制信号的占空比,使电机电流不超过限定值;对开环伺服作动系统而言,电流保护是指禁止电机驱动芯片输出,使电机停止转动。

4．传感器

伺服设备的控制精度受到多方面因素的影响,高精度的位置传感器和速度传感器是实现高精度伺服控制的前提。在舵回路中常用到的传感器有电位计、测速发电机、旋转编码器、LVDT(线性电压差动变压器)等。

(1)电位计

电位计可作为测量直线位移和角位移的元件,在无人机领域,位置反馈装置通常采用电位计实现,它将舵机输出的角位移或线位移转变为电压量,以便实现位置反馈。反馈电位计具有体积小、精度高、线性好、使用简单的优点,非常适合用作位置反馈。

耐磨性是电位计重要指标之一,以工作寿命来衡量。导电塑料电位计的耐磨性最好,其工作寿命在 10^7 次以上。合成膜电位计的耐磨性次之,其工作寿命在 10^6 次以上,线绕电位计的耐磨性较差,其工作寿命在 10^5 次以上。因此,在无人机上常用的是接触式导电塑料型旋转式位置传感器。

(2)测速发电机

测速发电机(tachogenerator)是一种测量转速的电磁装置,也称为速度传感器,它能把机械转速变换成电压信号,其输出电压与输入的转速成正比关系,通常将被测装置和测速发电机同轴连接时,通过测量输出电压,就能获得被测装置的转速,可作为测速元件、校正元件、解算元件和角加速度信号元件等。

(3)旋转编码器

旋转编码器由旋转变压器和相应的调制解调电路及编码电路组成,旋转变压器由铁芯、两个定子线圈和两个转子线圈组成。在旋转变压器定子线圈加上交流电压,转子线圈中由于交链磁通的变化产生感应电压。感应电压和励磁电压之间相关联的耦合系数随转子的转角而改变。因此,根据测得的输出电压,可以得到转子转角的大小,配合相应的调制/解调电路及编码电路,形成转角的数字量,用于测量旋转角度和角速度。旋转编码器精度高、寿命长、环境适应性好,在伺服设备中得到广泛应用。

(4)LVDT

LVDT 是线性可变差动变压器(Linear Variable Differential Transformer)的缩写,属于直线位移传感器,实质上是铁芯可动变压器。它由一个初级线圈、两个次级线圈、铁芯、线圈骨架及外壳等部件组成。LVDT 寿命长,可靠性高,在很多高可靠性伺服设备中得到应用。

无人机电动舵机位置传感器的选择应主要考虑以下性能。

1)温漂:输出随温度变化而产生的微小变化。

2)分辨率:所能测量的最小角度。

3)非线性度:偏离直线特性的最大相对误差。

4)测量范围:传感器所能测量的最大值和最小值。

8.3.2　核心部件理论计算

核心部件理论计算主要是确定舵机主要部件的基本参数。直接控制式电动舵机的主要部件是伺服电机和减速器,这里主要讨论电机和减速器的静态计算。

1. 舵机的负载分析

舵机的静态负载力矩,主要有作用在无人机舵面上的铰链力矩(M_H)、减速器的摩擦力矩(M_f)和舵机输出轴上的惯性力矩,见下式:

$$M = M_H + M_f + J\,\frac{\mathrm{d}^2\varphi}{\mathrm{d}t^2} \qquad (8-3)$$

铰链力矩是由无人机舵面转动产生的,即空气动力矩,是随无人机飞行状态而变化的。因此,舵机的负载力矩也是随无人机飞行状态而变化,它的大小在舵机工作期间随时间而变化。所以,无人机舵机的负载是一种连续变化的负载,铰链力矩的计算公式如下:

$$M_H = \frac{1}{2}\rho V^2 m_H Sb = qm_H Sb \qquad (8-4)$$

式中:$q = 1/2\rho V^2$,单位为 kg/(m·s²);S 为舵面面积,单位为 m²;ρ 为空气密度,单位为 kg/m³;V 为飞行速度,单位为 m/s;b 为平均气动力弦长,单位为 m;m_H 为铰链力矩系数。

2. 负载参数的折算

(1)负载力矩向电机轴折算

假设舵机的输出力矩为 M,转速为 ω,输出功率为 P,电机力矩为 M_m,转速为 ω_m,输出功率为 P_m,减速器效率为 η,减速比为 i,则舵机在稳态工作时:

$$P = \eta P_m \qquad (8-5)$$

$$M\omega = \eta M_m \omega_m \qquad (8-6)$$

$$M_m = \frac{M\omega}{\eta\omega_m} = \frac{M}{\eta i} \qquad (8-7)$$

当减速器为多级减速时:

$$M_m = \frac{M}{\eta_1 \eta_2 \cdots \eta_n i_1 i_2 \cdots i_n} \qquad (8-8)$$

(2)转动惯量向电机轴折算

折算到电机轴上的总动能应等于舵机各运动部分的动能之和,即

$$\frac{1}{2}J'\omega_m^2 = \frac{1}{2}J_m\omega_m^2 + \frac{1}{2}J_1\omega_1^2 + \frac{1}{2}J_2\omega_2^2 + \cdots + \frac{1}{2}J_n\omega_n^2 \qquad (8-9)$$

式中:J' 为折算到电机轴上的总转动惯量,单位为 kg·m²;$J_1, J_2, \cdots, J_n$ 为各相应旋转轴上的转动惯量,单位为 kg·m²;$\omega_1、\omega_2、\cdots、\omega_n$ 为各相应旋转轴上的转速,单位为 rad/s;J_m 为电机的转动惯量,单位为 kg·m²。

当考虑传动效率时,电机轴的等效转动惯量如下:

$$J' = J_m + \frac{J_1}{i_1^2 \eta_1} + \frac{J_2}{i_2^2 \eta_2} + \cdots + \frac{J_n}{i_n^2 \eta_n} \qquad (8-10)$$

3. 伺服电机选择

(1)伺服电机最大输出扭矩

当减速器的减速比和效率确定之后,根据舵机给定的最大输出力矩 M_{max},可确定电机的最大输出力矩 M_{mmax},有

$$M_{\text{mmax}} = \frac{M_{\max}}{i\eta} \qquad (8-11)$$

（2）伺服电机转速的选择

电机功率与它的结构参数有关，即

$$P_{\text{m}} = c_1 D^2 L' n_{\text{m}} \qquad (8-12)$$

式中：D 为电机电枢的有效直径，单位为 m；L' 为电机电枢的有效长度，单位为 m；c_1 为常数。

电机转速和舵机转速的关系为

$$n_{\text{m}} = in \qquad (8-13)$$

电机空载转速 n_{m} 可由舵机空载转速 n 和减速器的减速比 i 确定。

在电机功率一定的情况下，其额定转速越高，结构尺寸就越小，转动惯量也越小。但电机转速选得太高，减速器的级数就要增加，结构也就越复杂。可见，电机与减速器的选择是相互制约的。因此，在选择电机转速时，需结合减速器减速比综合考虑，使其两者都工作在合理范围。

（3）伺服电机转速与输出扭矩

在电机功率恒定的情况下，电机的转速和输出的扭矩的关系如图 8-2 所示，图中横轴为电机输出转矩 M，纵轴为电机输出转速 n，电机允许的最大转速和电机最大连续转矩两个值共同决定电机连续工作区域，如图 8-2 中区域 1，电机的最大连续转矩也就对应了电机最大连续工作电流。

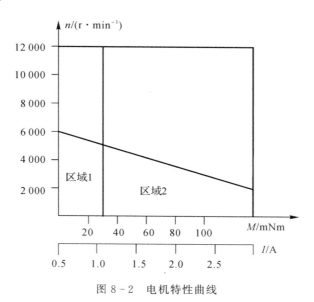

图 8-2　电机特性曲线

区域 2 为短时工作区域，在该区域中电机如果长期工作会出现电机过热的情况，当电机温度超过绕组最大允许的温度时，可能会导致电机绕组变形最终导致电机的损坏。

以上两个区域的划分与电动机的散热条件紧密相关，如果电动机散热条件改善，那么连续工作区域是可以扩大的。

（4）伺服电机转速与舵机输出功率

电机输出功率应为舵机输出功率与减速器效率之比

$$P_m = \frac{P}{\eta} \tag{8-14}$$

当减速器的类型确定后,其效率确定,因此可以根据舵机输出功率算出电机的功率。

舵机的输出功率可由其机械特性来确定。因为机械特性基本上是线性的,所以直接控制式电动舵机的机械特性可由它的最大输出力矩和空载转速来描述。根据机械特性可计算和绘制其输出功率曲线,如图8-3所示。

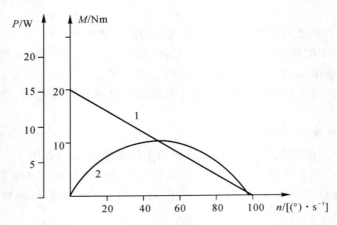

图8-3　直接控制式电动舵机的机械特性和输出功率曲线

1—机械特性；　2—功率曲线

（5）伺服电机的额定转速复查

根据舵机的额定力矩、减速器的减速比和效率,可计算出舵机额定力矩对应的电机输出力矩,然后在图8-2电机机械特性曲线上找出该输出力矩对应的转速,最后计算出该电机转速对应的舵机的额定转速。

假定给定舵机最大力矩为20 N·m,空载转速为100°/s,绘制出舵机的机械特性和输出功率曲线,如图8-3所示。从功率曲线上查得舵机的最大功率为8.7 W,假设已确定减速器的减速比为350,效率为60%,则可求得电机的输出功率为14.5 W,电机的空载转速为5 833 r/min,电机的最大力矩为0.095 N·m。给定舵机在额定力矩为10 N·m时的转速为50°/s,可计算出对应于该额定力矩的电机力矩为0.048 N·m,额定转速为2 916 r/min。

5. 伺服减速器的设计

减速器的静态计算的主要内容是根据伺服电机和舵机的空载转速,确定减速器的总减速比,然后确定减速器的级数,最后进行速比分配。

设计减速器级数和传动比时,第一应使各级传动的承载能力接近相等,第二使减速器获得最小的外形尺寸和重量。一般而言,二级齿轮减速器的总传动比范围为8~60,三级齿轮减速器的总传动比范围为40~400。

例如上面已计算出电动舵机的电机空载转速为5 833 r/min,选择实际的电机转速为

5 860 r/min,要求舵机输出轴的空载转速为 100°/s,则计算出减速器的总减速比为 352。

根据舵机的基本参数和结构尺寸要求,可采用 4 级圆柱齿轮减速器,分配各级减速比,进行齿轮设计及零部件的结构设计,确定结构形式和尺寸,并对有关尺寸和必要的结构强度进行计算。

8.4　舵回路工作特性分析

8.4.1　舵机参数对舵回路的影响

1. 舵机功率对舵回路的影响

舵机功率有限意味着其输出力矩和速度都受到限制。考虑到舵机所承受的铰链力矩,在一定的飞行状态下,舵回路最大稳态输出舵偏角正比于舵机的最大输出力矩,与舵回路的输入无关。在负载情况下,舵机的功率影响舵回路的静特性,其线性范围随舵机功率减小而变窄。

舵机的功率增大意味着舵机具有更大的转矩(加速度)和更大的角速度。舵机功率一定时,输入控制幅值越大,舵回路的动态响应越慢;而当输入电压一定时,舵机功率越大,动态响应则越快。

综上所述,舵机的输出功率对舵回路工作有很大影响,在选用舵机时,应考虑其功率因素对舵回路的影响。

2. 舵机传动机构间隙对舵回路的影响

舵机机械传动机构中的间隙具有非线性特性。在舵机设计中,虽然总是力图使连接件紧密配合,但间隙是永远存在的,并对舵回路有一定影响,严重时舵回路将不能正常工作。

间隙所在的位置不同,其对舵回路的影响也不同。反馈回路中的传动间隙尤为重要,间隙会增大舵回路的延迟时间,增大静差,降低舵回路的稳定性,引起舵回路的输出在零值附近的持续振荡,严重时舵回路将无法持续工作。

3. 舵机控制电路延时对舵回路的影响

在舵机控制电路中,信号的滤波处理、信号运算以及功率器件驱动等都会造成一定的延迟,在模拟电路中这个延迟非常小完全可以忽略。但在数字伺服系统中,AD 采集、数字滤波、控制律计算等工作都会占用一定时间,当这个控制电路延迟达到一定值后,延迟对舵回路的影响就体现出来,降低回路的稳定性和快速性。

8.4.2　提高动态特性的方法

影响电动舵机动态性能的因素很多,其主要因素是伺服电机、舵机传动机构的转动惯量、传动间隙、控制器形式及其参数、减速器的摩擦力矩等。

1. 电机性能提高

伺服电机是电动伺服系统的核心部件,它的性能参数直接关系到系统的各项性能,特别是机械、电气时间常数对伺服系统的动态性能有决定性影响。

减小机电时间常数的有效方法是减小转子的转动惯量,减小电枢电阻、增大力矩常数和反电势系数。在工程中常常将电机设计成细长形,使转子半径尽量小,减小转子的转动惯量;采用直径较大的导线,绕组的匝数尽量少,选用接触电阻小的电刷和换向器;采用磁能积高的磁钢和高性能的导磁矽钢片、优化磁路。

2. 减速机构性能提高

减速机构的间隙和摩擦是影响电动舵机动态性的重要因素。

(1)传动间隙

减小间隙的方式是选取合适的传动方式,提高零件的加工精度,合理分配减速器各级间隙,使从电机到输出各级的间隙逐渐减小,最后一级齿轮的间隙尽可能小,这样就能在保证间隙的情况下,加工成本不会大幅度增加。另外,采用双片减速齿轮也可以减小啮合间隙。

(2)摩擦

执行机构的摩擦阻力相当于系统中引入了不灵敏区,造成系统静态误差,对系统的动态性能造成低速爬行现象,另外,摩擦也降低了系统的传动效率。

减小摩擦的方式一般是提高传动链配合面的光洁度,提高结构零件的同轴度,跳动度、放宽间隙等等,但是这些措施的使用往往伴随着制造成本的提高,而且放宽传动间隙也会对系统产不良的影响。

3. 控制方法改进

控制器是电动舵机的重要组成部分,控制律的选取、参数的优化等对舵机系统动态性的提高有非常重要的作用。一般情况下,伺服系统可采用串联校正控制器,也有采用反馈校正和非线性校正的,需要根据具体情况进行设计改进。

第9章　无人机供电

9.1　无人机供电概述

9.1.1　无人机供电概念

无人机供电系统由电源系统、配电系统和保障系统组成,如图9-1所示。电源系统包括机载电源和地面电源。机载电源包括主电源、辅助电源、应急电源以及必要的用于电源转换的二次电源,为无人机机载用电设备供电。地面电源包括发动机起动电源、检测与维修用电源,用于无人机发动机起动时的供电、起飞或发射前检测、地面调试及维护。机载配电系统包括配电装置、保护装置及电缆等,用于将电源系统提供的电能安全分配和传输至无人机各个用电设备端。保障系统一般包括地面充电机、点火器、维护及检测电缆等保障设备。

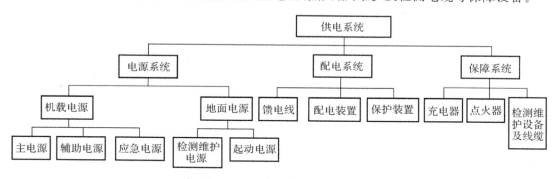

图9-1　无人机供电系统组成

9.1.2　无人机供电基本内容

1. 电气负载和电源容量分析

电气负载统计和分析是供电系统首要环节。不同类型的无人机配置的分系统和设备不同,不同用电系统或设备对供电类型要求也不同,如交流、直流、电压等级、安全等级等。无人机电气负载的统计和分析,就是按无人机典型工作剖面统计各阶段用电系统及设备的用电量、工作时间、特殊要求及系统同时工作的最多设备数,得出无人机各阶段用电总量,以此作为无人机供电系统的基础。

2. 供电系统体制及配置

目前无人机上大多采用变频交流供电、恒频交流供电、低压直流供电、高压直流供电或交、直流混合供电。

主电源指由无人机动力装置直接驱动的发电装置,主电源决定了整个无人机供电系统的特性,是供电系统的核心设备。在一些微小型无人机或电动力无人机上,主电源也可采用蓄电池。

辅助电源是指当主电源不能正常工作时,可完全或部分代替主电源工作的电源。如果无人机上配备有辅助动力装置,可由辅助动力装置驱动该发电装置,也可以选用蓄电池作为辅助电源。无人机上辅助电源可根据实际情况配置,不作为必配装置。

无人机上必须设置应急电源,在主电源不能工作时,应急电源为部分重要和关键设备提供足够的电能,保证无人机安全飞行和返航着陆。

主电源确定以后,还应根据各用电设备需要,设置电源变换装置,诸如变压器、变压整流器、变流器等,称为二次电源,主电源及辅助电源输出经二次电源后,供给用电设备。

供电系统应能将地面电源接入机载电网中,在起飞前、发动机地面起动、系统检测、地面维护时为无人机供电。

3. 配电系统

配电系统应能通过机上电缆将电能可靠安全有效地输送到各个用电设备输入端,且能在各种原因引起的机上供电异常时,采取必要的相应措施,保护其它机载设备用电安全。

对于重要和关键设备,应有多路独立的余度供电措施,以保证这些设备安全可靠的供电要求。

4. 保障系统

无人机中一般选用蓄电池作为应急电源,供电系统应能在地面将充电机与机载蓄电池组相连,为机载电池组充电。当无人机采用火箭助推方式起飞时,需要配置地面点火器为飞机助推火箭的电爆火头提供点火电源。

9.1.3 无人机供电系统一般要求

无人机供电系统的性能与质量是保证无人机正常可靠工作的基础,供电系统除无人机正常工作条件下的电压范围、功率容量及配电形式等一般性能要求外,还应包括无人机在各种异常工作状态下的供电能力及供电品质等要求。

1. 直流供电系统

在无人机直流供电系统中,应包括以下特性参数。

1)稳态直流电压。

2)额定功率。

3)直流电压脉动幅值。

4)直流畸变电压。

5)直流畸变频谱。

6)直流电压瞬变。

2．交流供电系统

在无人机交流供电系统中,应包括以下特性参数。

1)稳态交流电压。

2)额定功率。

3)交流电压峰值。

4)交流电压直流分量。

5)交流电压调制幅值。

6)交流电压波峰系数。

7)交流畸变电压。

8)交流电压畸变系数。

9)交流电压畸变频谱。

3．无人机供电系统通用要求

无人机供电系统除以上要求外,还应具有以下特性。

1)生存力强,易损性小,在任何状态下均应满足无人机系统可靠性、维修性、测试性、保障性、安全性、环境适应性、电磁兼容性等要求。

2)必要时应具备余度供电能力,当系统受到破坏或出现局部故障时,应能隔离故障,并能重组或降级运行。

3)有自备能力,即在地面维修和飞行准备状态中,当无外部电源时无人机仍能投入使用,并保持工作状态正常。

4)满足无人机系统重量、体积和成本要求。

5)供电特性满足相关国家标准、国家军用标准、航空标准或其它相关要求。

9.2 电气负载与电源容量分析

电气负载分析指对无人机系统所有电气负载在不同工作阶段中的工作状态、工作时间、用电需求等分析统计,得出电源系统应满足全机用电设备的容量要求。对无人机电源系统电气负载和容量分析,不仅影响供电系统运行的可靠性、安全性和经济性,也为无人机设计提供依据。

9.2.1 电气负载的分类

无人机系统电气负载有多种分类方法,通常按以下三种方式分类。

1．按重要性分类

1)重要负载,完成正常飞行任务必需的用电设备,大部分机载用电设备属于此类设备。

2)非重要负载,不影响飞机安全飞行的可以临时卸载的负载。

3)应急负载,保证无人机安全返航或就近着陆所需的最低限度的用电设备。

2．按工作方式分类

1)连续工作负载,指连续工作发热能使温度升到稳定平衡状态,无人机中一般把连续工作时间长于 5 min 的负载定义为连续工作负载。

2)短时工作负载,指连续工作发热不能使温度升到稳定平衡状态,停止工作时温度能降到环境温度,无人机一般把连续工作时间不大于 5 min 的负载定义为短时工作负载。

3)重复短时工作负载,用电设备多次在工作和停歇状态之间切换,而每次连续工作时间不足以达到稳定平衡温度,停歇时间能使温度降到环境温度,这种工作状态的负载称为重复短时工作负载。

3. 按负载性质分类

1)电动机类,指所用的电动机一般为交流异步电动机和直流电动机。

2)加温类,指所有电加温的用电设备,如空速管加温装置。

3)电子类,指飞行控制、飞行管理、导航、数据链及其它设备。

4)控制类,指继电器、开关和指示灯等。

9.2.2 汇流条配置

汇流条是一种导电连接部件,是多个电路的电力分配处,不仅可以大幅度减少线缆连接数量、节省空间、装配简洁,还具有可重复电气性能、低感抗、抗干扰、可靠性好等特点。

无人机中一般配置主汇流条、辅助汇流条、应急汇流条等,如图 9-2 所示。

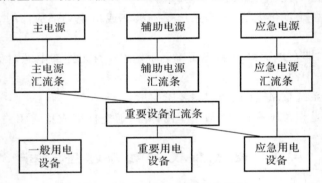

图 9-2 无人机一般汇流条设置

在负载分析时,首先从最末级的汇流条开始统计、汇总及分析,逐级往上,直至主汇流条。

9.2.3 飞机工作状态

无人机电气负载工作情况随系统工作状态的不同而变化,因此,在进行电气负载分析时要明确划分和定义无人机的各个工作状态。无人机工作状态一般可分为地面维护 G1、起飞/发射前 1(发动机未启动)G2、起飞/发射前 2(发动机启动)G3、起飞爬升 G4、巡航 G5、作业 G6、降落/回收 G7、应急 G8 等状态。

9.2.4 汇流条负载统计

汇流条负载统计是按汇流条统计负载设备,是交流负载和直流负载分析的基本依据,以汇流条负载表形式体现。汇流条负载表一般包括序号、用电设备名称、最大工作时间、用电量、所连接的汇流条名称、无人机各工作状态下的工作时间等,填写时,将某个汇流条所连接的所有负载设备按其各自所属系统依次填写后,再如此依次填写另外一个汇流条所连接的全部负载,直到所有负载都填入相应的汇流条负载表为止。无人机一般汇流条负载表格式可参照相关标准或自定。

9.2.5　负载分析

负载分析是确定在飞机的各种工作状态下总的负载要求,一般用负载分析表形式体现,一般包括功率、电流、相位等。每个工作状态应按其正常工作顺序连续标上 G1、G2 等标号,可以根据需要增设对负载分析影响更大的特殊工作状态。如空中待机、盘旋、起飞助推器点火或火箭点火、发射等。无人机中负载分析表格式参照相关标准或自定。

9.2.6　电源容量分析

电源容量分析的目的是计算在无人机各种工作状态下各时间区间的电源实际供电能力,并与负载要求相比较,考虑适当的容量裕度和瞬态要求,估算电源容量是否满足要求。

9.2.7　蓄电池分析

如果无人机使用蓄电池作为辅助电源或备份电源,应分析无人机在地面准备阶段蓄电池的典型负载情况,以确定蓄电池可用的放电时间。如果使用蓄电池来启动发动机,则在计算上述工作时应充分考虑启动所需的功率。

如果无人机使用蓄电池作为应急电源,应分析应急状态蓄电池的典型负载情况,以确定蓄电池的应急供电时间。

9.2.8　其它分析

1. 瞬态分析

某些设备,如电动机、舵机等,起动或转向的功率要求超过稳态功率的要求,则有必要对系统进行瞬态功率要求分析,将所有需要考虑的瞬态负载和稳态负载合并为一条负载随时间变化的曲线,并与在该状态下的系统 5 s 修正容量进行比较。

2. 地面电源分析

地面电源可结合以上分析,只需满足无人机地面工作要求即可。

在对无人机系统电源系统、负载系统以及汇流条配置分析时,可根据实际需要对工作状态进行整合或裁减,形成负载分析报告。无人机设计从方案论证阶段到最终设计完成阶段,全机用电设备、配电方式和对电源的要求可能会有所调整,因此电气负载和电源容量分析应按需要在设计的各个阶段进行调整。

在电气负载和电源容量分析的基础上,依据相关标准或专用技术规范中对系统容量裕度的最低规定值,给出电气系统各电源容量。

根据用电设备用电量估计的准确率及所有设备同时工作概率,无人机中一般主电源和二次电源连续供电的容量裕度要求不低于 30%,应急电源系统(交流和直流)的容量裕度要求不低于 10%。

9.3 无人机电源系统

本节介绍的无人机电源系统是基于国军标和美军标相关规定和要求的,民用无人机电源系统亦可参考,或根据工程实际降低要求和标准。

9.3.1 无人机供电体制

目前无人机供电体制大多采用恒频交流供电、变频交流供电、低压直流供电、高压直流供电或交、直流混合供电。

(1)恒频交流供电

恒频交流电源额定电压为 115/200 V、额定频率为 400 Hz。

(2)变频交流供电

交流变频电源额定电压为 115/200 V、额定频率一般在 310~800 Hz 或更宽范围内变动,一般在中小型无人机上使用。

(3)低压直流供电

低压直流供电系统额定电压为 28 V,通常用于功耗不太大的飞机。低压直流电源系统近年来在技术上取得了较大的发展,在性能、可靠性、维护性等方面都有较大提高,目前为止仍是中小型无人机可供选择的最佳电源系统。

(4)高压直流供电

高压直流供电系统额定电压 270 V,高压直流电源系统能减轻系统重量,对大型无人机尤为明显,且易于满足不间断供电的需求。

9.3.2 主电源系统

1. 低压直流电源

低压直流电源系统的额定电压为 28 V,是飞机较早期采用的电源,由直流发电机、电压调节器、反流割断器和过压保护器等组成。若需要交流供电,可由变流机或静止变流器作为二次电源,把低压直流电变换为交流电。通常用蓄电池作为应急电源。

额定电压为 28 V 的低压直流电源系统具有结构简单,技术成熟,使用方便,具有启动/发电双重功能,在中小型无人机上仍有广泛应用。

额定电压为 28 V 的低压直流电源系统主要性能参数是调节点额定电压、电压精度、脉动电压幅值及其频率特性等。保护功能主要有过压、过流、反流、短路等保护功能。工程实现时参数和保护指标选择主要参照相关国家标准、国家军用标准及其它规范等。

额定电压为 28 V 的低压直流电源系统调压点为一般为 28.5 V,电源汇流条额定电压为 27.5 V,蓄电池额定电压为 24 V。

2. 高压直流电源

高压直流电源的额定电压为 270 V,是 20 世纪 70 年代发展起来的一种新型电源,一般与两种二次电源配套使用。一种是直流电压变换器,实现 270 V 直流电和 28 V 直流电的单向变换。另一种是直-交变换器,将 270 V 直流电转变为 400 Hz、115 V 单相或三相交流电。

270 V 高压直流电源的特点是效率高,电能质量高,可靠性高,可实现不中断供电,结构简单,重量轻,工作可靠,并联方便,主电源故障不会导致供电中断,易于满足不间断供电的需求,主电源和二次电源内部损耗小、效率高,适合在大型无人机上使用。工程实现时参数和保护指标选择主要参照相关国家标准、国家军用标准及其它规范等。

由于目前大多机载设备用电体制仍采用额定电压为 28 V 的低压直流电源系统,因此无人机上较少使用 270 V 高压直流电源系统。

3. 恒频交流电源

恒频交流电源系统的主电源是 400 Hz、115/200 V 三相交流电源系统,由恒速传动装置、发电机、调压控制保护装置、主接触器、汇流条连接接触器、控制复位开关、信号指示装置等组成的。一般采用变压整流器作为二次电源,把交流电变换为直流电。蓄电池或应急发电机作为应急电源。一般在中大型无人机上使用。

恒频交流电源系统中还可能包括汇流条连接接触器、汇流条功率控制器、控制复位开关、信号监控指示装置等,可以根据无人机的不同要求,分别选取需要的部件组成不同的系统。工程实现时参数和保护指标选择主要参照相关国家标准、国家军用标准及其它规范等。

4. 混合供电

混合供电由两个不同类型的主电源组成。例如由一个发动机驱动两台发电机,一台为直流发电机,一台为交流发电机,由此组成直流/交流电源系统。

综合无人机供电系统对物理参数、供电性能、可靠性、维修性及经济性要求,相关研究结果和工程实践表明,无人机用电量在 1~2 kW,宜采用 28 V 低压直流供电系统,用电量在 3~5 kW,宜采用变频交流供电系统,用电量在 7~10 kW,宜采用 28 V 低压直流或变频交流供电系统,用电量在 10~25 kW,宜采用 270 V 高压直流或变频交流供电系统。

目前在无人机供电系统设计中,28 V 低压直流系统、400 Hz、115/200 V 三相交流电源系统或两者联合使用较多。

9.3.3　二次电源

二次电源是将飞机主电源电能转换为另一种形式电能的电源,用来满足不同用电设备的用电需求。如改变直流电压的直流变换器、直流转换为交流的变流器、交流转换为直流的变压整流器等。

1. 直流变换器

在供电系统中,有时需要与主电源不同的交流电或直流电为电子设备供电,如 36 V、26 V 等,可由电源变压器变换产生,变压器一般采用防护式结构,自然通风冷却形式。

变压器的主要技术指标包括工作环境条件、输入电压范围、过载能力、短路阻抗、效率等。电气性能包括输入电流、空载电流、输出电压及其范围、绝缘电阻、绝缘介电强度等。工程实现时参数和保护指标选择主要参照相关国家标准、国家军用标准及其它规范等。

在无人机电源系统中,经常会用到通用集成 DC/DC 电源模块,将直流发电机或其它装置提供的直流电转换为机载设备所需的直流电压,实现不同直流电压之间的转换,例如将

28 V 转换为 5 V 或 ±15 V 等,这种开关电源一般由输入滤波电路、输入过压浪涌、欠压浪涌抑制、辅助电源、DC-DC 转换电路、输入输出电压监控电路、温度检测电路、输出滤波电路等组成,如图 9-3 所示。

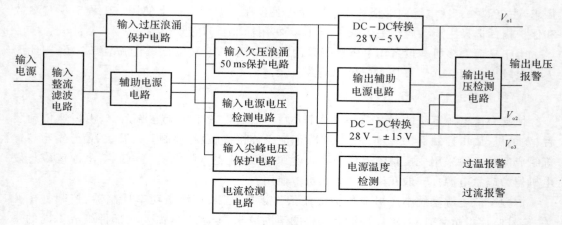

图 9-3 DC-DC 模块电源一般组成

　　输入过压浪涌保护电路一般在输入出现超过 80 V/50 ms 的过压浪涌时为后级电路提供过压保护。输入欠压浪涌保护电路在输入出现欠压或汇流条中断 50 ms 时,通过升压或储能电容放电补充电能,为后级电路提供不间断供电。由于输入端的尖峰电压持续时间短,能量相对小,通过并联的 TVS 组成尖峰电压抑制电路,一般能够抑制 ±600 V/10 μs 的尖峰电压。辅助电源为电源模块中的电路正常工作提供必要的电源。输出电压监控电路主要监测和控制输出电压,并输出状态标志。温度检测电路主要是检测模块中产生热量最多处的温度,一般当温度高于 110 ℃时关闭电源模块,产生保护作用。

　　传统的电源是线性稳压电源,电特性优良,纹波低,动态响应快,电磁干扰小,适合在小功率场合使用。由于线性电源的主要器件是串联在负载回路的功率晶体管,且工作在线性区,在低电压大电流的应用场合,转换效率低,一般只有 30%～50%,发热和散热劣势突出,重量大,对后级用电设备的保护性较差。

　　DC-DC 模块电源是开关电源,它的功率器件工作在开关状态,这样它的损耗很小,转换效率高,可达到 70%～80%。用高频变压器代替工频变压器,体积小,重量轻。PWM 开关型高压开关管的功率损耗原则上不随电网电压变动,对输入电压适应性强,不易输出过电压。由于输入电压高,电容储存能量大,当输入电压掉电时,输出能保持较长时间。开关电源电路复杂,元器件多,输出纹波较大,电磁干扰较大。近年来,对模块开关电源新型拓扑结构、控制方法和高频化高效率等方面的研究成果,将会使开关电源的品质进一步提高,应用更加成熟广泛。

　　2. 交流转换为直流

　　变压整流器把三相 115/200 V、400 Hz 恒频交流电转换为 28 V 直流电,作为飞机的直流电源或应急直流电源。变压整流器一般由输入滤波器、变压器、二极管整流电路和输出滤波器组成,如图 9-4 所示。

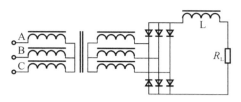

图 9 - 4　变压整流器工作原理

变压整流器功率从几百瓦到十几千瓦,线路有调压式和不可调压式,有些变压整流器还有风冷、液体冷却装置和过热保护装置等。

变压整流器具有重量轻、可靠性高、维护简单等优点,采用交流电源作为主电源系统的无人机,均可采用这种装置作为二次电源。变压整流器的技术指标包括电压、电流特性、过载要求、功率因数、纹波电压、效率、重量等。工程实现时参数和保护指标选择主要参照相关国家标准、国家军用标准及其它规范等。

在无人机电源系统中,经常会用到通用 AC/DC 电源模块,将 115V/400 Hz 或 36 V/400 Hz 交流电转换为所需要的直流电压,这种开关电源一般由输入交流整流电路、输入滤波电路、输入过压浪涌、欠压浪涌抑制、辅助电源、DC - DC 转换电路、输入输出电压检测电路、温度检测控制电路、输出滤波电路等组成,通过输入交流整流电路,对交流电整流,将正负各半周的一周交流电转变为仅剩正半周的一周脉动直流电,再通过输入滤波电路,将其平滑为脉动电压很小的直流电。其它部分和 DC - DC 模块电源相同。

3. 直流转换成交流

静止变流器是把直流电转换成恒频交流电的装置。在直流电源系统中,一般选用静止变流器作为二次电源,将直流电变换成 400 Hz、115/200 V 的单相交流电或 36 V 三相交流电。

静止变流器一般由振荡器、激励电路、功率开关电路、滤波电路、控制保护电路等组成。静止变流器典型原理如图 9 - 5 所示。

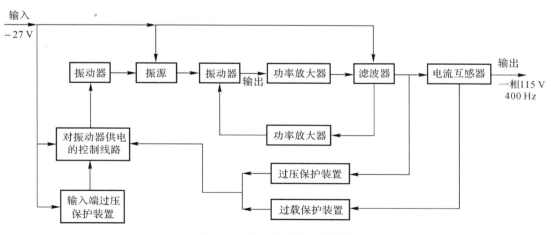

图 9 - 5　静止变流器工作原理

静止变流器具有效率高、重量轻、寿命长、可靠性高等特点。静止变流器的主要技术指标包括输出电压范围、频率范围、功率因数、短路能力等。工程实现时参数和保护指标选择主要参照相关国家标准、国家军用标准及其它规范等。

9.3.4 应急电源

在无人机上,当主电源发生故障或在主电源不工作时,需要应急电源给无人机重要及关键部件供电,确保无人机安全返航、降落或回收。例如伞降回收无人机回收阶段发动机停止工作,需要应急电源为无人机飞行控制、数据链等系统供电。

无人机应急电源一般采用蓄电池。机载电池发展过程中先后经历了铅酸电池、镉镍电池、镍氢电池等技术阶段,各种类型的电池在无人机行业中均有应用,其性能也各具优缺点,如表 9-1 所示。

表 9-1　各类电池性能指标

性能指标	铅酸电池	镉镍电池	镍氢电池	锂离子电池
比能量/(Wh·kg^{-1})	35	40	70	120
比功率(W·kg^{-1})	95	170	225	750
循环次数/次	500	400	500	2000
使用温度范围	$-20\sim45$	$-40\sim70$	$-20\sim60$	$-20\sim60$
能量转换效率	80	80	85	90
成本/(元·Wh^{-1})	0.6	3	4	3
维护费用	中	低	低	中
单体容量范围/Ah	3 000	500	200	300

锂离子电池具有电压高、比能量大、循环寿命长、无记忆效应、安全性高、自放电小等优点,目前广泛应用于小型民用无人机上。

单体锂离子电池额定电压为 3.6 V,开路电压为 2.5 V～4.2 V。目前常见规格是 7 节串联锂电池组(标称电压为 25.2 V),4 节串联锂电池组(标称电压为 14.4 V)及 6 节串联锂电池组(标称电压 21.6 V)。常见容量为 2 Ah、3 Ah、5 Ah、10 Ah 等。

9.3.5 地面电源

无人机在飞行准备、起飞前检测及地面维护等阶段,需要地面电源供电。地面电源一般分为提供交流电的地面变频电源和提供直流电的地面直流电源。

例如主电源为三相 36 V/400 Hz 交流电源,地面电源可由市电或发电机提供 220 V 交流电,经地面变频电源转换为三相 36 V/400 Hz 交流电,替代机上交流发电机向全系统供电。典型的变频电源工作原理框图如图 9-6 所示,通过开关 K_1 向变频电源输入 220 V/50 Hz 交流电,通过变频器将 220 V/50 Hz 交流电转换为三相 220 V/400 Hz 交流电,通过三相变压器将 220 V 电源转换为 36 V 电压,通过 K_2 输出开关输出三相 36 V/400 Hz 交流电。

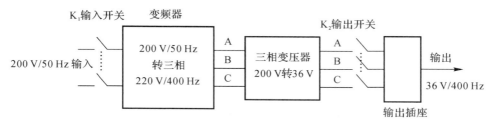

图 9 - 6　地面变频电源工作原理图

地面直流电源是将 220 V/50 Hz 交流电转换成 28 V 直流电,向整机设备提供直流电能。典型的地面直流电源由输入滤波器、AC - DC 转换电路、输出滤波电路、散热风机等组成,其工作原理框图如图 9 - 7 所示,通过开关 S_1 向直流电源输入 220 V/50 Hz 交流电,经滤波器滤波后提供给 AC - DC 转换模块,再经输出滤波电路和输出开关 S_2、S_3 后输出直流 28 V 电压。地面直流电源工作时产生的热量,由安装在电源内部的风机进行风冷散热。

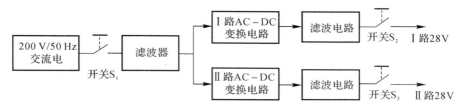

图 9 - 7　地面直流电源工作原理图

9.3.6　起动电源

起动电源在各种温度和气象条件下为发动机起动设备供电,为发动机地面多次起动提供足够功率。早期的中小型无人机发动机主要由电动机起动,电动机起动稳定可靠,但操作麻烦,且笨重不易挪动。近来也使用超级电容、电池等作为无人机起动电源。

1. 超级电容

超级电容是一种能大量存储电能的电容器,比传统的电解电容的能量密度高,它的放电功率比传统蓄电池高近 10 倍,具有能够快速存储释放能量、适用温度宽、寿命长等特点。超级电容体积小、重量轻,可以根据需求装在机上或地面上。

2. 机载起动电池

机载起动电池主要由单体电容电池、加热片、保护板、起动开关、连接器、外壳等组成。机载起动电池具有充电、放电、总压过压、欠压保护、加热管理等功能。

机载起动电池具有良好的快速响应和大倍率充、放电能力;满足发动机起动的较大放电电流和较高的容量保持率;具有高安全性、可靠性;体积小、重量轻、供电时间长、便于携带;具有较好的环境适应性、较宽的工作温度范围;易于安装和维护;可高倍率、深度充放电、无记忆效应、循环寿命长等特点。

9.3.7　新型电源

随着无人机混合动力系统和电动无人机的发展,无人机供电系统采用燃料电池、太阳能、太阳能＋锂离子电池、太阳能＋锂硫电池、太阳能＋燃料电池、燃料电池＋锂离子电池等方式成为可能,也是未来的发展趋势。

1. 燃料电池

燃料电池有甲醇燃料电池(DMFC)、固体氧化物燃料电池(SOFC)、质子交换膜燃料电池(PEMFC)等,具有能量密度高、环保零污染、能力转换效率高等特点。例如氢燃料电池,以氢气和氧气为燃料,直接将氢能转化为电能。

目前,燃料电池无人机电源系统主要分两类,独立燃料电池电源系统以及燃料电池＋辅助电源组成的混合电源系统。燃料电池作为发电系统,只能输出能量,无法吸收无人机降载时产生的回馈能力,这是独立燃料电池电源系统用于无人机的不足。燃料电池和辅助电源组成的混合电源系统符合无人机复杂运行工况对电源系统的需求,在无人机变载时提供波动能量,使燃料电池工作在稳定输出的工作区间,从而提高系统的能源利用率。目前,燃料电池无人机采用的混合电源系统通常有三种结构,即燃料电池＋锂电池、燃料电池＋超级电容、燃料电池＋锂电池＋超级电容。

2. 太阳能

太阳能无人机是采用清洁的太阳光辐射能量作为飞行动力。与常规动力无人机相比,太阳能无人机具有动力来源丰富、清洁无污染、维护成本较低、留空时间长、飞行范围广等特点。

太阳能无人机能量系统主要由机载太阳能电池阵列、机载储能电池、能源管理系统组成。当白天光照出现的时候,机载太阳能电池阵列吸收太阳辐射能量,由能源管理系统按照预先设定的 MPPT(最大功率点跟踪,Maximum Power Point Tracking)控制器和能量管理策略实现机载太阳能电池阵列输出功率的调节和分配,机载储能电池根据能源管理系统的指令完成剩余能量的存储任务;到夜间的时候,机载储能电池代替太阳能电池,释放储存的电能,为整个太阳能无人机系统提供能量。能量系统的工作流程图如图 9-8 所示。

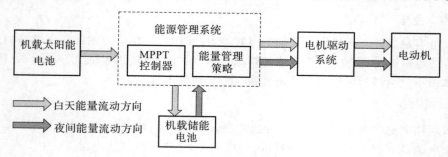

图 9-8   太阳能能量系统流程图

9.3.8   电源管理

为了提高无人机供电系统的可靠性、安全性,减轻供电系统重量、提高功率使用和负载管理的效能,目前先进无人机均配备电源管理系统。无人机电源一般分为机载主电源、辅助电源、应急电源、地面电源,电源管理系统可实现机载主电源、辅助电源、应急电源、地面电源的并网控制,机载电源与地面电源在电源管理系统内部主电源汇流条进行并网,应急电源与主电源汇流条在应急电源汇流条进行并网。电源管理系统还可实现无人机负载管理,无人机负载分为重要负载和非重要负载,重要负载在飞行过程中需保持全程通电状态,电源管理系统对此类负载仅进行状态监测与故障检测,不对负载通断进行控制;非重要负载在飞行过程中仅在相应位置进行通电,在起飞与回收阶段为停止通电状态,电源管理系统对此类负载进行通断控制、状态监测与故障检测。

典型的电源管理系统由并网模块、电源变换模块、运算控制模块、总线接口模块、电气监测模块、固态功率控制器(SSPC)模块组成。其中并网模块实现无人机系统的电气并网功能;电源变换模块将系统的直流电或者交流电变换为设备内部芯片需要的电压;总线接口模块实现设备对外部其他设备的通信功能;系统运算控制模块控制设备的一切工作逻辑,并实现设备自检及数据存储功能;电气检测模块实现关键负载输出功能;SSPC 模块实现可控负载输出功能。

9.4　无人机配电系统

无人机配电系统是供电系统的重要组成部分,它包括电能传输、汇流条转换、控制与保护等部件。无人机输配电网路应根据飞机的使命、性能指标和机载用电设备的具体情况合理布局、优化设计,以达到基本性能、安全性和重量的统一。无人机配电系统一般和电源管理器综合集成设计。

9.4.1　配电系统一般要求

1. 通用质量特性要求

在无人机正常工作状态下,输配电网路应能可靠安全地将电能从电源传输到用电设备,并满足用电设备用电品质要求。输配电网路的可靠性、维修性、测试性、安全性、保障性、环境适应性和电磁兼容性等应符合相关标准或要求,输配电网路中任何部分的故障及可能的故障组合不应构成飞机的不安全状态,应根据部件要求的可接近性考虑系统的布置,输配电网路应便于维修,并有明确的具体维修要求,在每一电线线段端头应有符合相关标准的标志,以便连接、检查与维修。

2. 独立性要求

在个别电源发生故障、局部电线断开或短路时,输配电网路的其它部分应不受影响,仍保持正常工作能力,并继续传输符合供电品质要求的电能。

3. 快速性要求

在应急状态下应保证电源的快速平稳准确切换,且参数兼容、无误动作,防止故障蔓延,减轻对系统的影响。

4. 协调性要求

输配电网路的设计必须符合系统协调性的原则,使其工作及有关控制、保护功能与整个系统的工作及控制、保护相协调,与设备工作方式、重要程度及控制流程等不产生矛盾或冲突。

5. 规范性要求

输配电网路有关部件组件及输配电网路电缆的选择、安装、标记、连接、隔离、防护设计应参照相关国家标准、国家军用标准及其它规范等。

9.4.2 电能的传输

1. 直流电传输系统

无人机直流电的传输有单线制传输系统和双线制传输系统。单线制传输系统只将正线接到每个电源和用电设备上,用飞机的金属机体作为负线,在飞机机体上有相当大的电流流过,因此飞机结构的各个部件应当可靠接触。

双线制传输系统的正线和负线都接到每个电源和用电设备上,保护和控制装置通常安装在正极电路,只有对负极接地的保护装置才规定装在负极电路。无人机大多为非金属机体或金属与非金属混合材料机体,为了增加电气系统的安全性和可靠性,大多使用双线制输电系统。

2. 交流电传输系统

单相交流电有单线制和双线制两种传输系统。在三相交流电的传输中,根据发电机的类型和飞机的使用特点,可分为一相接地的双线制、三线制、中线接地的三线制和四线制。

9.4.3 配电形式

飞机配电系统的配电方式可分为集中、混合、分散和独立四种。

1)集中配电的原理是全部电能从电源传送到唯一的中心配电装置,然后从中心配电装置汇流条分配到各个用电设备。主要优点是当个别电源损坏时,用电设备仍能从发电机电能储备继续取电,所有用电设备馈电线具有同一电位,故障隔离和操作维护方便。集中配电系统的可靠性及容错能力较差,一旦发生短路,该汇流条上所有用电设备均不能获得电源,电网体积重量较大。目前大部分中小型无人机仍采用集中配电方式。

2)混合式配电的原理是由电源产生的电能都输送给中心配电装置,一般系统的电源汇流条均设置于此装置中。除中心配电装置外,系统还设有分配电装置,安装在飞机不同部位。各用电设备可分别就近从上述两种配电装置获取电能,中心配电装置一般只直接为一些大功率用电设备供电。通过设置分配电装置,不会由于个别设备短路引起全电网失效,混合式配电与集中配电相比,提高了可靠性和安全性,减轻了电网重量,但也降低了分配电装置的供电质量。

3)分散式配电是系统中各发电机不并联运行,分别连接至各自的汇流条,每个电源各自的电源汇流条可以相连,也可互不并联,但之间能转换。分散式配电克服了局部故障影响全局供电的缺点,显著地提高了供电安全性和可靠性。

4)当电源由于电气参数等的不同,不能并联运行时,采用独立配电系统。独立系统可以包括集中和混合系统两部分。

9.4.4 电缆

机载电缆的主要功能就是实现电能的分配和传输,将电能传递到各个用电设备;其次完成各用电设备之间的信号传输。无人机电线电缆应根据电线、电缆的用途、敷设环境以及重量和保护等因素进行选择。目前广泛采用的航空导线有美国的 55A 航空导线、国产航空用聚四氟乙烯导线以及耐热涂漆电线。

1. 电线负载流量计算

在进行电线选择时，每根导线的长期工作电流和线束总电流不应超过 HB5795—1982 所规定的载流量。单根载流量是指单根导线在其最高长期允许工作温度下所能承载的连续电流值。一般条件下的载流量根据相应条件从 HB5795—1982 中图 1～图 3 的曲线查取数据，并按下式计算：

$$I = I_d K_{ab} K_g \tag{9-1}$$

式中：I —— 条件下的载流量，单位为 A；

$\quad\quad I_d$ —— 导线在海平面的单根载流量，单位为 A；

$\quad\quad K_{ab}$ —— 成束修正系数；

$\quad\quad K_g$ —— 高度修正系数。

线束载流量是指线束中最热导线的温度达到其最高长期允许工作温度时，导线所能承载的连续电流值。线束允许总电流按下式计算：

$$I_z = \beta \sum_{j=1}^{n} I_j \tag{9-2}$$

式中：I_z —— 线束允许总电流，单位为 A；

$\quad\quad \beta$ —— 选用的线束负荷率；

$\quad\quad I_j$ —— 第 j 根导线的成束载流量，单位为 A；

$\quad\quad n$ —— 线束中导线总根数。

2. 机械强度的限制

对电线截面的选择，必须考虑到航空特点，飞机上电线最小截面受机械强度的限制，一般按照 GJB 1014—1990 选取。具体要求是单线敷设时最小截面应不小于 0.5 mm²；盘箱、盒内敷设时，最小截面应不小于 0.3 mm²。

3. 电压损失的计算

直流电路电压损失（即电压降）的计算公式为

$$\Delta U = \frac{LI}{\gamma S} + \sum RI \tag{9-3}$$

式中：I —— 实际负载电流，单位为 A；

$\quad\quad L$ —— 电线的有效长度，单位为 m；

$\quad\quad S$ —— 电线截面积，单位为 mm²；

$\quad\quad \gamma$ —— 电线线芯电导率，单位为 m/Ω·mm²；

$\quad\quad R$ —— 电路元件接触电阻，单位为 Ω。当电线截面较小时，可忽略 R。

交流电路的电压损失按下式计算：

$$\Delta U = I\left[(R + \sum R_i)\cos\varphi + X\sin\varphi\right] \tag{9-4}$$

式中：I —— 实际负载电流，单位为 A；

R ——电线有效电阻,单位为 Ω;

R_i ——电路元件接触电阻,单位为 Ω;

X ——电线感抗,单位为 Ω;

φ ——负载功率因数角,单位为(°)。

9.4.5 配电系统的保护与控制

1. 输配电保护的一般原则

电网的各段均应设保护装置,电网的保护作用是使线路上的短路与过载不致引起严重的后果和妨碍有关电路的正常工作。

为满足可靠性、易损性的要求,在必要时可采用多路馈线。

为使易损性降到最低,余度供电电路和部件应隔开布线与安装。

输配电网路的保护装置应有选择性,即应使保护装置动作后失去供电的设备最少。

输配电网路的保护应与发电系统的保护相协调。保护装置应工作可靠、结构简单、重量轻、体积小。

2. 保护装置的选择

无人机输配电网路的保护装置,广泛采用熔断器和断路器。这类装置的敏感元件所敏感的是负载电流,即根据所流过的电流情况而动作。

熔断器是最简单的、不需要操纵的自动保护装置,其作用主要是防止过电流损伤输配电网路及用电设备。

断路器同熔断器一样可用来保护输配电网路及用电设备。断路器按工作原理分有热式、磁式或二者的组合。按操作方式有手动与自动操作。按故障后的动作有自由脱扣与非自由脱扣。由于断路器在其所保护电路的故障排除后可重新使用并操作方便,故在无人机上得到广泛的应用。

3. 输配电网路控制的一般原则

无人机输配电网路采用负载管理中心(LMC)和固态功率控制器(SSPC),以实现负载的自动管理。电源管理器便兼具负载管理及控制的功能。

输配电网路能完成电路的接通、断开与转换。电网控制器件一般有开关、按钮、继电器、接触器等。

应注意选择电网控制器件的型式、容量和使用特点和控制器件的安装位置及环境条件的要求。

4. 控制器件的选用

开关主要用于交直流电路的接通、断开或转换。小型密封开关重量轻、体积小、安装方便、具有防湿、防尘、寿命长和断流能力较大等优点,一般应优先选用。为防止操作中的误动作,在重要的电路中,应选用带机械自锁的开关。某些需应急状态时操作的或有特殊要求的开关应配开关保护盖或保险丝。

按钮只在地面短时接通或断开电路时应用。

继电器广泛用于无人机转换控制电路。在使用时应根据用途、使用条件和安装方式正确选用。在容量、规格满足条件的前提下推荐使用有可靠性指标的密封继电器。

接触器是大容量的继电器,为控制正常状态下电源电路通断的一种器件。接触器的工作应十分可靠,不但要可靠地接通、断开和正常地通过额定电流,还要求有过载能力和足够的分断能力。选用接触器还应考虑负载的性质和工作环境。

9.5　供电保障系统

在工程设计及应用中,无人机供电系统常常还包括地面保障系统。大部分无人机均配备蓄电池作为应急电源或辅助电源,需要充电机以保障蓄电池的充电和维护等。对于火箭助推起飞无人机来说,需要设计点火器来为无人机助推火箭的电爆火头提供点火电源;另外还需要设计地面设备与无人机连接的维护及检测电缆。

9.5.1　充电机

充电机作为无人机保障设备,为机载电池组提供充电和维护功能,应具有输出防反接、机载电池组检测及均衡、电池温度过低或过高充放电保护、充电器过温保护等功能。充电机设计时应考虑充电电压、充电时间、电池维护时间、电池电芯均衡电压差、快速充电等性能指标。

9.5.2　点火器

点火器的主要用途是为无人机助推火箭的电爆火头提供点火电源,并可检测点火器的点火电压和飞机助推火箭的电爆火头的阻值。典型的点火器主要由电池组、点火板、检测表、充电器、点火线及壳体等组成。其原理框图如图 9-9 所示。其中点火电源由镉镍电池组组成,该电池组与内置的充电机相连,可通过外接 220 V 交流电向电池组充电。在点火电路中设有安保开关 S1 及防止短路过流的保险管,最后由 S2 按钮开关将点火电压送至火箭的电爆火头。

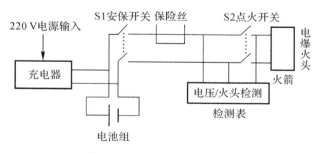

图 9-9　点火器工作原理图

第10章　无人机航空电子容错与健康管理

10.1　无人机航空电子容错与健康管理概述

10.1.1　无人机航空电子容错与健康管理意义

　　高新技术的不断注入和应用领域的不断扩大,使得无人机功能愈加丰富和强大,组成愈加庞大和复杂,使用愈加多样和频繁,随之而来的是无人机事故随之增多,全生命周期使用及维修费用增加。据统计,有人机因操作失误导致的事故比例高于技术和产品质量导致的事故比例,而无人机相反,无人机因技术和质量导致的事故远高于因操纵不当导致的事故比例。这种现象表明无人机在可靠性、安全性及维修性等方面应得到进一步重视,设计理念和方法应进一步提高和完善,制造过程的质量控制需进一步加强。

　　容错与健康管理是提高无人机可靠性、安全性及维修性等方面的重要手段,两者在无人机全寿命周期内的不同阶段,发挥着不同且不可替代的作用。容错与健康管理相辅相成,相互补充,在理论体系和核心技术上存在许多共性,因此将两者结合起来研究,对于及时预测、发现故障并及时排除安全隐患或在故障状态下重新配置资源,提高无人机生存能力具有重要意义。

　　为了更好地提高无人机可靠性、安全性及维修性,一方面采取尽可能的措施和方法,期望在使用前排除所有故障及隐患,使系统在使用过程中不出或尽量少出故障,例如合理设计硬件和软件、严格筛选器件和电路、完善材料加工和零件装配工艺、加强各阶段试验验证等。但是这些故障排除措施和方法不能完全避免故障出现,产生的效果有一定的局限性,仍然满足不了那些对可靠度要求高的应用领域或场景。另一方面无人机应能在工作过程中自动检测出故障并通过多种方法对系统资源自动重组,减小错误对系统影响,淡化失效程度,提高无人机系统对故障的容忍能力,由此需求牵引容错技术应运而生。进一步,如果在故障发生前就能预先估计到并采取相应措施,提前杜绝故障可能将要带来的错误,并报告结果,这样无论是无人机飞行中故障屏蔽还是地面日常保养及故障维修,故障的处理就从事后被动解决变为提前主动预防,并为后续使用提出参考和建议,形成贯穿无人机全生命周期的健康管理体系,对提高无人机可靠性、安全性及维修性,保障无人机作战及作业完好率,降低使用成本,有非常重要的意义。

10.1.2　容错与健康管理基本概念

1. 故障

故障是产品不能完成规定功能、丧失规定功能的状态。其原因是由设计错误、制造错误、使用错误、工作环境恶化等导致的产品功能、性能、电路、结构、材料等异常。

按用途不同,故障有多种分类方法,可以按故障性质、故障责任、故障严重程度、故障时间行为、故障发生规律、故障原因等进行分类。

在容错设计中一般按故障严重程度或故障发生规律分类。根据这些故障分类,建立故障模型,确定重要件和关键件,从而确定需要容错设计的部位、容错能力准则及容错设计方法,确定故障预测方法及决策准则等。

按故障严重程度分为灾难故障、严重故障、一般故障和轻度故障。

1)灾难故障:引起人员死亡、系统毁坏、重大经济损失或重大环境污染。

2)严重故障:引起人员严重伤害、系统严重损坏、任务失败、较大经济损失或严重环境污染。

3)一般故障:引起人员轻度伤害、系统轻度损坏、任务中断或降级、一般经济损失。

4)轻度故障:未引起人员伤害、未影响任务完成,但引起计划外维修。

按故障发生规律分为早期故障、偶发故障和耗损故障。

1)早期故障:出现在产品寿命周期早期,一般由设计不完善,零件、元器件及材料选用不合适,工艺不恰当或生产过程不规范引起。

2)偶发故障:出现在产品寿命周期中间即使用期,一般由个性化偶发原因引起,如零件、元器件失效、紧固件或连接器松动及生产环节出现的不合格等。

3)耗损故障:出现在产品寿命周期后期,一般由材料疲劳、老化、磨损及腐蚀等原因引起。

2. 错误

错误是故障在系统中的表现,是故障导致系统偏离规定状态的现象,如果故障并未导致错误出现,则称其为潜在故障。

3. 失效

失效是系统由于其组成部件或工作环境出现错误而导致不能完成预定功能。

独立失效指一个失效不会直接或间接引起其它的失效。

相关失效指同一个原因引起的多个部件失效或一个失效直接或间接引起的其它失效。

失效停止是指当失效出现时只影响到系统工作而不产生不正确的输出。

失效安全是指失效出现时不会导致系统遭受灾难性破坏或瘫痪。

4. 容错

容错(fault-tolerance)是指系统处于工作状态时,当一个或多个部件出现故障时,能自动检测和诊断发生的故障或错误,并能采取相应措施,屏蔽其造成的失效,保证系统维持其规定功能,或降低要求但在可接受的范围内工作,最大限度降低对完任务成的影响,避免导致系统功能全部失效。

容错能力是对故障的容忍程度,是系统在硬件故障或软件错误的情况下仍能继续稳定可靠运行、正常完成或部分完成任务的一种能力。

　　无人机容错设计的目的是满足飞行安全要求,满足任务可靠性要求,提高飞机生存能力,改善系统维修性。

　　容错技术主要内容包括故障检测,即能发现系统状态的偏离,确认系统故障。故障诊断,即能确定故障发生的部位及对系统工作的影响程度,并进行故障隔离。在此基础上,实现容错决策,即通过相应的动态重构措施,使系统正常或在可接受的范围内降额工作,如图10-1所示。

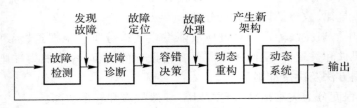

图 10-1　容错技术的基本内容

5. 容错设计常用方法

(1)机内自测试(BIT)和余度设计

　　机内自测试(BIT,Built In Test)设计和余度设计是容错设计常用的也是主要的方法。

　　机内自测试指利用系统自身资源,不需要外部测试设备就能完成系统功能检测、故障诊断与隔离以及性能测试,是容错的基本方法之一。

　　余度设计指配置多套相互独立的设备或系统完成相同的工作,当其中一套故障时,其它的能够自动顶替其在系统中的作用,达到系统容错的目的。

(2)硬件容错和软件容错

　　硬件容错的容错功能以硬件实现为主,主要是采用硬件冗余来实现容错,软件只起到辅助作用。可以采用多套部件、组件、板卡或电路及器件构成模块化硬件冗余,速度快,由故障影响、故障隔离及重构引起的故障瞬态短暂,通道切换平滑,更容易保证系统故障瞬态要求。硬件容错需要故障检测、隔离、仲裁或表决等辅助电路,硬件组成及结构复杂,成本较高。

　　软件容错指容错功能主要由软件实现,包含两方面含义:一方面,指系统只提供最基本的硬件容错资源,容错管理由专门软件或操作系统实现;另一方面指软件本身的容错,即无论是系统一般软件还是用于完成容错功能的软件,都需要具有容错能力。软件容错实现策略灵活,成本较低。但增加了软件复杂度,提高了对 CPU 的要求,而且故障检测、隔离及重构都需要通过软件实现,软件模态甚至架构都可能有所调整,速度往往较慢,和硬件容错相比故障瞬态较大。

(3)信息容错与时间容错

　　信息容错指通过在信息获取、处理、编码、传输、接收、解码等环节,采取多种校验、纠错、附加信息及其它方式,提高信息的容错能力。

　　时间容错指通过采取放宽时序要求、重复关键指令等方式,以牺牲时间作为代价,提高系统容错能力。

6. 健康管理

　　健康管理指与健康状态直接相关的管理活动,根据系统及其组成部分健康状态的诊断及预测信息,及时发现故障,并根据资源和运行要求,一方面采取相应措施消除或屏蔽故障,保证系统尽可能能正常运行,另一方面,预测系统健康状况和寿命,为后续使用及维修做出充分、智能和适合的决策,并提前采取措施将其恢复到正常状态。

故障、错误、失效、容错及健康管理的关系如图 10-2 所示。

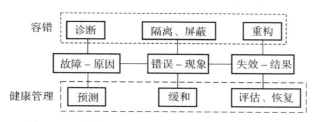

图 10-2　故障、错误、失效、容错及健康管理的关系

10.2　机内自测试

10.2.1　机内自测试定义及分类

机内自测试(BIT)指系统利用自身硬件和软件资源以及内部配置的其它一些检测电路和检测软件,完成系统的工作状态及参数的检测和故障诊断,并隔离故障的测试方法,不需要外界配备的检测设备或软件。BIT 不仅可以检测系统功能的正确性、系统性能的符合性,还可以检出故障,完成故障隔离及认定。通过 BIT 技术的应用,增强无人机故障诊断能力,提高维修自动化程度,降低全生命周期费用,是提高无人机可靠性、安全性、维修性及测试性的重要手段。

无人机 BIT 根据不同的使用阶段和目的,可以分为上电 BIT(PUBIT)、飞行前 BIT(PBIT)、飞行中 BIT(IFBIT)和维修 BIT(MBIT)。

上电 BIT 在无人机上电时自动进入,在规定时间内完成规定的检测对象和检测内容,并给出检测结果,然后自动退出上电 BIT 状态,进入系统运行状态。无人机航空电子系统上电 BIT 至少必须进行综合计算机、各种飞行传感器、舵机、电源、导航设备、起降控制设备的自检,其它设备视具体情况而定。

飞行前 BIT 一般在起飞前由无人机操纵人员通过发送指令进入,在规定时间内完成规定的检测对象和检测内容,并给出检测结果,然后自动退出飞行前 BIT 状态,进入无人机系统正常运行状态或进入某一特定工作状态,等待操纵人员的指令。无人机飞行前 BIT 尽量覆盖所有设备,以全面反映无人机飞行前状态,尽可能保证无人机以正常状态起飞。

飞行中 BIT 作为一种周期性检测,在无人机从上电到断电的全过程中自动进入和退出,且不能产生 BIT 资源和正常飞行资源的冲突。飞行中 BIT 主要是对一些关键功能性能部件进行检测,并完成故障定位,隔离、屏蔽或弱化对系统工作的影响。

维修 BIT 作为一种地面维护的重要手段,在地面维护时由地面维护人员发送指令或控制无人机上相应开关启动进入,完成检测后,可以给出系统状态、故障位置、维修建议等相关回报信息,然后自动退出。

各种 BIT 模式之间不是相互孤立的,检测内容是相互联系、部分重叠的,如图 10 - 3 所示。

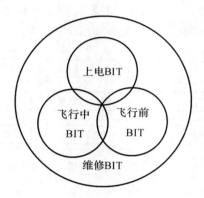

图 10 - 3　各种 BIT 模式相互关系

10.2.2　机内自测试一般要求

BIT 作为一种常用的重要检测手段,而且运行在无人机不同工作阶段,因此在设计中必须遵循一定要求。

1. 建立启动/退出连锁机制

上电 BIT、飞行前 BIT、飞行中 BIT 和维修 BIT 工作在不同时间阶段、不同使用场合,除飞行中 BIT 外,其它几种只能运行于地面。由于各种 BIT 的检测内容和检测范围不同,各自的检测方式和资源需求不同,各自的状态进入和退出必须建立合理严格精确的逻辑关系,否则系统自检不仅会处于混乱状态,甚至还会发生重大事故。因此无人机起飞升空后,不再允许进入上电 BIT、飞行前 BIT 和维修 BIT 这三种状态。

例如对于无人机是在地面还是空中的认定,除操纵人员直接观察外,还需要在机上配置必要的硬件或软件,提供客观状态支持。例如可以用无人机起落架机轮速度或承载力作为连锁条件,也可以用无人机发射或弹射支点的接触开关的开合状态作为连锁条件等。

2. 建立时间约束机制

正常情况下按规定方法检测规定部件,并完成必要的处理、分析和判定,所需的时间大约具有一致性,即每种检测在每次运行时所需时间基本一致,因此每种 BIT 都应有一个约定完成时间,当检测过程完成或超出约定时间时,都应自动退出。

例如可以规定无人机上电 BIT(PUBIT)时间不超过 5 s,飞行前 BIT(PBIT)时间不超过 20~30 s,维护 BIT(MBIT)时间尽量短,可以由维修人员自定。

3. 建立完整性约束机制

这里的完整性主要指对系统功能、性能及状态的覆盖范围及正确程度,根据无人机特点及应用场合,选取合适的测试点,确保 BIT 故障检测率、故障隔离率和误警率。测试点的选择是指标确定的基础,无论是测试点还是指标都要在适当的范围,过低不能充分起到自检测作用,过高会导致系统复杂,难以实现。

4. 建立一致性约束机制

这里的一致性主要指 BIT 的容错能力与被检测对象的容错能力一致。BIT 硬件及软件实现原理、方法和电路尽量与被检测对象一致,以增加检测结果的可信度。BIT 硬件及软件可靠性要高于被检测对象,尽量减小对被检测对象可靠性的影响。

10.2.3　机内自测试基本方法

无人机航空电子系统的输入输出一般为电信号,其它类型的物理量也需要在进入系统后转换为电信号,因此航空电子系统的输入输出都可归结为模拟量、离散量、数字量等,对于不同的信号类型,采用不同的检测方法。

所有系统和部件的正常状态,都以正确反映输入和输出的关系为主要标志,而实现这些关系依靠相应硬件电路和软件的集合,机内自测试的基本思想就是以输入和输出的关系是否正确作为检测系统和部件相应硬件和软件的依据,即给定一个特征输入,读取并判定其输出是否符合规定的逻辑或运算关系,如果关系正确,表明该部分硬件和软件为正常状态,否则为不正常状态,即故障状态。

无人机 BIT 方法按采用的技术分为常规 BIT 和智能 BIT,分别适合应用在不同场合。

1. 常规 BIT

常规 BIT 主要方法包含 CPU 自检、回绕测试、激励注入、余度 BIT、看门狗等方式。

(1)CPU 自检

CPU 自检一般包括 CPU 自检、ROM、RAM、FLASH、DMA、时钟等,CPU 上电后都有自检功能,可以直接采用该结果。

(2)回绕测试

回绕测试方法,就是将输出量再次回采,进行必要的反向转换后再和原来的输入比较,如果结果不同,则通过产生的信号将被测电路隔离或屏蔽,如图 10-4 所示

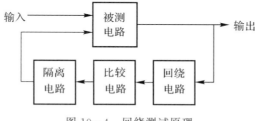

图 10-4　回绕测试原理

例如被测电路为 A/D 电路,将被测 A/D 电路输出的数字量通过回绕电路再次转换为模拟量,并和输入比较,如果一致,则表明该 A/D 电路工作正常;若不一致,且超出规定的阈值,则通过隔离电路产生的信号将被测的 A/D 电路隔离,屏蔽该电路输出。

(3)激励注入

为了提供更接近真实的工作过程,可以通过增加预定激励,通过输入控制及转换电路,合理划分时序和流程,分时将激励直接输入被检测电路,将输出结果和预定结果比较,得出检测结果。

如果结果不同,则通过比较电路或软件产生的信号将被测电路隔离或屏蔽,如图 10-5 所示。

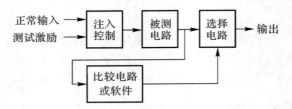

图 10-5　激励注入测试原理

例如被测电路为 D/A 电路,在 D/A 电路输入端注入某一特定的数字量,将被测 D/A 电路输出的模拟量和注入的已知数字量对应的正确模拟量比较,如果一致,则该 D/A 电路正常输出;若不一致,且超出规定的阈值,则比较电路或软件产生的信号通过控制输出选择电路将被测的 D/A 电路输出屏蔽。

(4)余度 BIT

通过在系统中重复设置与被检测对象相同的电路,在电路正常工作过程中输入相同的量,对两者的输出结果进行比较,得出检测结果。如果结果不同,则通过比较电路或软件产生的信号将被测电路隔离或屏蔽,如图 10-6 所示。

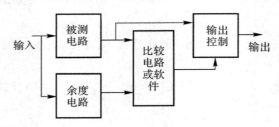

图 10-6　余度 BIT 原理

(5)看门狗检测

需要检测看门狗时,可利用硬件或软件方法,停止向看门狗"投喂"定时或计数信号,检测是否进入指定状态,如图 10-7 所示。

图 10-7　看门狗检测原理

看门狗电路可以用计数器、单稳态触发器等电路实现,投喂控制电路在规定时间内去清除看门狗,以保证在系统运行正常情况下看门狗不输出复位或其它应急处理信号。当系统出现异常不能在规定时间内清除看门狗时,看门狗将会输出相应信号,使系统重新建立正常工作流程。

常规 BIT 自 20 世纪 70 年代以来在装备领域得到广泛应用,特别是在航空电子领域取得了重要成果,对提高装备可靠性、测试性、安全性、维修性和作战效能发挥了重要作用。随着装备需求的不断发展,常规 BIT 在理论和应用中也暴露出一些亟待解决的问题,特别是多种原因引起的虚警率高,限制了 BIT 技术在装备上的进一步应用。

2. 降低常规 BIT 虚警率的主要方法

常规 BIT 虚警率高的原因主要有以下几点。

常规 BIT 实现基本都是电子电路,导致 BIT 虚警主要有设计原因、元器件及材料选取原因、制造加工原因、环境条件原因、各种干扰原因及使用维护原因等,针对这些原因,常规 BIT 设计中一般采用以下方法降低虚警率。

1)在设计阶段,从全局出发,系统地确定 BIT 体系结构,尽量采用层次化分级架构。

2)合理选取测试点,测试点尽量能反映设备典型工作状态,且系统、部件、组件等不同层次不同级别的测试点尽量具有相关性。

3)确定合理的测试容差,测试容差太小,易产生虚警,测试容差太大,又容易产生漏检,因此需在虚警和漏检之间做平衡,使故障检测率和虚警率都能在可接受的范围。

4)提高 BIT 可靠性,BIT 实现方法、电路及软件尽量简单,关键电路及软件应具有容错能力,必要时可以采用余度设计,以提高 BIT 的环境适应性及抗干扰能力。

3. 智能 BIT

由于常规 BIT 虚警高,且不能检测间歇故障等,导致 BIT 发展一度缓慢,严重影响了进一步应用。随着人工智能技术、计算机技术及微电子技术的快速发展,人们陆续将专家系统、模糊理论、神经网络等理论和 BIT 技术相结合,应用在故障诊断、故障隔离及修复、综合决策等方面,贯穿于 BIT 的各个环节,逐渐形成完整的智能 BIT 体系,包含智能 BIT 设计、智能检测、智能诊断、智能决策等。

智能 BIT 设计技术指利用智能化技术确定最佳的测试点,选取合理的测试结构,设置和优化测试资源,采用高效的测试方法,重点解决知识的建模和表示、知识的利用和 BIT 总体架构等,从整体上提高 BIT 能力。

智能检测指利用边界扫描、智能传感器等技术,多渠道全面准确获取被测对象的各种状态及参数,通过自适应滤波及数据融合等人工智能技术,滤除各种噪声干扰,避免单一数据来源偶发的不确定性,进一步提高获取数据的真实性和准确性,简化检测电路,提高检测准确度和检测有效性,降低 BIT 虚警率。

智能诊断指利用神经网络、专家系统、模糊理论和信息融合等人工智能技术,根据获取的状态或数据,诊断是否有故障,对故障隔离,并通过故障模式分类,提高故障诊断的综合能力,包括诊断速度、准确性、可靠性、自学习能力等。

智能决策指在故障识别、诊断、隔离和定位的基础上,通过最优估计等算法,采用专家系统等智能化决策方法,做出合理优化的工作、使用及维修决策。

智能 BIT 方法一般可分为以下几种。

(1)综合 BIT

综合 BIT 是将底层 BIT 结果汇集到上一级,上一级 BIT 从系统的角度再次对相互关联的底层 BIT 结果进行综合分析判定,并将结果返回底层。综合 BIT 采用了分散诊断、集中分析决策的层次化分级 BIT 概念,通过底层诊断、上一层分析决策的架构,减少了底层 BIT

只关注自身状态、忽略了与其它相关设备的相互联系和相互影响的缺陷,提高了故障覆盖率,降低了虚警率。

（2）信息增强 BIT

信息增强 BIT 是为了获取更加完善准确的检测信息,扩大了与设备状态相关的检测信息范围和诱发故障的原因等,例如设备工作的环境温度、与其相关的其它设备状态等,为故障分析、定位及决策提供更丰富的原始信息,增强推理过程的可信性及准确性,提高 BIT 性能。

（3）自适应 BIT

自适应 BIT 是根据系统工作状态及环境,动态调整 BIT 策略、方法及决策等,防止用固定不变的规则对不同状态下的设备进行统一决策,以获得最切实际的 BIT 结果,最大限度发挥系统中各部分的作用。例如在不同环境条件下,可以调整某电路门限值;或者在设备常规 BIT 发现问题时,调整策略,使设备能够继续工作,充分发挥其残存能力,提高对系统安全性的支持力度。

（4）经验 BIT

经验 BIT 是充分利用以前的历史 BIT 结果及经验,包括故障现象、发生时间、阶段、与其它设备状态的时序关联等,得出 BIT 结果。更多应用在维护 BIT 中。

4. 常规 BIT 与智能 BIT 的对比

常规 BIT 与智能 BIT 性能对比如表 10-1 所示。

表 10-1　常规 BIT 与智能 BIT 性能对比

序号	常规 BIT	智能 BIT
1	逻辑简单	逻辑复杂
2	实现简单	实现复杂
3	功能相对简单	功能相对强大
4	技术较单一,以电子技术为多	技术先进且涉及领域较多,包括微电子技术、控制技术、人工智能技术、计算机技术等
5	诊断能力较差	诊断能力强
6	虚警率较高	虚警率低
7	复现率较低	复现率较高,一致性较好
8	不同电路多采用分散或独立结构,规模庞大	系统资源统一规划,采用分级层次化结构,底层级信息获取,高层级分析决策,节约资源
9	使用过程中性能不变	使用过程中通过自学习,性能不断提高

10.2.4　无人机各种 BIT 特点分析

无人机航空电子系统各种 BIT 使用阶段、检测内容、所需硬件、激励形式、启动/推出条件、结果处理等都有各自特点,如表 10-2 所示。

表 10 - 2　无人机航空电子系统 BIT 对照表

BIT 模式	检测内容	所需硬件	激励形式	启动退出
PUBIT	ROM、RAM、CPU、输出通道	不需额外硬件	按上电初始状态输入，不需特殊激励	自动进入、自动退出
PBIT	CPU、看门狗、输入/输出通道、传感器、舵机、总线	联锁电路、激励控制电路、回绕电路	需要特殊激励	指令进入，自动退出
IFBIT	CPU、看门狗、输入/输出通道、传感器、舵机、总线	联锁电路、激励控制电路、回绕电路	一般采用正常工作状态输入，不需特殊激励	自动进入，自动、指令或 PUBIT 和 PBIT 中断退出
MBIT	可以设置尽可能完善的内容	联锁电路、激励控制电路、回绕电路、地面检测设备	正常输入、特殊激励	指令进入，指令退出

10.3　容错设计

10.3.1　容错设计的主要内容

无人机航空电子系统容错设计主要包括确定容错能力准则、容错结构和容错管理。容错能力准则是确定故障和工作状态的关系。容错结构指以余度为核心的具体容错措施，也称为余度结构。容错管理指以余度管理为主要内容的故障诊断、隔离及重构等，也称为余度管理，如图 10 - 8 所示。

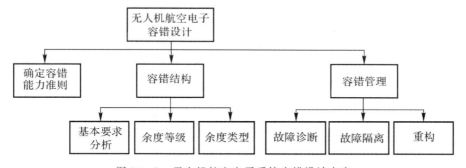

图 10 - 8　无人机航空电子系统容错设计内容

1. 确定容错能力准则

容错能力准则是反映系统容错能力的一种表示方法，是系统故障后和系统工作状态的关系，用故障工作(FO)和故障安全(FS)表示。

1)故障工作(FO)指系统或部件故障时，仍能保持正常工作状态。

2)故障安全(FS)指系统或部件故障时，不能保持正常工作状态，这些不正常工作可以依次分为非主要功能失效或非关键性能降低、主要功能失效或关键性能降低、能安全回收或降落、能紧急回收或迫降等，所有的不正常工作都不至于造成无人机坠毁等后果。

确定容错能力准则就是确定故障次数与工作状态的关系，确定 FO 的次数和 FS 的容错要求,即允许有几次故障时系统仍能工作或安全。例如 FO/FO、FO/FS、FO/FO/FS 等,反映的就是一次故障工作/两次故障工作、一次故障工作/两次故障安全、一次故障工作/两次故障工作/三次故障安全。

合理的容错能力准则是确定余度等级、容错结构、余度管理的基础。

容错能力准则要以系统功能关键性为基础,这些功能关键性需要从无人机用途或作战使命、功能或战技指标中提取分析,以满足任务可靠性和飞行安全性要求为原则,这也是容错设计的最本质的属性。以最少的余度、最低的复杂度为容错能力准则确定目标,过高的目标导致系统配置与架构复杂,基本可靠性和维修性降低,成本、重量、体积、功耗等都随之增加。表 10-3 为几种不同无人机航空电子系统容错能力准则。

表 10-3 几种不同无人机航空电子系统容错能力准则

功能关键性	部 件	一般要求	最低要求
关键功能	综合计算机	FO/FO/FS 或 FO/FS	FO/FS
	舵机	FO/FO/FS 或 FO/FS	FO/FS
	姿态传感器	FO/FS	FS
	电源	FO/FS	FS
飞行阶段关键功能	综合计算机	FO/FO/FS 或 FO/FS	FO/FS
	舵机	FO/FO/FS 或 FO/FS	FO/FS
	姿态传感器	FO/FS	FS
	电源	FO/FS	FS
非关键功能		FS	FS

2. 容错结构设计

容错结构即余度结构包括余度等级、余度方式、余度类型及余度通道之间的连接方式和工作方式等,容错结构设计指根据系统组成、各部分的容错能力准则要求、设备自身特点以及在系统中的关键性,确定实现容错功能所要采取的具体措施和方法。

无人机航空电子系统容错结构设计一般包括航空电子系统基本要求分析、根据容错能力对航空电子系统及关键部件容错结构定义等,可以反复迭代,直至得出满足系统要求的方案。

(1)无人机航空电子系统基本要求分析

无人机航空电子系统基本要求分析不仅包括对基本功能及性能分析,还包括可靠性、安全性、维修性及任务可靠性等分析,确定关键功能和性能,以及实现这些关键功能和性能的功能部件。一般尽量减少关键功能和性能,将关键功能性能和非关键功能在硬件和软件上分开,关键功能尽量不集中在同一个部件上,避免故障蔓延和扩散导致系统功能大幅度下降。例如通过控制律重构的方式,就可以减少余度气动面和舵机,从而减少关键部件。

(2)无人机航空电子系统容错结构定义

当传统的元器件选择、降额设计等方法不能满足无人机航空电子系统容错要求时,常采用余度技术和方法提高其容错性能。余度技术是通过配置多套组成或结构相同或不同,但功能相同的电路、组件、部件或分系统,以保障出现两个或以上独立故障时,才能引起系统失效的技术。余度系统概念如图 10 - 9 所示,工程中可根据需要简化或调整。

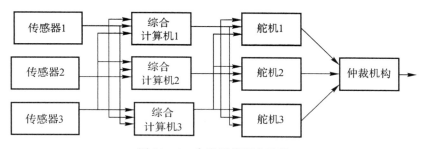

图 10 - 9　余度系统概念示意

余度结构包括余度等级或余度数目、余度级别、余度类型以及余度通道间的连接、通信、同步、表决等。

1)余度数目决定了容错系统对故障个数的容忍能力,余度对任务可靠性的增加有明显效果,但随着余度数目增加,任务可靠性的增加幅度逐渐变小,改善效果不明显,如图 10 - 10 所示。而且余度增加了系统复杂性,降低了系统基本可靠性,提高了系统成本,因此,余度数目的确定要兼顾多方面因素,避免追求单一指标导致系统整体指标下降。

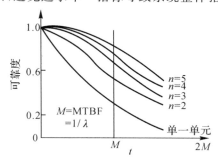

图 10 - 10　余度数目与可靠性关系

2)余度级别可以设置在部件级,也可以设置在组件或板卡级,余度级别不同,产生的效果也不同,余度级别越低,对任务可靠性提升愈明显。但考虑到系统复杂性、维修性和成本,一般采用部件级或板卡级冗余。

3)余度类型可以配置为相似余度、非相似余度和解析余度。

相似余度由相同的资源组成余度,余度管理简洁,但对于一些共性问题不能起到容错效果。

非相似余度由不同资源组成余度,这些不同可以是实现原理、硬件电路、软件算法、编程语言等。非相似余度由于其多方面的不同,因此对解决易发生的共性问题有显著效果,可以大幅度降低共性故障引起的系统功能失效的概率,但实现较相似余度复杂。

解析余度是指用一个数学模型实现余度通道,通过对其它相关数据的处理、计算或推理,得出余度通道应具有的输入输出关系,代替一个独立完整的硬件或软件物理余度通道。解析余度可节省硬件资源,实现方便灵活,但需要建立真实精准的模型。

4)按余度通道工作方式可分为热备份方式和冷备份方式。

热备份方式指余度通道都同时工作,处于工作状态,而且都参与输出或对输出产生影响。可以通过余度表决方式，采取少数服从多数的表决策略，将多数的结果输出。也可以通过余度输出控制选择输出结果，即可以从多个通道中选择一路输出。将对余度通道进行选择输出的位置，称为表决面。无论哪种方式都是选择正确的信号。

表决模型中系统由 n 个单元和 1 个表决器组成，当表决器正常，系统中有不少于 $k(1\leqslant k\leqslant n)$ 个单元正常时，系统才能正常，这样的故障模型称为表决模型。n、k 可根据需求、经验等选择。如果 n 为奇数（$n=2k+1$），且正常单元数不小于 $k+1$ 时系统才正常，这种表决模型称为多数表决模型，如图 10-11(a)所示。例如常见的 3 取 2、5 取 3 都是多数表决系统。这种方式逻辑简单，实现方便，故障瞬态过程短，一般用于模拟量输出或开关量的输出电路。

余度输出选择控制是组合所有通道的相关状态，例如可以通过通道优先级、自检状态等，自动产生当前优先权最高信号，作为输出选择信号，控制通道间切换，选择某通道作为当前工作通道，即优先级高、状态正常的通道为当前工作通道，如图 10-11(b)所示。这种方式故障瞬态过程短，故障屏蔽响应快，转换过程平滑，一般应用于电子电气系统。

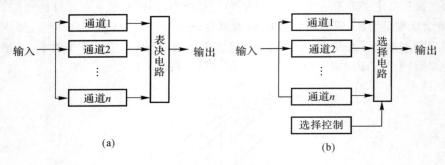

图 10-11　热备份工作方式
(a)输出表决；　(b)输出选择

冷备份方式指正常情况余度通道中只有一个通道在工作，其它处于非加电状态或非工作状态，不运行，不参与控制，处于备份待命状态，当前工作通道故障后，由检测及切换电路自动转换到另一通道，直至最后一个通道故障，余度功能才消失，如图 10-12 所示。这种方式具有明显的切换过程，因此一般应用于机械机电系统，飞行控制系统一般不采用。

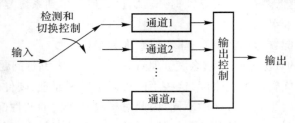

图 10-12　冷备份工作方式

5)余度资源可以配置为硬件余度、软件余度、信息余度、时间余度等，信息余度指同样的信息可以从不同来源获取，时间余度指有些过程可以通过时间上的重复操作实现。

6)根据余度级别、类型及部件不同，余度通道间的连接、通信、同步及表决方式也不同，例如如果余度通道为模拟量输出，且采用多数服从少数的表决方式，余度通道间可以不建立联系。如果余度通道设置在数字输入端,且需要采用软件表决,余度通道间就需要相互连接且通信,可根据数据量及速率设置其通信方式,也称为交叉通道数据链路。

3. 余度管理策略设计

余度管理包括故障诊断、故障隔离及动态重构等。余度管理策略设计就是制定故障诊断、故障隔离及动态重构的具体要求和方法。系统的容错性能不仅取决于系统和部件的余度等级和容错结构,而且在很大程度上取决于系统的余度管理策略。科学合理的余度管理策略使余度效果事半功倍,没有正确的余度管理策略和方法,就可能使余度系统可靠性比无余度系统可靠性更差。

余度管理目标是故障诊断的覆盖率满足任务可靠性及飞行安全性要求,且具有低的误警率,故障诊断、隔离、切换或重构的瞬态应满足飞行品质或安全要求,以最少的资源配置达到最大化的重构。

合理的余度管理策略要求余度通道功能和组成尽可能独立,一个余度通道的任何故障都不应引起其它余度通道或部件故障,同时该余度通道外的其它故障也不会影响该通道工作。由于各余度通道间不可能完全没有联系,因此应尽可能简化监测点和表决面。

10.3.2　航空电子系统余度配置

无人机航空电子系统的核心功能包括实现飞行控制、系统供电、导航和其它控制等,因此航空电子系统容错设计核心是通过合理配置余度资源、制定并实现合理完善的余度管理策略,围绕提高无人机飞行控制、供电、导航及其它控制等的可靠性、安全性及维修性展开。

航空电子系统余度配置,具体体现在关键部件的余度配置和布局上,包括综合计算机、关键传感器、舵机、供电等设备的余度数目、级别、余度方式和形式、余度间的连接关系等。

一般情况下,无人机航空电子系统余度配置是根据无人机系统安全性要求展开,航空电子系统首先确定满足飞行控制等级要求的基本余度配置,然后再确定综合计算机、传感器、舵机、电源等其它部件的余度配置,如图 10-13 所示。

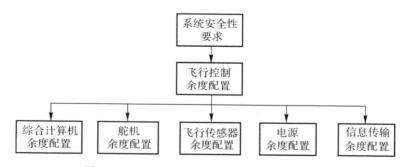

图 10-13　无人机航空电子系统余度配置流程

1. 综合计算机余度配置

无人机航空电子综合计算机属安全关键部件,一般需采用余度技术保证飞行及执行任务期间高的任务可靠度和飞行安全性。根据无人机的特点及对任务可靠度及飞行安全性要求,综合考虑基本可靠性、重量、体积、成本,综合计算机一般采用部件级或关键板卡级相似三余度或双余度。在一些靶机、一次性使用的非回收的无人机、续航时间较短、航程较短的无人机上,也可采用单机系统。

无人机航空电子综合计算机余度配置主要包括硬件余度、软件余度和信息传输余度。

综合计算机硬件余度主要包含处理器及相应最小系统的余度、相关数据获取及处理系统或电路的余度、输入输出单元或电路的余度、接口电路的余度等。

例如综合计算机硬件可采用热备份同构型相似三余度体系结构,即三个余度通道结构、组成及功能完全相同,但具有不同的优先级。每个通道基于自检测对自身关键状态做出判断,并结合优先级产生仲裁控制信号。当所有通道都完好时,优先级最高通道处于实时输出状态,其它通道处于热备份状态。每个通道的优先级由其在机箱内所处位置决定。

每一个通道都为一个多处理器系统,包括主处理器(PowerPC)、数据处理器(DSP)、串行数据输入输出(SIO)、开关量输入输出(DIO)、模拟量处理(AIO)、电源(PS)等,主处理器和数据处理器通过共享存储器通信。主处理器实现控制律计算、余度管理、任务执行以及自检测的功能,数据处理器控制系统的输入输出 SIO 完成 RS422、RS232 接口的通信功能,DIO 完成故障处理、开关量信号的输入输出,AIO 完成 PWM 输出、模拟量输入采集处理以及模拟量输出控制舵机,如图 10 - 14 所示。

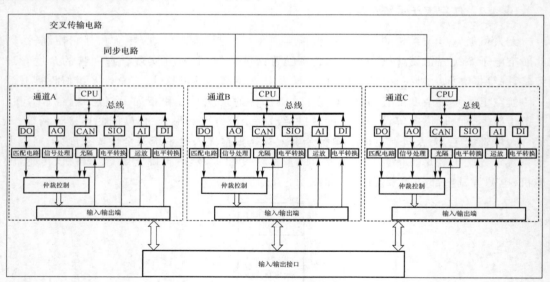

图 10 - 14   三余度综合计算机示意图

综合计算机软件余度主要指对于关键传感器及舵机的数据获取、处理、控制律解算及其它计算功能,通过软件余度方式,实现其容错及纠错功能。软件容错在后续章节中介绍。

信息传输余度主要指接口电路、传输线路及传输信息的余度。

2. 飞行传感器余度配置

无人机航空电子系统飞行传感器余度配置主要目的是实现重要飞行控制信号的余度配置,提高飞行可靠性,保证飞行安全性。在无人机中,一般将除侧滑角以外的信号定义为重要信号,传感器一般配置如表 10 - 4 所示,余度结构及管理策略如图 10 - 15 所示。

表 10 - 4 无人机航空电子系统飞行信号与传感器一般配置表

序　号	测量信号	主测量单元	备份测量单元
1	俯仰角、倾斜角	惯性测量设备	航姿组件或垂直陀螺
2	航向角	惯性测量设备	磁航向传感器
3	角速率	惯性测量设备	角速率陀螺
4	气压高度、空速	大气数据计算机	气压高度/速度传感器
5	迎角、侧滑角	迎角/侧滑角传感器	迎角/侧滑角传感器
6	相对高度	无线电或激光高度表	激光或无线电高度表
7	加速度	惯性测量设备	加速度计

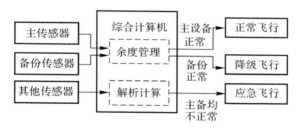

图 10 - 15 飞行传感器余度配置管理

3. 舵机余度配置

无人机航空电子系统舵机余度配置主要是满足对操纵面驱动的可靠性与安全性。无人机大多采用电动舵机,舵机余度可以根据舵机特性配置为控制电路级、力矩输出级等,一般作动器或连接机构不配置余度,满足损伤容限等机械特性即可。除了舵机自身余度设计外,一般也可采用操纵面余度,通过操纵面分割或对不同操纵面的组合使用,提高飞行控制安全性,这样舵机就按操纵面一对一配置,由综合计算机完成非余度舵机的故障诊断、隔离及控制重构,如图 10 - 16 所示。

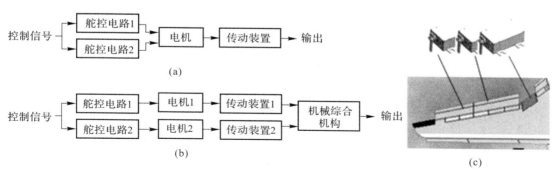

图 10 - 16 舵机余度示意
(a)舵机控制电路余度方式; (b)舵机完全余度方式; (c)舵面余度方式

一般固定翼无人机操纵面余度配置常如表 10-5 所示,余度管理如图 10-17 所示。

表 10-5 固定翼无人机操纵面一般余度配置

序　号	基本操纵面	正常时操纵面功能	余度舵面
1	方向舵	调节航向	升降舵、副翼
2	升降舵	调节纵向	副翼
3	副翼	调节滚转	升降舵
4	襟翼	起降增升	/
5	扰流片	增阻	/

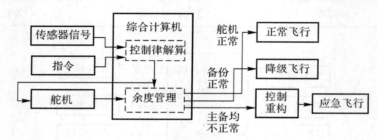

图 10-17　舵机余度配置管理

4. 电源余度配置

无人机航空电子系统电源余度配置目的是增强系统供电可靠性与安全性,一般基本余度配置为主电源、辅助电源及应急电源。主电源与辅助电源可以相同,也可以不同,应急电源一般采用蓄电池,如图 10-18 所示。

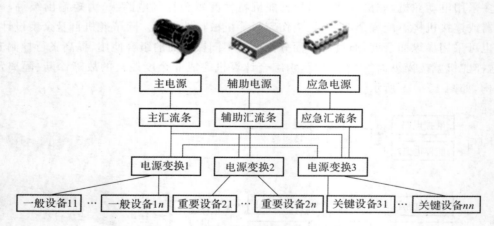

图 10-18　无人机电源余度配置示意图

5. 信息传输余度配置

信息传输余度主要保证信息传输过程的可靠性与安全性,对于关键信号的传输也需要配置余度,包括接口、线缆和信息,否则系统也不具备容错能力。信息传输余度一般常采用配置不同类型的余度接口或具有余度功能的总线,例如常采用 RS422 或 RS232 作为 CAN 总线接口的备份。对于数据量较少的传输,可将关键数据接口设置备份,如用模拟量接口作为关键数据的备份接口等,如图 10-19 所示。

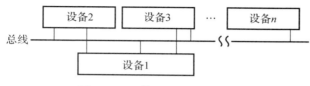

图 10-19　信息传输余度配置

10.3.3　航空电子系统余度管理

1. 综合计算机交叉通道数据链路

交叉通道数据链路是综合计算机余度通道之间进行数据和信息交换的重要途径,综合计算机各个功能通道需要将采集到的关键信息按照预定格式编帧,通过交叉数据链路传送到其它通道,同时接收其它通道的数据。交叉通道数据链路是余度管理的重要环节,其性能直接关系到系统容错性能。

无人机航空电子综合计算机输入、处理及输出处理大多采用模拟量、离散量和数字量,可以采用模拟量交换、串行口交换、总线或共享存储器等交换方式完成交叉传输。具体方式根据传输量类型、数据量多少、传输速率要求决定。

模拟量交换方式交换的数据不完善,不能进行充分比较,而且耗费系统资源。总线和串行口交换速度慢,实时性较差,且总线接口成本较高。共享存储器交换存在访问冲突现象,且当余度数量改变时共享存储器数量呈 $n(n-1)/2$ 变化,资源成本较大。不同的总线也具有不同的特点,有些总线并不适合作为交叉数据链路使用,因此要根据余度结构、数目、实时性要求等综合考虑,选取合适的交叉数据链路。

2. 综合计算机同步

综合计算机各余度通道间可以同步方式工作,也可以异步方式工作。

(1)同步工作方式

同步工作方式通过对各通道同一时刻的相关状态或量值采样、处理、比较或表决,从而选择或输出正确的通道。

同步工作方式各通道的状态确定较完善和客观,状态及输出切换瞬态平滑自然,虚警率低,但对时钟精度和同步方法要求较高。

(2)异步工作方式

异步工作方式各通道各自按流程工作,根据各自的特征状态或量值确定各自状态,从而选择或输出正确的通道。

异步工作方式对时钟同步要求较低,单点故障概率小,但切换过程容易产生因通道间的时序差异引起状态较大波动。

综合计算机余度通道采用同步工作方式或异步工作方式没有专门强制性要求,根据系统具体需求确定,实际中以同步工作方式较多。

同步技术是余度综合计算机的核心基础技术之一,它用来消除系统中各余度计算机通道之间因时钟、输入延迟等因素造成的异步度,使得系统中各余度通道模块在程序执行状态、周期定时及时间基准上达到相对一致的状态,使得各余度通道模块采集到相同的输入信号,在计算后同时将输出送给表决器进行表决输出,完成冗余功能。此外,同步技术是解决综合计算机内各通道间无缝切换的关键,在综合计算机某通道故障时能够保证安全工作,对提高飞控计算机的可靠性具有重要意义。余度综合计算机通道之间的同步方式一般采用紧密同步、松散同步及基于任务同步工作方式。

1)紧密同步。紧密同步指时钟级别的同步,在同一时刻,各计算机通道都执行相同指令,这样就保证了各计算机通道的输入、处理及输出的每一个环节都具有相同的数据源,各通道之间的监控、比较和表决等具有真实性和准确性。

紧密同步可以通过各通道共享一个时钟实现,这样虽能保持系统的精确同步,但会导致这个时钟成为潜在的单点故障源,因而这个时钟必须具有强容错功能。

紧密同步也可以通过系统中各余度通道自身的时钟实现,每个容错通道都有一个相同的同步电路跟踪系统的同步脉搏,各通道的时钟在每个时钟周期都进行重同步,及时纠正时钟的偏差,相互参照其它冗余通道的时钟组,共同产生统一的同步时序,以相位锁定的方法达到系统的步调一致,保证容错系统同步的长期稳定。这种同步结构的容错系统中时钟反馈互联关系复杂,抗瞬间干扰的能力差。

2)松散同步。松散同步是一种基于时间片的同步方式,由 n 个时钟周期组成一个时间片,允许各计算机通道的时钟在时间片内存在异步度,在允许的异步度内认为各通道处于同步状态,在一个时间片即 n 个时钟周期后进行重新对准同步。松散同步在一定程度上降低了系统对同步性能的要求,提高了抗瞬间干扰的能力。

总之,利用时钟进行同步对系统的表决机构、故障检测机构、系统的状态控制机构和系统的整体硬件参数一致性等方面都提出了更高层次的要求,实现起来难度较大。特别是在当前高速处理器时钟频率和芯片集成度不断提高的情况下,利用时钟同步进行容错的工程实现难度越来越大,升级成本越来越高。即使是基于时间片的松散同步,在现有高速的时钟频率下进行严格时钟同步,实现难度也较大。

3)基于任务同步。基于任务同步本质为松散同步,但同步周期不再是单个时钟周期或时间片,而是一个具有一定逻辑任务、独立运行的任务周期,例如主程序或定时程序,任务周期包括任务执行时间和处理器空闲时间。

基于任务同步一般采用软/硬结合的双握手同步算法实现。

对于 n 余度综合计算机,每个通道都设有一个开关量输出 DO,用以向其它通道输出同步握手信号,并设有 $n-1$ 个开关量输入 $DI_1 \sim DI_{i-1}$,$DI_{i+1} \sim DI_n$,用于接收其它余度通道的同步输出信号。

综合计算机进入同步周期,在其它任务结束退出周期前,首先关中断,接着输出一个"逻辑高"同步 DO 信号,然后在限定时段内查询其它通道响应的"逻辑高"DI 信号;在握手成功后,打开中断,所有通道均将 DO 信号置为"逻辑低"。如果在规定时间内收到某个通道的 DO 不为"逻辑高",则判该通道与其它通道失步。一般同步算法的周期与综合计算机最小任务周期一致。

这种同步策略是为了保证运算能力强的通道能与较弱的通道进行匹配工作,强制向能力低者看齐,以牺牲较小的局部利益,来获取系统间的平衡。避免了单点故障模式,满足了综合计算机周期性交叉比较的同步需求。

开机同步,只在开机后调用一次,保证消除余度通道间启动耗时误差。对于 3 余度综合计算机,开机后,通过 DO 向其它两个处理器发出同步信号,同时采集其它两个处理器所发出的同步信号,采集到两机的同步信号后,转入到 10 ms 任务周期。若等待 3 s 后还没有采集到其它两机的同步信号,则认为其它两机故障。进入单机工作模式,其余两个处理器被置为永久故障。图 10 - 20(a)是 3 余度综合计算机初始化同步流程图。

10 ms 周期同步,在 10 ms 中断服务程序中被调用。首先禁止所有中断,判断其它两个处理器是否可用,若不可用则进入单机工作模式,若可用,则启动 10 ms 同步。通过 DO 向其它两个处理器发出同步信号,同时采集其它两个处理器所发出的同步信号,采集到两机的同步信号后使能中断,转入到 10 ms 任务周期。若 50 μs 内还没有采集到其它两机的同步信号,使能中断,判断是否连续 10 次不能同步,如果是则进入单机工作模式。图 10 - 20(b)是 3 余度综合计算机 10 ms 同步流程图。

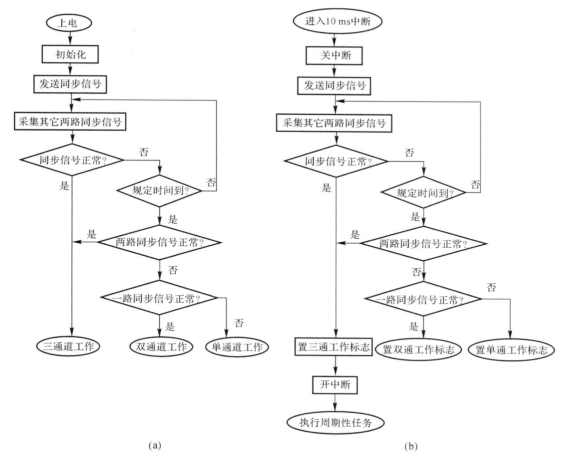

(a)　　　　　　　　　　　　　(b)

图 10 - 20　3 余度综合计算机同步流程图

(a)3 余度综合计算机初始化同步流程图;　(b)3 余度综合计算机 10 ms 同步流程图

3. 故障诊断与隔离

传统的故障诊断方法都基于比较监控和表决原理,通过硬件、软件或两者结合的方法实现,实现快速准确的故障定位。一般有跨通道比较诊断、跨表决器比较诊断、基于 BIT 的诊断等。

故障隔离目的在于快速准确发现故障点,及时剔除已发生故障的信号或功能,使其不再参与系统运行或不对系统产生影响。一般可采用基于信号处理的诊断技术,利用表决诊断的结果,通过表决器屏蔽故障的影响,或利用比较诊断结果,通过转换开关、电路或机构实现隔离。在地面维护时,可通过更换实现隔离。

无论是比较监控还是表决,其目的都是选择可用的信号,是一套策略,可以用硬件实现,也可以用软件实现。有输入信号的比较和表决,也有输出信号的比较和表决,常将比较和表决的位置(信号选择位置)称为表决面。在余度设计中,并不是表决面越多越好,而是应该尽量少。例如可在传感器输出和飞控计算机输入之间设置表决面,以提高传感器信号的正确性和准确性。可以在飞控计算机控制量输出与舵机输入之间设置表决面,提高舵机控制量的可靠性。

对于模拟量和数字量,一般选择中值或平均值,对于奇数信号选用中值,对于偶数信号一般选择中间几个信号的平均值。例如 4 余度信号,当 4 个信号都有效时,取中间两个信号的平均值。当 3 个信号有效时,取 3 个信号的中值,当 2 个信号有效时,取 2 个信号的平均值。

中值选择不是最佳估值,但对尖峰噪声不敏感,一般较为安全。算术平均值是最佳估值,但会引入噪声,不能容错,切换时会产生较大瞬态。

本节介绍几种在工程中常用的基于信号处理的故障诊断方法。

(1)跨通道比较诊断与隔离

跨通道比较即两两通道间直接比较,如果两个通道之间超出规定阈值,则比较器输出"高"。将每个通道和其它通道比较结果相"与",如果该通道结果为"高",则判该通道诊断结果故障,并用该信号隔离该通道。3 余度跨通道比较诊断电路如图 10-21 所示。

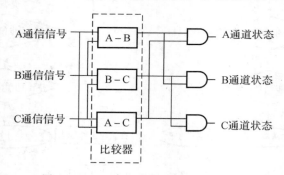

图 10-21　3 余度跨通道比较诊断电路

(2)跨表决器比较诊断与隔离

跨表决器比较即每个通道与表决器输出比较,如果通道与表决器输出之间超出规定阈值,则得出该通道诊断结果故障,并用该信号隔离该通道。3 余度跨表决器比较诊断电路如图 10-22 所示。

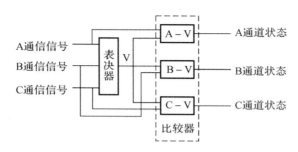

图 10 - 22　3 余度跨表决器比较诊断电路

（3）基于 BIT 诊断与隔离

每个通道都周期性进行 BIT 检测，检测结果在通道间可以按单项传输，也可以综合后传输，并用该信号和该通道优先级信号逻辑综合后生成该通道隔离控制信号，隔离该通道。

对于 3 余度综合计算机，如果余度方案为 3 个通道同时接收外部输入数据，仅有 1 个通道输出（控制伺服），输出优先级从高到低依次为通道 A、通道 B、通道 C，那么综合计算机输出真值表如表 10 - 6 所示。

表 10 - 6　通道仲裁真值表

通道 A	通道 B	通道 C	输出通道
有效	X	X	通道 A
失效	有效	X	通道 B
失效	失效	有效	通道 C
失效	失效	失效	通道 A

通道故障逻辑依据各通道 BIT 检测的有效性，确定三通道中某一个成为输出控制通道，获得输出控制权，其余两个通道封锁输出，处于备份工作状态。3 余度基于 BIT 诊断与隔离如图 10 - 23 所示。

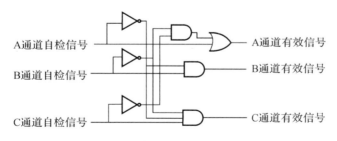

图 10 - 23　3 余度基于 BIT 诊断与隔离

基于 BIT 诊断与隔离是一种硬件和软件高度结合的一种诊断和隔离方法，在硬件资源的支持下，可根据需要设置监测点和表决面，软件实现灵活方便，诊断与隔离电路简洁，可靠性高，有效降低成本。

(4)基于多元核心参数的诊断与隔离

基于多元核心参数的诊断与隔离是一种以软件为主要手段的诊断与隔离方法,各通道分别提取自身各种核心参数,例如输入的飞行传感器参数、通道控制量及舵机反馈或舵偏角等参数,通过交叉数据链路相互传递这些核心参数,采用合适算法进行比较或表决,将与比较或表决结果差异大于规定阈值的通道判为故障并隔离,流程如图10-24所示。

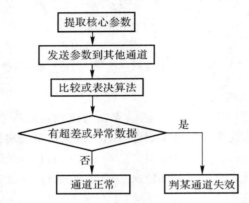

图 10-24　基于多元核心参数的诊断与隔离流程

(5)其它类型的故障诊断

其它类型的故障诊断大都基于经验、大数据及现代控制理论,对硬件资源和软件算法要求较高,诊断过程所需时间较长,适应于地面维护和健康管理。

4. 重构

重构指故障诊断后,为快速准确平稳恢复系统正常或达到系统预设状态,减小失效对系统正常工作的影响,系统自动进行备份启动、通道间切换等工作,对系统资源重新分配和组织,包括硬件资源和软件资源。一般包括资源功能重新定义分配和组织、表决比较策略变化及阈值调整与设置、信号的解析重构、飞行控制的控制律重构等。

资源功能重新定义分配和组织指根据故障状态,对系统中的电路、组件甚至部件赋予新的功能,并重新构建新的系统,完成新的功能,以保持协调原有功能或维持系统工作在可接受的状态下。例如启动备份、切换输出、舍弃某些原有的非关键功能而承担新的关键功能等。

表决比较策略变化及阈值调整与设置指故障隔离后,系统组成发生了变化,余度不再是原来的数目,重新纳入的通道或电路特性也可能发生变化,原来的表决比较策略及阈值设置已不适应新的余度结构和系统,表决比较策略及阈值须进行相应的调整及设置,以满足重构后的协调要求。

信号的解析重构指当故障信号来源被隔离后,通过其它途径获取相关信号,根据这些信号和故障信号的某种逻辑关系,通过计算、分析等,获得故障信号物理特性相同的替代信号。

飞行控制的控制律重构指故障出现后,通过改变飞行控制律的构型或参数量值,使飞行保持原来品质或降级飞行。

例如某无人机中通过飞行传感器余度配置,实现主要控制信号的余度,飞行传感器余度功能如表10-7所示。

表 10 - 7　某无人机航空电子系统飞行传感器余度功能表

序　号	主测量单元	备份测量单元
1	惯导	惯性组件、垂直陀螺、速率陀螺、加速度计
2	大气数据计算机	高度、速度传感器
3	无线电或激光高度表	激光或无线电高度表
4	迎角/侧滑角传感器	迎角/侧滑角传感器

舵机采用单余度配置,当舵机故障时,尽可能处于中立位置或松浮状态,利用多效应舵面的功能冗余进行重构,实现飞行控制系统故障容错舵面功能分配如表 10 - 8 所示。

表 10 - 8　某无人机舵面功能分配表

序　号	基本操纵面	正常时操纵面功能	余度舵面
1	阻力方向舵	调节航向或增阻	内升降副翼
2	外升降副翼	调节纵向	内升降副翼
3	内升降副翼	调节滚转	外升降副翼
4	襟翼	起降增升	—
5	扰流片	增阻	—

正常状态下各舵面控制量为:

$$\delta_{eaL1} = \delta_{eaR1} = \delta_e$$
$$\delta_{eaL2} = -\delta_a$$
$$\delta_{eaR2} = \delta_a$$

若外升降副翼故障,则令该故障舵面松浮,使用内升降副翼的一部分权限配合另一个外升降副翼控制纵向,同时重启故障舵面,正常后恢复原控制,若重启后舵面卡死在某处,则立即断开该舵面。

控制重构后,各舵面控制为

$$\delta_{eaL2} = \delta_e - k\delta_a$$
$$\delta_{eaR2} = \delta_e + k\delta_a$$
$$\delta_{eaL1} = \delta_{eaR1} = 0$$

若内升降副翼故障,则令该故障舵面松浮,使用外升降副翼的一部分权限配合另一个内升降副翼控制滚转,同时重启故障舵面,正常后恢复原控制,若重启后舵面卡死在某处,则立即断开该舵面。

控制重构,各舵面控制为

$$\delta_{eaL1} = \delta_e - k\delta_a$$
$$\delta_{eaL1} = \delta_e + k\delta_a$$
$$\delta_{eaL2} = \delta_{eaR2} = 0$$

10.3.4　软件容错技术

无人机航空电子系统软件一般为嵌入式软件驻留在机载设备内,具有很高的容错能力,因此在软件开发过程中,遵循一定的软件开发方法,采用相应的软件容错技术,对于提高嵌入式软件可靠性是非常必要而且必须的。

容错软件设计的主要方法有 N 版本程序设计、恢复技术和强制引导技术。

N 版本程序设计是基于同一个软件需求规格说明和设计规范,不同人员尽量采用不同程序语言、不同数据结构及不同算法等开发 $N(N \geqslant 2)$ 个相同执行功能的软件,N 个软件同时在不同通道运行,通过表决决定输出的结果。

恢复技术指对程序运行的结果进行验证,当验证不通过时,则需要调用恢复程序,将系统向后返回到某一恢复点的状态重新开始运行,或将系统向前跨越到某一个具有确定状态的设置点,从该状态开始运行,其目的都是屏蔽掉当前的错误,减小对系统的影响,是一种动态基于时间的动态软件冗余。

强制引导技术指在程序进入死循环或进入某软件陷阱时,通过专门设置的计数或定时器,将程序强行引导至某预设点,开始新的运行过程,例如看门狗就是其中一种应用模式。

另外,在软件设计中,还可采用时间冗余、信息冗余等方法。

10.4　健　康　管　理

10.4.1　健康管理概述

无人机功能不断增强、复杂度提高、应用领域不断扩大,但其在可靠性和安全性方面却仍不尽人意,不能和使用要求相匹配。一方面,人们往往更多关注了无人机最显著的机上无人操纵特点,在追求体积、重量和成本时,容易忽略可靠性和安全性,从设计阶段就留下安全隐患。另一方面,地面操纵人员对无人机的状态信息获取的种类、数量及实时性受到限制,往往不能及时准确发现故障征兆和异常状态,难以迅速做出应对决策,因此无人机因设备故障导致的事故远远多于有人机,严重限制了无人机应用的进一步发展。

从 20 世纪 50 年代开始,在计算机技术、微电子技术、人工智能技术等其它相关领域新技术支持下,人们持续进行着提高飞行器可靠性及安全性方面的研究,从早期可靠性理论到状态监视及预防,从故障诊断及预测到健康管理,新技术及新方法不断出现,并在军用飞机、民用飞机及无人机上的得到有效应用。例如美陆军 AH-64 阿帕奇直升机、RQ-7A"影子"200 无人机都装载了健康管理系统。

无人机健康管理是基于状态或信息感知、融合和辨识、决策和支持的技术路线,获取和了解无人机及部件的状态,并实施无人机状态评估和使用维修决策的过程,将其失效功能恢复到正常状态,将故障后安全风险和对任务的影响降到最小,具有智能化和自主化的典型特征,在产品全寿命周期体现出不可估量的作用和效益。

无人机健康管理一方面可以使无人机在飞行过程中根据健康管理结果提示及建议,按照一定的容错策略对系统资源动态重构,同时使无人机操纵人员及时采取必要措施,使系统功能性能不受影响,或将影响降低到最低。另一方面在地面维护维修中,辅助维护维修人员了解无人机及其部件的健康状态并预测故障风险,提前计划安排维修保障,保持系统正常,将飞行安全风险最小化,增强无人机安全性,提高无人机出勤率和任务完成率。

无人机健康管理系统作为新一代维修保障体系的核心,提高维修保障的自主化和智能化,降低对基层维修人员的专业要求,减轻基层维修人员的负担,大幅度降低无人机全生命周期成本,改善无人机产品技术密集、故障多样、训练密集、实战性强、时间密集等导致的维修保障资源缺乏现状,对推动事后维修及定期维修向视情维修模式的转变,建立一个装备使用、维修保障、设计制造和军民融合的新型的矩阵式维修保障体系有非常重要的意义。

10.4.2　健康管理主要内容

在无人机全生命周期,借助于数据采集、数据预处理、数据传输、特征提取、数据融合、状态监视、故障诊断、故障预测、决策支持等技术,开展涉及从故障发生到恢复正常的一系列活动,主要包括诊断和预测、减缓、评估和决策、修复和验证等。这些活动可以在飞行中进行,也可以在地面进行,其过程与技术路线如图 10 - 25 所示。

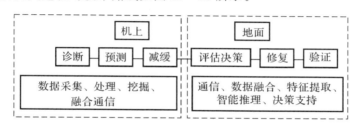

图 10 - 25　健康管理过程与技术路线

1. 诊断和预测

诊断是获取无人机上的各类传感器及其它设备当前状态信息,结合历史信息,通过信息处理、信息挖掘及相关算法及模型等技术,确定无人机及部件的功能状态,准确地隔离出故障位置、辨识出故障类型,具有及时性和即时性。

预测则是通过对当前状态信息及历史信息的综合分析,估计部件未来可能出现的偏离或故障及状态的变化趋势,具有前瞻性和不确定性。

2. 缓和

发现故障和潜在风险后,在对故障影响评估的基础上,对无人机资源重组和重构,进行任务重规划,并提醒操纵人员及时采取必要应急措施,最大限度保证飞行安全性和任务有效性。

3. 修复

辅助地面维修维护人员制订合理的维修计划,通过修理、更换等方法,对发生的故障和潜在风险进行处理,将故障部分恢复到正常状态,将潜在风险排除。

4. 验证

确认修理后的故障和潜在风险已排除,且未带来新的故障和潜在风险。

10.4.3 故障诊断技术

1. 基于规则的故障诊断

基于规则的故障诊断是根据领域专家经验和大量数据建立故障知识库,预先发掘和建立数据与故障的关联,反映了故障和征兆的关系,从而建立一系列规则。当接收到系统异常数据时,按规则生成一定置信度的结论并提交系统,系统做出决策并实施,对结果做出评价,如果无效,故障仍然存在,则重新提交规则。

基于规则的故障诊断利用关联规则挖掘技术发现故障信息中变量间的相互关联关系,对故障数据、现象、原因等关系复杂的系统,需要大量的规则,难以满足实时性要求高的场合。如果减少它们之间的耦合,则能准确发现故障源,从而排除故障。

基于规则的故障诊断系统运行过程中遇到特征模糊的故障或以前未发生过的新故障时,利用已挖掘出的关联关系,难以得到准确的结果。但就是这种不确定性,可对即将发生的衍生故障发出预警,有效控制和防范,防止故障恶化、扩散和蔓延。

基于规则的故障诊断具有自学习能力,在系统运行过程中,故障数据不断增加到数据库中,规则不断丰富和完善,故障诊断能力会不断增强。

2. 基于模型的故障诊断

基于模型的故障诊断是根据领域专家经验及历史数据,建立系统的数学模型,在模型的使用过程中对其不断完善并充分验证,使其进一步准确可靠。

由于故障诊断的本质是寻求故障现象与故障原因的关系,因此在故障诊断中最常用的模型是基于故障树模型和基于神经网络模型。

(1)基于故障树的诊断

基于故障树的诊断的前提是建立准确真实完善的故障树,接收到故障信息后,采用自顶向下的方法,从顶事件逐级向下追溯,直到最下层某一个叶子节点,得到诊断结果。

由于故障树已明确直接反映了故障与原因的层级关系,诊断速度快,结果具有一致性。

基于故障树的诊断系统主要包含以下内容。

1)选择合理的顶事件:诊断都是从顶事件作为切入点,合理的顶事件不仅能准确完善描述无人机故障现象和原因的关系,还能提高诊断效率。顶事件要有明确的含义和定义,能分解成几个独立的事件且能逐级分解,对无人机正常有决定性影响,

2)建立故障树:详细描述故障现象和可能故障原因的关系,并根据实际情况修改、扩充。

3)选择合理的表达方式:用数字化、层次化和网络所能表达的形式,提炼和描述故障现象、原因及其之间的关系。

(2)基于神经网络的诊断

基于神经网络的诊断是根据故障诊断特点,构造由大量简单处理单元(神经元)通过交错互连形成的复杂网络,对人脑神经网络存储、学习、联想和归纳功能简化、抽象和模拟,实现知识的获取、表达和推理。

基于神经网络的诊断具有高度非线性、容错性和联想记忆等特点,充分应用神经网络强大的逼近能力,通过训练估计出故障。

基于神经网络的诊断不能揭示系统内部的一些潜在关系,无法对诊断过程予以明确解释,不能诊断出训练样本中没有出现过的故障。

基于神经网络的诊断系统主要包含以下内容。

1)确定信息表达方式:用网络所能表达的形式,提炼和描述故障现象及知识。

2)选择网络模型:确定神经元连接方式、相互作用等,并根据需求变化进行扩充甚至变型。

3)选择网络参数:确定输入输出神经元数目、隐含层神经元数目和网络层数。

4)选择训练算法:确定网络学习训练时的学习规则及系统初始态。

5)验证系统性能:将基于神经网络的诊断结果与真实结果或通过其它方式的诊断结果比较分析,并对系统做出评估。

3.基于案例的故障诊断

基于案例的故障诊断是将领域专家经验及历史案例,按案例的故障特征、解决方法及其他辅助信息等属性,建立案例数据库,系统按案例特征在数据库中得到目标案例的解决方法。

基于案例的故障诊断将案例作为诊断依据,不仅更符合人的思维,而且提高了诊断效率。诊断过程包括以下几方面。

1)案例描述:规定易于理解、方便实现的表达形式,提炼和描述案例。

2)案例检索:将符合目标案例特征的案例从案例库中检索出来。

3)案例重用:将最符合案例的解决方案作为新问题的解决方案,并形成新案例自动加入案例库。或将检索的方案修改完善后,与新问题一起形成新案例加入数据库。

4)案例学习:按照一定策略,将新案例加入数据库。

10.4.4　故障预测技术

故障诊断通过当前状态信息及历史信息确定部件的功能状态,并准确地隔离出故障位置、辨识出故障类型,具有及时性和即时性的显著特点。

故障诊断通过信号分析、规则匹配、逻辑推理等快速发现已经出现的故障,是事后行为,若故障诊断发现过程较长,实时性不强,处理不及时,缺乏即时性,故障就可能造成不可挽回的损失。如果能够根据无人机状态预测潜在故障,甚至预测其剩余寿命,使无人机的状态监测更准确有效,潜在故障尽早发现并处理,对保证无人机的出勤率及安全可靠飞行,具有非常重要的意义。

故障预测是通过对当前状态信息及历史信息的综合分析,估计部件未来可能出现的状态偏离、潜在故障及状态的变化趋势,具有前瞻性和不确定性的显著特点。

故障预测根据无人机历史信息和当前状态,预测无人机是否存在潜在故障,例如是否存在复合材料老化、结构疲劳等现象,以及这些可能会带来的影响及导致的后果,找出故障原因和发生故障的部件,并采取有效的维修和保障措施,提高无人机使用完好性。

目前常见故障预测方法一般分为基于模型的故障预测、基于数据驱动的故障预测及基于概率统计的故障预测等。

1. 基于模型的故障预测技术

基于模型的故障预测方法是建立无人机及预测对象的动态响应模型,根据给定输入,对无人机的响应输出进行采集、分析和辨识,对照正常的历史数据和无人机当前的数据,预测和确认状态偏离障或缺陷。通常情况下,模型的准确度与无人机故障预测的准确度和可信度密切相关,因此随着有效的无人机特征历史数据不断丰富及故障机理研究的逐步深入,模型的准确度会不断提高,从而提高无人机故障预测的准确度和可信度。

2. 基于数据驱动的故障预测技术

基于数据驱动的故障预测是基于历史数据的故障预测方法,当难以确定准确的数学模型时,根据飞行参数、试验过程的失效参数、全生命周期参数变化、领域专家经验等历史数据,追溯和判断输入输出的对应关系,发现其中隐藏的不正常。典型的基于数据驱动的故障预测方法有人工神经网络。模糊系统和其它人工智能方法等。

3. 基于概率统计的故障预测技术

基于概率统计的故障预测是通过从历史故障数据的统计学特性进行故障预测,这种方法用在无法确定无人机完整的动态模型或给出输入和输出之间的关系的场合,包括时间序列预测法、回归预测法、模糊逻辑等。

时间序列预测法是把预测对象的历史数据按一定的时间间隔进行排列,构成随时间变化的统计序列,建立相应的数据随时间变化的模型进行预测。也可以根据已知的历史数据拟合一条曲线,使得这条曲线能反映预测对象随时间变化的趋势。按照变化趋势曲线,对于未来的某一时刻,从曲线上可以估计出该时刻的预测值。

回归预测法是根据历史数据的变化规律,寻找自变量与因变量之间的回归方程式,确定模型参数,据此做出预测。

10.4.5 健康评估与决策

无人机健康评估指通过监测分析能表征和反应无人机及相关部件的功能特征、性能数据及与故障的耦合关系,在无人机状态监测、故障诊断、预测的基础上,分析无人机及部件当前工作是否正常,无人机在未来一段时间内是否存在异常或潜在故障以及发展趋势,对无人机健康状态做出综合化评价,是触发实时告警、合理制订任务计划和维修计划的依据。一般可采用自底向上的层次化评估方法、基于概率统计的综合评估方法、基于模糊测度模糊积分的综合评估方法及基于神经网络、专家系统的智能推理方法等。

无人机动态飞行中的决策主要以不影响系统工作或安全为主要目的,一般包括重构等自修复容错措施。在维修保障阶段,根据无人机及部件的特点制定合理的维修决策是主要内容,包括维修级别、维修策略、维修方式、维修时机、维修费用、维修进度等。

第 11 章　无人机飞行环境监视与安全

11.1　无人机飞行环境监视与安全概述

当无人机应用领域不断扩大、使用场合愈加多样、飞行更加频繁时,无人机的飞行安全对空中飞行环境和人们生命及财产安全带来更多威胁和安全隐患。一方面,越来越复杂的飞行环境的影响引起无人机状态异常;另一方面,无人机飞行过程中对其它飞行器的影响和干扰,都成为导致无人机安全事故的诱因。如何使无人机最大限度地减少对社会安全和人们生活的影响,安全高效地融入国家空域,除了必要的法律法规,技术上的支持和保障也必不可少。

无人机飞行环境包括气象环境、地理环境、电磁环境及空中交通环境或战场环境等,例如大风、雨雪、浓雾、雷电、山谷、高楼、发射塔、高压线、航路上的其它飞行器、战场上的诱饵、干扰等,都是影响无人机状态变化的因素,因此无人机除了在设计上具有防止和抵御这些外界因素的能力,也需要配备相应的设备,提高对外部环境感知的能力,采取相应措施,降低无人机非安全接近的机会,尽可能避免无人机与其它物体的危险接触或碰撞,减少由此带来的不良影响。

避撞系统的应用使无人机能够纳入敌我识别体系,在执行任务时能被友邻方便识别。也可使无人机接入空管系统,能够和有人机统一管制,共享空域,解决无人机和有人机必须隔离飞行的现状,大幅提高无人机的出勤率。

通常环境监视和安全系统包括空中交通咨询及防撞系统(TCAS)、应答机、地形感知告警系统(TAWS)、机载气象雷达(WXR)等,为无人机安全飞行分别提供综合化交通、气象、地形等信息,有效提高无人机安全飞行程度。

11.2　避撞系统

11.2.1　功能及分类

无人机避撞系统主要功能是感知、探测和获取环境中的其它物体的相关信息,例如物体大小、高度、速度、距离、方位及飞行方向等,及时做出飞行决策,采取相应的避让措施,避免撞击事件发生。

目标感知和探测是避撞的基础,根据感知探测方式,无人机避障系统分为合作式感知避撞和非合作式感知避撞。

1)合作式感知避撞指无人机与周围的物体或飞行器之间可以通过通信链路相互通信,共享当前空域的态势信息,实现避撞功能,例如 TCAS 和 ADS - B 都属于合作式感知避撞系统。

2)非合作式感知避撞指无人机和周围航空器或物体之间没有通信关系,无人机无法和周围航空器或物体共享其状态信息,只能通过主动探测的方式完成对周围航空器或物体感知来实现避撞功能,例如以雷达、光电及红外等传感器为感知途径的感知避撞系统都属于非合作式感知避撞系统。

常见的几种避撞系统或感知设备如表 11 - 1 所示。

表 11 - 1　常见的避撞系统和感知设备对照表

名　　称	类　　型	可提供信息	探测距离/km
TCAS	合作式	距离、高度	160
ADS - B		位置、高度、速度	240
合成孔径雷达	非合作式	距离、方位	35
激光雷达		距离	3
光电设备		方位角、仰角、距离	20
红外探测设备		方位角、仰角、距离	4.4

11.2.2　组成及工作流程

无论合作式感知避撞还是非合作式感知避撞,均由感知设备和避撞控制设备组成。

1. 感知设备

目前合作式感知避撞有空中交通告警与防撞系统(TCAS)和广播式自动相关监视系统(ADS - B)等,装载有这些设备的无人机通过通信链路获取合作型目标的状态信息。通过通信链路及应答机制,实现空中交通的有效监管、分离和规避功能。合作式感知避撞能够实现空管数据的有效接入和空管系统的可靠监管。合作式感知避撞流程示意如图 11 - 1 所示。

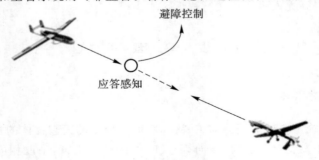

图 11 - 1　合作式感知避撞流程示意

目前非合作感知避撞主要常用的设备有合成孔径雷达、激光雷达、光电、红外探测设备等。

合成孔径雷达通过多雷达脉冲实现对目标物体的成像,其使用不受天气情况的影响,其探测范围和精度与雷达天线大小有关,天线越大则探测范围越远、精度越高。

激光雷达通过发射激光照射目标并反射来测量距离,能够识别 3 km 距离范围内的直径小至 5 mm 的物体。

光电设备所提供的信息用于图像平面内的目标检测与定位,由目标在图像平面中的位置进一步推断出的相对航向信息,可以用于评估碰撞的危险性,但雨、雪、雾及夜晚等空中环境因素对其精度影响较大。

红外探测设备通过检测物体所辐射的红外线来感知潜在的物体,它与光电设备相比,不需要可见光,在夜间也可使用,但它易受外部热源影响。

2. 避撞控制

无人机避撞控制一般集成于飞行或导航控制系统中,飞行或导航控制系统获取合作式感知和非合作式感知设备的信息,对目标进行威胁程度等级划分和先后排序,决策是否重新规划航路以避免潜在危险,它们的关系如图 11 - 2 所示。

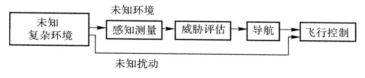

图 11 - 2　避撞控制与飞行控制和导航的关系

11.2.3　TCAS

TCAS 独立于地面空中交通管制系统,和地面空中管制系统相互补充,避免由于地面系统故障或人员差错导致的不良后果,有效减少空中事故发生。

TCAS 是通过飞机上的应答机确定飞机航向和高度,使飞机之间可以显示相互间的距离和高度。

TCAS 主要由询问机、应答机收发机和计算机组成,询问器发出信号,其它飞机的应答机接收到询问信号时,发射应答信号,计算机根据发射询问信号和应答信号之间的时间间隔计算距离,同时根据天线确定方位。

TCAS 按其发展经历可分为 4 代,分别为 TCAS Ⅰ、TCAS Ⅱ、TCAS Ⅲ 及 TCAS Ⅳ。TCAS Ⅰ 能够侦测到垂直方向 3 000 m,水平 30 n mile(1 n mile≈1.852 km),侧向和后方监视距离较小一些,发现有飞机接近时,会提前 40 s 警告飞行员对方的高度和位置。TCAS Ⅱ 会用语音及显示警告飞行员,并用语音指示飞行员避撞动作,例如"爬升! 爬升! 爬升!"或"下降! 下降! 下降!"。TCAS Ⅱ 目前应用最为广泛。TCAS Ⅲ 除了上下避撞措施外,还设想增加左右避撞功能,但由于技术方面问题,TCAS Ⅲ 的研制计划被迫终止,直接进入 TCAS Ⅳ 的研制。TCAS Ⅳ 是广播式交互系统,目前主要基于 ADS - B。

随着相关领域新技术不断出现和发展,TCAS 功能愈加丰富,飞行员体验更加完美,在航空安全方面起到了不可或缺的作用。由于 TCAS 更多的是和机上飞行员的交互,对于如何将其纳入无人机中,通过 TCAS 与无人机的飞行控制和导航及其它系统的信息交互、融合及利用,实现无人机避撞,还需进一步研究。

11.2.4 ADS-B

ADS-B 是一种在航空器之间进行空-空协同的合作式避撞系统,是全球飞机管控的主要监视方法之一,也将成为下一代国家空域战略升级和加强航空基础设施战略的一个组成部分。ADS-B 实时周期性以广播方式发送本架飞机标识、当前位置、高度和速度等信息,其它装有 ADS-B 的飞机和空中交通管制系统无需发出问询都可以接收到这些信息,并可以据此做出相应的航路调整或避撞决策,实现飞机尽可能在最小安全距离间隔飞行,达到空-空协作目的。ADS-B 可以通过装载不同应用程序,提供其它服务,例如气象、空中交通等。ADS-B 还可以将数据记录保存,供飞行后分析。

ADS-B 由信息源、信息传输链路和信息处理单元组成。信息源主要有全球卫星导航系统(GNSS)、惯性导航系统(INS)、惯性参考系统(IRS)等其它机载传感器;信息传输链路主要有基于异频收发的 S 模式数据链、UAT 模式数据链和甚高频数据链。

11.3 应 答 机

11.3.1 功能

应答机最主要的功能是能够让地面雷达或周围其它飞行器识别出本机,具有敌我识别功能和对周围空域内飞机的航管应答功能。一方面可使无人机接入空管系统,使无人机和有人机能够共享空域和管制,解决无人机和有人机必须隔离飞行的现状,大幅提高无人机的出勤率。另一方面,可使无人机纳入敌我识别体系,避免撞击及误伤。

应答机工作原理为当飞机通过天线接收到询问机发来的询问信号,接收机接收放大、检波和处理后,送至译码编码电路确定其有效性,如译码成功,则按照所选的应答机编码或高度信息进行编码,形成应答码脉冲加到发射机,调制成高压电平应答脉冲串后发射至询问机,完成应答。

无人机上应答机工作状态可由地面指控车发送控制命令,并通过机载航空电子综合计算机控制。在无人机自主飞行状态下,应答机工作状态受航空电子综合计算机控制。应答机和航空电子综合计算机双向通信,应答机通过应答天线发送应答信号至地面雷达站等装备发出的询问信号。

应答机在无人机系统中的工作过程如图 11-3 所示。

地面保障设备完成时间同步、机载主机的密钥生成以及检测等功能,通过时间同步仪生成敌我识别器密钥,拷贝到控制注入器中,控制注入器连接到飞机检测面板上参数加载电缆插座,将密钥加载到主机上,主机和外场检查设备进行无线模拟应答,外场检查设备对主机的检测。某无人机上装载的应答机如图 11-4 所示。

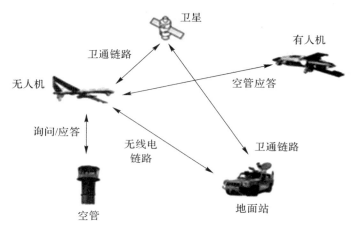

图 11-3　应答机在无人机中的工作过程

(a)　　　　　　　　　　(b)

图 11-4　某无人机用应答机

(a)无人机用应答机；　(b)无人机用应答机地面设备

　　应答机有 A/C 模式和 S 模式,在接收到外来的询问信号后,分别将本机的 ATC 编码
(A/C 模式)或地址码及飞行信息(S 模式)发送给对方,实现地-空之间的信息交互。

11.3.2　A/C 模式

　　A/C 模式的主要功能包括识别飞机代码和获取气压高度,一方面帮助空管人员识别飞
机身份,另一方面确保飞机之间安全间隔。

　　在 A 模式下,应答机在收到雷达询问信号后,向地面发送 4 位 8 进制数字,代表本机应
答机代码,本机应答机代码由空管人员在每次飞行前分配。在 C 模式下,向地面发送为 4
位 8 进制数字,表示飞行的气压高度。通常情况下,采用两种模式交替工作方式。

　　在 A/C 模式下,当空中交通繁忙或地面雷达站较多时,在雷达询问信号有效范围内的
所有飞机几乎都会同时应答,容易出现信号饱和堵塞或串扰现象,大量无关信息也会加重航
管人员工作负担。

11.3.3　S 模式

　　S 模式出现就是为了克服空域繁忙时 A/C 模式容易拥堵和串扰的不足,S 模式兼容 A/C
模式的所有功能,地址码采用全球唯一编码,雷达既可以像 A/C 模式一样广播式呼叫,也可
以对飞机有选择地发射询问信号,对指定编码的飞机一对一询问,机载 S 模式应答机能够识

别并接收与 S 模式特征相匹配的询问信号,将本机地址码及高度、位置、水平距离等其它飞行信息编码、调制后发往询问机,既解决了串扰和堵塞问题,也减少了无意义的询问和应答。

S 模式应答机可以主动向本机附近空域发出 S 模式广播,并且实时记录本机附近一定时间内的其它飞机的轨迹,通过递推,预测未来一段时间的飞行轨迹,和接收到的其它飞机的应答信息一起,作为本机 TCASⅡ 的输入。

11.4　地形感知告警系统

11.4.1　功能

无人机地形感知告警系统(TAWS)是在近地告警系统的基础上,增加前视地形警告及地形显示功能,快速获取、处理航路上的地形态势,当无人机出现某些飞行参数异常或与山峰、地面及建筑物危险接近时,发现潜在的危险地形,将告警信息快速反馈给机载飞行控制系统,并向无人机操纵人员提供听觉、视觉告警和地形显示告警,使无人机系统能够以自动或手动方式采取有效措施,避免无人机与地面相撞,防止可控飞行撞地事件的发生,增加飞机的安全性。

地形感知告警系统主要有以下功能。

1)地形警戒包线计算。

2)威胁状态地形显示。

3)前视威胁判断。

4)地形显示。

5)地形跟随控制。

6)飞行数据监视。

无人机近地告警系统主要包括以下告警模式。

1)模式 1:前视地形回避告警。

2)模式 2:过早下降告警。

3)模式 3:过快的下降速率告警。

4)模式 4:过大的地形接近速率告警。

5)模式 5:不在着陆状态时向地飞行告警。

6)模式 6:过大下滑道偏离告警。

11.4.2　组成及工作流程

无人机地形感知告警系统主要由机载告警计算机和地面显示组件组成。

机载告警计算机主要通过对无人机的无线电高度、经度、纬度、气压数据、地速、下降速率等飞行数据的采集和地形数据库匹配,同时根据预先设计的告警触发条件和阈值进行信息评估,将评估结果通过内部总线接口向飞行控制系统输出警告提示信息或通过无线电数据链向地面站输出警告提示信息。

地面显示组件将接收的警告提示信息以听觉、视觉、地形等方式综合显示告警信息,同时显示飞机当前空域地形信息。无人机地形感知告警系统工作原理如图 11-5 所示。

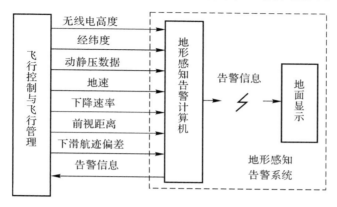

图 11-5　无人机地形感知告警系统工作原理

11.5　机载气象雷达

11.5.1　机载气象雷达概述

气象条件一直是影响飞行安全的主要因素之一,虽然无人机上无操纵人员,具有较强的气象条件适应能力,但由于受通信链路影响,无人机若不能及时获知气象条件时,特殊用途无人机或极端气象条件,仍然会导致无人机发生不期望的飞行结果,机载气象雷达(WXR)可以为无人机实时提供飞行航路上的气象条件,使无人机及时做出飞行决策,提高无人机飞行安全性。

机载气象雷达一般工作在 C 波段或 X 波段,利用大气中雷雨、冰雹、风暴、湍流、云雾和风切变等对雷达发射的电磁波的散射与反射特征不同,形成不同的回波,探测大气中的气象形态。几种常见的气象目标对雷达电磁波反射特征如图 11-6 所示。

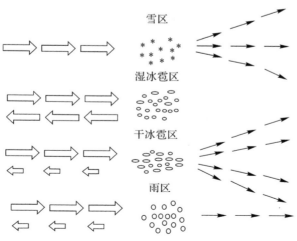

图 11-6　几种常见的气象目标对雷达电磁波反射特征

11.5.2　机载气象雷达功能

机载气象雷达一般功能包括以下几项。

1)气象回波显示:不同气象目标产生的气象回波不同,可用不同颜色区分。

2)地形探测和显示:利用高山、河流、城市建筑等对雷达的反射回波不同,有些气象雷达可用于地形探测。

3)风切变探测:低空风切变对飞行危害很大,有必要提前探测低空风切变,使飞机提前避开危险区。

4)湍流探测:在湍流区域内,气流方向和速度剧烈变化,使飞机产生巨大颠簸,机体承受巨大作用力,严重威胁飞行安全。当气象雷达探测到湍流大于某个阈值时,会发出告警信号,提示飞行员或地面操纵人员提前做好应对措施,降低飞行风险。

5)地杂波抑制:在飞机起飞和着陆阶段,周围建筑等形成的杂波复杂多样,影响低空风切变信号的提取,因此需要分辨和滤掉地杂波,确保探测的低空风切变信号准确。

11.6　外部灯光设备

无人机应装有外部灯光设备,一般包括航行灯、防撞灯和应急照明灯等。航行灯由机翼航行灯和尾部航行灯组成。

机翼航行灯安装位置应尽量反映无人机最大横向尺寸,一般安装在机翼末端,也可安装在其它位置,例如旋翼机就可安装在机身。尾部航行灯一般安装在无人机最末端靠近对称中心线位置,对于双垂尾无人机可在两个垂尾的顶部和底部各安装一个尾部航行灯。机翼航行灯的颜色为左机翼为航空红,右机翼为航空绿,尾部航行灯的颜色为航空白。

防撞灯一般安装在机翼和机身上,旋翼机可安装在机身上,除非另有规定,颜色一般为航空红或白。

应急灯用于无人机异常降落时供地面人员工作时照明。

在无人机中,可以用航行灯代替防撞灯及应急照明灯,当需要航行灯闪光时,其通断时间比应为 2.4∶1(误差为±5%),闪光频率为 85±15 次/分。航行灯的灯罩和滤光器必须至少是抗燃的,在正常使用中不得改变颜色或形状,也不得有任何明显的灯光投射损失。

无人机外部灯光设备的颜色、光强分布等应符合相关航空标准要求。

11.7　其他设备

11.7.1　电子围栏和地理围栏

电子围栏是在特定地区周围划设的为保障特定地区安全的电子隔离装置,用以阻挡即将侵入该地区的无人机,同时具有报警功能。

地理围栏是在无人机上配备的通过软硬件系统给出虚拟地理边界,以限制航空器在该地理区域内运行的一种安全功能。有时也将地理围栏称为电子围栏。

电子围栏和地理围栏都有禁止飞入和禁止飞出两种模式。

通过设置电子围栏和地理围栏,防止无人机飞入禁飞区或飞出规定区。

11.7.2　无人机监控云

无人机监控云是一种基于互联网技术、大数据技术、云技术等高新技术的无人机空中管理系统,用于向无人机用户提供航行服务,对民用无人机运行数据(运营信息、高度、位置速度等)实时监测,对侵入电子围栏的无人机具有报警功能。民用无人机运行动态数据库系统,一般具有的特点和功能如下。

由飞行行政监管部门和产品运营部门共同管理,与民航最新政策法规同步。

可通过多种终端接入云系统,例如可用计算机、手机及其它办公或手持式设备,在室内或户外随时监视无人机飞行过程。

可在云系统申请飞行计划。

可将飞行过程的各种数据实时上报云系统,并标记录保存。

可支持访问禁飞区域、建筑物、人口稠密区等基础数据库。

可支持互联网、4G、5G、ADS - B、北斗等多种数据链路接入。

第12章　无人机航空电子系统工程化概述

12.1　无人机航空电子系统设计流程

无人机航空电子系统工程设计中,一般需要经过方案阶段、工程研制阶段和产品确认或认证阶段。

工程研制阶段,一般又划分为初步设计、详细设计及试验验证。作为无人机的一部分,航空电子系统还需要与其它系统集成和综合,并进行相关试验。

产品确认或认证阶段,不同用途的产品通过不同的途径、流程和方法,得到用户或相关方的认可。

与无人机系统一样,无人机航空电子系统研制过程的每个阶段都应有明确的设计依据,包括设计输入、目标、具体工作内容、质量控制节点和完成的标志性成果即设计输出,每项工作完成并通过某种方式确认后,才能转入下一阶段工作。研制过程如图 12-1 所示。

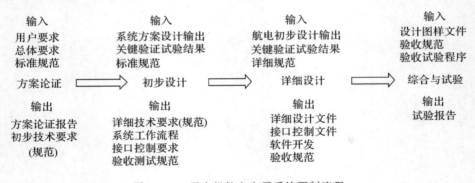

图 12-1　无人机航空电子系统研制流程

12.1.1　方案论证

方案阶段依据用户提出的研制要求及相关标准规范,通过研制方案论证、关键技术攻关、专项试验等,对无人机及其航空电子系统的设计要求修正或完善,并对研制经费、研制周期和保障条件细化,形成《研制任务书》及《方案论证报告》,作为工程研制阶段的依据。

方案阶段主要完成任务分析、功能分解、初步构型、初步定量分析、通用质量特性预估、地面保障需求确定等工作,证明方案技术、经费、周期等可以满足要求。

1. 任务分析

主要明确"做什么",即定义系统功能,并明确与其它系统的交联关系。

2. 功能分解

主要明确"谁来做",即将功能分配至子系统或部件,并明确之间的交联关系。

3. 明确初步构型

主要明确"怎样联",即定义体系架构、各部分连接方式、子系统和部件配置方案。

4. 初步定量分析

主要明确"有多好",包括总线传输能力分析、控制精度估算、导航精度估算、误差分配等。

5. 通用质量特性分析及预估

主要明确"多好用",包括可靠性预估及调整,维修等级确定及预估,测试性预估及分配,安全性要素及方法,保障性目的及设备,电磁兼容性指标要求、测试要求、验收要求、标准要求、设计要求等。

6. 地面保障及设备

明确"怎么验",包括将来要测试的项目、方法及采用的设备。

12.1.2　初步设计

初步设计阶段依据方案论证报告、初步技术要求(规范)或研制任务书、关键验证试验结果及相关标准规范,通过航空电子系统顶层设计、子系统或部件顶层设计及通用质量特性初步设计,形成详细技术要求(规范)、系统工作流程、接口控制要求、验收测试规范(初步)、各类图纸甚至样机,实现航空电子系统综合集成及系统内各部件的互联互通,基本实现航空电子系统要求的功能。

1. 航空电子系统总体或顶层设计

航空电子系统总体或顶层设计包括架构及体系结构设计、设备配置确定、信息交互及总线分析、飞行控制和管理流程及策略确定、精度计算分析。

2. 子系统和部件设计和试制

子系统和部件设计和试制包括硬件及软件设计、布局设计、安装协调、电气设计分析、环境设计分析、模拟设备设计、相关调试和试验。

12.1.3　详细设计

详细设计阶段依据初步设计的结果及案论证报告、初步设计的验证试验结果及相关标准规范,通过对航空电子系统总体及各部件进一步修改和完善,进行地面各种试验,能与无人机航空电子系统以外的其它系统综合集成并实现互联互通,完成航空电子系统要求的全部功能。

12.1.4 试验验证

按照相关要求或规范,在无人机航空电子系统设备间的互联互通、供电、电气接口、信息接口,功能、性能及相互间的兼容等验证试验的基础上,对无人机航空电子系统中的所有设备,按相关要求或规范进行环境试验。

12.1.5 系统综合

将无人机航空电子系统中所有设备按设计要求安装、连接并工作,验证全系统的适配性、兼容性。系统联试一般包括加电静态工作联试、发动机开车试验、拉距离试验等,分别验证系统互联互通、发动机开车的振动、电磁环境对系统的影响、一定距离下数据链工作情况及对系统的影响。

12.2 无人机航空电子系统总体技术

12.2.1 功能分析及分解

1. 完整准确原则

无人机航空电子系统功能分析时,首先要清楚该功能释放的背景和场合,服务或支持的对象,这样才有助于准确完整理解功能,科学合理把握性能,不至于对功能理解偏差导致后续设计偏离。

2. 清晰有限原则

无人机航空电子系统功能分析和定义时,功能定义必须有限,且功能定义的边界必须清晰。在满足系统要求基础上,留有一定的扩展功能或功能接口,以满足后续系统功能扩展需求,但扩展或预留不宜过多。

3. 自顶向下原则

无人机航空电子系统功能分解,采用自顶向下的方法,下一级比上一级功能更具体、更详细,不能用部件功能"凑"出系统功能。

4. 一致性原则

相同级别的功能详细程度应一致,同一级别的子系统或部件功能详细程度不能差别太大。

5. 解耦原则

一种功能尽量分配在一个子系统或部件中,各子系统或部件、功能模块之间关联和耦合尽量少。

6. 迭代原则

功能分解不是一蹴而就,而是在论证、设计、试验中不断调整和迭代,使功能分解和分配不断趋于科学合理、易于实现。

12.2.2　设备配置原则

1. 规范化标准化

无人机航空电子系统配置的子系统或设备要符合适航或相关标准要求,尽量不配置非标设备。

2. 新型化

尽量配置当下使用广泛的新型成熟子系统或部件,避免由于各种问题导致的采购困难或停产,易于后期维护升级。

3. 最小化

无人机航空电子系统配置中,对于满足系统要求需要配置的子系统或部件必须配置,对于那些可以配置也可以不配置、对系统功能不会产生影响的一定不配置。

4. 灵活性

无人机航空电子系统配置没有固定模式,一般根据功能需求,按部件配置或按功能配置,对于可靠性和安全性要求较高的使用场合,还需要考虑余度及应急资源配置。

5. 经济性

无人机航空电子系统配置在满足要求的前提下,性价比要合理。

6. 协调性

无人机航空电子系统配置与其功能、性能及通用质量要求协调一致,既要满足要求,也不能配置过高,导致成本高,造成资源浪费。

12.2.3　体系结构分析及定义原则

1. 扩展性

确定无人机航空电子系统体系结构时要充分考虑总线类型、接口、带宽、速度、带载能力、传输距离等特性,满足要求的前提下留有余量,适当预留节点、接口等资源,方便增加、删减及修改。易于技术实现和产品能力提升。

2. 标准化

确定无人机航空电子系统体系结构时,处理机、总线、接口、软件的选择要符合相应标准、规范,这样不仅使体系结构易于开放,系统易于扩展,而且部件的选择范围会更宽,甚至可以直接选用货架产品。

3. 简约性

确定无人机航空电子系统体系结构时,应在完成功能的前提下,连接关系、接口协议越简单越好,可靠经济。

4. 经济性

无人机航空电子系统体系结构在满足系统要求的前提下,应尽量简单、实用、经济。

12.2.4 初步定量分析及误差分配

1. 总线传输能力

对总线传输能力的分析目的是通过数学仿真、分析、计算、试验等方法,根据总线传输速率、总线带宽、拓扑结构、控制策略、驱动能力、传输距离等,分析总线最大延迟、总线实际负荷等,确认总线信息传输能力能否满足无人机系统飞行控制、飞行管理、定位及导航等方面的实时性、可靠性及安全性要求。

2. 控制精度

对控制精度的分析目的是通过数学仿真、分析、计算、试验等方法,根据所选传感器数据采集精度、舵机控制精度、控制律及相关算法等,确认控制系统精度能否满足要求。如果不能,则可能需要重新选择或优化相关传感器或舵机。

3. 导航精度

对导航精度分析目的是通过数学仿真、分析、计算、试验等方法,根据导航设备及相关传感器的精度、相关算法等,确认导航精度能否满足要求。如果不能满足要求,则位置、航向、高度、风速等测量设备及相关算法需要重新选择或优化。

4. 误差分配

合理分配系统误差的目的,是能以科学、合理、经济的手段,使系统综合误差达到总体要求。由于各子系统或部件的技术难易度、产品复杂度、在系统中的作用及对系统误差的影响程度等都有所不同,因此一般误差分配时,可按实现的难易度及对系统误差影响程度等分配。对于技术新、难度大、实现复杂的子系统或设备,可适当放宽误差要求。对于简单系统或成熟设备,也可以简单采用平均分配的方法。

12.3 无人机航空电子系统小型微型化与通用质量特性

早期的无人机以其机上无人驾驶的特点在军事领域得到关注,但可靠性一直是影响无人机广泛应用的主要原因之一。一方面,无论是无人机设计者还是使用者都认为机上无人,不需要有高的可靠性,从观念上就忽视可靠性对无人机产品及其应用的影响。另一方面无人机低成本也是早期无人机的重要特点之一,人们为了降低成本,忽略了可靠性设计。早期无人机的小体积特点,也给可靠性设计带来一定难度。

随着无人机性能不断提高,应用领域不断扩大,特别是现代战争的特点及民用无人机的大量出现,人们对可靠性的要求也在提高。同时微电子技术、材料技术、计算机技术、数据处理技术等高新技术不断涌现,使无人机在小型微型环境下以较低成本提高其可靠性成为可能。

12.3.1 从质量到可靠性再到通用质量特性

质量是产品的一组固有特性满足规定要求的程度,这组特性中,不仅包括产品性能特性、通用质量特性,还包括产品使用过程中的经济性和对市场的适应性。

故障是产品丧失规定功能的一种状态。

可靠性是产品在规定的条件下和规定的时间内完成规定功能的能力。

维修性是产品在规定的条件下和规定的时间内按规定方法进行维修时保持或恢复到其规定状态的能力,即反映产品易于维修的能力。

测试性是产品能及时、准确确定其工作状态(正常、不正常)并隔离其内部故障的能力。

保障性是产品设计特性和计划的保障资源满足平时战备完好率要求的能力,包括维修保障能力和使用保障能力。

安全性是产品所具有的不导致人员伤亡、系统毁坏、重大财产损失或不危及人员健康和环境的能力。

环境适应性是产品在规定环境条件下完成规定功能而不被破坏的能力。

装备研制过程中,常常将可靠性、维修性、测试性、安全性、保障性及环境适应性称为"六性"或通用质量特性。

质量、可靠性和通用质量特性都是围绕"故障"展开,是设计者和生产者站在用户角度,研究和实现如何提升用户对产品的体验感。在工业化发展的历史进程中,随着生产过程管理、研制过程管理和全系统全寿命周期的管理等不断演化,产品质量的概念逐渐延伸及发展到可靠性和后续的维修性、测试性、安全性、保障性及环境适应性。

质量全方位反映产品的特性,通用质量特性只反映产品自身内部实现的特性。通用质量特性工作的所有活动是围绕故障展开进行的,是保证产品不丧失规定功能的一组活动,几者之间的关系如图 12 - 2 所示。

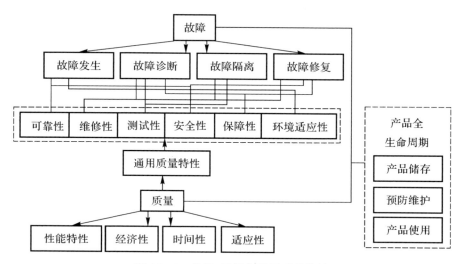

图 12 - 2　故障、质量与通用质量特性

可靠性工程是为了达到产品可靠性要求进行的一系列技术和管理活动,是研究产品故障的发生、发展及其预防的规律,防止、控制故障的发生和发展,提高产品固有可靠性水平。包括可靠性要求确定、可靠性设计与分析、可靠性试验与评价、可靠性管理等,涉及产品从零件、元器件到系统各层次的论证阶段、方案阶段、工程研制阶段、生产部署阶段和使用阶段等

全生命周期。

通用质量特性是一个系统工程,是为了保证产品全生命周期有效方便安全工作进行的一系列技术和管理活动,是运用系统科学和系统工程的思想与方法,把产品设计与产品使用有机结合起来,从产品论证阶段开始,研究产品故障的发生和发展机理、预防和维修技术、支持和保障方法等内容。

可靠性工程主要解决产品不出问题或少出问题,通用质量特性是在此基础上要进一步解决在使用过程中出现问题如何处理,包括发现问题、解决问题、日常维护维修所需的方法、措施及设备。

在无人机设计中开展通用质量特性工作,是提升无人机作业、作战能力,面向实用化、实战化的有效途径。一方面满足无人机系统作为产品和装备的使用完好率和任务成功率要求。另一方面,减少对维修人员能力和数量要求,减少使用过程中工业部门保障要求,降低无人机全寿命周期费用,满足安全性要求,从而促进无人机在各个领域的广泛应用。

在当今无人机广泛应用的大环境下,用户对产品的通用质量特性提出了许多全新的要求,将通用质量特性上升到与性能同一层次,要求在整个研制阶段全程对通用质量特性工作监督、控制与考核。

实践证明,开展通用质量特性工作是提高产品使用完好率和任务成功率、减少对维修人员能力和数量要求、减少使用过程中工业部门保障要求、降低寿命周期费用的基本且有效的途径。

在无人机产品研制过程中,通用质量特性工作已经成为研制工作不可或缺的重要组成部分。

12.3.2 通用质量特性常用量化指标

通用质量特性常用的量化指标如表 12-1 所示,不同用途的无人机关注的重点不同,要求也不同,可根据需要进行裁剪。

表 12-1 通用质量特性常用量化指标

序 号	类 别	常用指标名称
1	可靠性	平均故障间隔时间(MTBF)
		平均致命故障间隔时间(MTBCF)
		总寿命(SLL)
		首翻期(TTFO)
2	维修性	平均修复时间(MTTR)
		最大修复时间(MTR)
3	测试性	故障检测率(FDR)
		故障隔离率(FIR)
		虚警率(FAR)

续 表

序　号	类　别	常用指标名称
4	保障性	使用可用度($A_\circ$)
		固有可用度(A_1)
		任务前准备时间(STTM)
5	安全性	绝缘电阻
		绝缘电流
		灾难事件概率(P_I)
		严重事件概率(P_{II})
6	环境适应性	高低温储存
		高低温工作
		温度冲击
		振动
		冲击
		低气压
		湿热
		盐雾
		霉菌
		沙尘
		淋雨

12.3.3　无人机通用质量特性管理工作内容

无人机通用质量特性涵盖通用质量特性要求定量及定性要求确定、通用质量特性管理、通用质量特性设计与分析、通用质量特性试验与评价、使用期间通用质量特性评估与改进等方面。

无人机通用质量特性主要管理工作内容如表 12-2~表 12-5 所示。

表 12-2　无人机可靠性管理工作内容

项目名称	实施单位	主要工作内容
制订可靠性计划	订购方	明确订购方自己需做的可靠性工作项目及要求、进度、实施单位等
制订可靠性工作计划	承制方	制订可靠性工作实施计划,明确需完成的工作项目、进度、实施方法和要求
监督与控制	订购方承制方	分别对各自的承制方可靠性工作控制和监督,确保产品满足合同规定可靠性要求

续 表

项目名称	实施单位	主要工作内容
可靠性评审	承制方	按计划在各阶段转段进行系统、分系统、部件可靠性评审
建立 FRACAS 系统	承制方	建立 FRACAS 流程,使设计缺陷得以确认并加以纠正,产品可靠性在研制过程中得到增长
建立故障审查组织	承制方	负责审查故障处理的全过程,以保证处理准确有效
可靠性增长管理	承制方	拟定可靠性增长的目标、模型和计划

表 12 - 3　无人机维修性管理工作内容

项目名称	实施单位	主要工作内容
制订维修性计划	订购方	明确订购方自己需做的维修性工作项目及要求、进度、实施单位等
制订维修性工作计划	承制方	制订实施维修性工作计划,明确需完成的工作项目、进度、实施方法和要求
监督与控制	订购方承制方	分别对各自的承制方维修性工作控制和监督,确保产品满足合同规定维修性要求
维修性评审	承制方	按计划在各阶段转段进行系统、分系统、部件维修性评审
建立维修性数据收集、分析和纠正系统	承制方	建立流程,使设计缺陷得以确认并加以纠正,产品维修性在研制过程中得到增长
维修性增长管理	承制方	拟定维修增长的目标、模型和计划

表 12 - 4　无人机测试性管理工作内容

项目名称	实施单位	主要工作内容
制订测试性计划	订购方	明确订购方自己需做的测试性工作项目及要求、进度、实施单位等
制订测试性工作计划	承制方	制订实施测试性工作计划,明确需完成的工作项目、进度、实施方法和要求
监督与控制	订购方承制方	分别对各自的承制方测试性工作控制和监督,确保产品满足合同规定测试性要求
测试性评审	承制方	按计划在各阶段转段进行系统、分系统、部件测试性评审
建立测试性数据收集、分析和纠正系统	承制方	建立流程,使设计缺陷得以确认并加以纠正,产品测试性在研制过程中得到增长
测试性增长管理	承制方	拟定测试性增长的目标、模型和计划

表 12 - 5　无人机安全性管理工作内容

项目名称	实施单位	主要工作内容
制订安全性计划	订购方	明确订购方自己需做的安全性工作项目及要求、进度、实施单位等
制订安全性工作计划	承制方	制订实施安全性工作计划,明确需完成的工作项目、进度、实施方法和要求
建立安全性工作机构	订购方承制方	可和计划、质量等组织一起,对风险和危害严格控制
监督与控制	订购方承制方	分别对各自的承制方安全性工作控制和监督,确保产品满足合同规定安全性要求
安全性评审	承制方	按计划在各阶段转段进行系统、分系统、部件安全性评审
危险跟踪与风险处理	承制方	制定危险跟踪与风险处置的方法和程序,记录、分析、处置每个风险
关键项目确定	承制方	确定产品安全性清单,做出标记,实施重点控制
试验安全	订购方承制方	制订试验计划,确保试验前或试验中安全。
安全性工作进展报告	承制方	应定期向订购方提供报告,以使订购方及时了解安全性工作进展
安全性培训	承制方	对研制人员进行安全性原理、设计方法、分析技术培训

12.3.4　无人机航空电子通用质量特性设计

1. 可靠性设计

无人机航空电子系统可靠性设计准则主要包括简化设计、降额设计、热设计、容错与余度设计、环境防护设计、电磁兼容设计等方面,设计方法围绕设计准则进行。

(1)简化设计

在满足系统功能和性能前提下,尽量简化体系结构、电路和机械结构及软件设计,包括最大限度简化原理和逻辑,减少元器件、零件种类和数量,降低工艺复杂度和加工难度等。

优化系统中各分系统间、部件间、组件间的电气、机械连接与装配关系,最大限度减少信号传递数量,避免结构安装的互锁、干涉等。

尽量减少为保证必须的基本功能正常完成所设置的辅助性功能,例如辅助加热、散热等。

尽量减少独立于系统、部件之外的测试、检测设备和专用工具。

(2)降额设计

应在型号元器件大纲和优选目录中选用元器件,并对电子、电气设备进行电/热应力分析,可遵照相应的国标或国军标规定的降额准则进行降额使用。

根据重要性及可靠性、维修性、安全性要求及重量、体积、功耗、成本等,综合确定降额等级。

不能通过提高元器件质量等级代替降额设计,也不能通过过度降额而降低元器件质量等级。

结构设计应充分考虑材料强度及结构形式,并进行应力-强度优化,使强度降额程度达到最优。

(3)热设计

综合考虑元器件各种性能及降额设计,合理选择发热最小的元器件或组件。

合理布局元器件和部件的安装位置,发热大的尽量靠近通风良好的位置,或紧贴在能直接散热的机箱外壳上。对热敏感的元器件或部件应远离发热大的元器件或部件,也可采取热隔离或热屏蔽措施。

元器件、印制板需要加导热条、导热板等辅助散热体时,将辅助散热体以最短的路径和机箱外壳连接,充分利用机箱作为散热体。

采用强迫风冷散热时,需要形成高效的对流回路,提高对流散热效果。

(4)容错与余度设计

容错是指当系统中有故障时,系统能够屏蔽其造成的影响,且能正常工作或最大限度地降低对任务的影响。

余度设计是容错设计的主要措施之一。若采用简化、降额等措施,仍不能满足元器件、部件、分系统的可靠性要求,则需要采用余度设计。

余度设计须依次考虑余度类型、余度等级或容错能力准则(指系统在故障状态下仍能正常工作或保证系统安全的能力,例如故障-工作,故障-安全,故障-工作/故障-工作,故障-工作/故障-安全等)、余度数目、表决/监控面设置(位置选取、表决信号传递方式、表决策略)、余度管理方式(故障检测、隔离、重构策略)等。

余度设计并联数目要适当,双余度或三余度对任务可靠度提升最为显著。

余度级别越低,任务可靠度提升越显著,即并-串结构优于串-并结构。

若仅采用硬件容错措施,仍不能满足要求可靠性要求,可以采用信息冗余(加强对信息传输过程的检错纠错、设置多个信息源、对非直接信息源解算)、时间容错(降低传输速率、重复执行程序、重复传递数据、设置合理的时序或相互约束机制)等。

电子产品可采用完全并联余度、表决余度、旁联余度,机械或机电产品一般采用旁联余度。对于表决余度和旁联余度,表决器和检测及切换机构需有足够的可靠性。

复杂系统重构要求快速、平稳,动态重构要求高,不宜采用旁联余度;耗电多、发热大等元器件、部件,宜采用旁联余度。

(5)环境防护设计

1)防高温设计,主要做好热设计。

2)防低温设计,主要为防止低温形变带来的应力影响,选择温度系数较小的材料,增大与线缆焊接在一起的焊盘,并保证线缆长度留有足够余量。对低温不能启动或工作的元器件或部件,必要时可增加辅助加温措施。

3)防振动与冲击设计。对较大体积重量的元器件,需增加固定装置或用胶加固。对悬臂梁结构,需设计有支撑物。对装在机箱内的板卡,需有加固和锁紧装置。端头有焊点的线缆尽量选用软线。

4)防潮防盐雾防霉菌设计。对有相关要求的产品,优先选用防潮防盐雾防霉菌的材料,或表面进行防潮防盐雾防霉菌处理、涂敷防潮防盐雾防霉菌材料、加装非金属保护套。对过孔、焊点和特殊空间,可用环氧树脂或硅橡胶灌注或灌封。机箱尽量密封。

(6)软件可靠性设计

正确理解软件功能,形成正确、完善、规范的软件需求规格说明。

采用结构化、模块化软件工程设计方法,模块功能定义合理,输入输出明确,模块间逻辑关系及数据交互清晰。

在满足系统要求的前提下,功能、接口、编程语言、变量定义、数据结构等应尽量简单。

应设置看门狗或类似功能,以防程序死锁或弹飞。

关键输出应重复赋值,以防输出错失,例如舵控量、某些设备电源开关量等。

非恢复性输出应设置两重以上安全互锁逻辑,以防误执行,例如发动机停车、开伞、自毁等。

程序应能识别非法操作或指令,关键指令输入可设置为复合指令。

数据传输除了整包数据加校验外,关键数据再加局部校验。例如上行数据包中,除整包数据校验外,飞行控制指令和任务控制指令可再加校验。

设置完善、科学、精准的边界条件及越界后的处理措施。

用于飞行控制的实时采集的数据需适当处理,例如可采用各种滤波算法,但要综合考虑数据真实性、实时性,算法的工程化及对处理器资源占用的最小化。

关键功能应有容错措施,对于单机结构,可用恢复程序块的方法在关键点处嵌入功能相同但实现方法不同的模块。对于余度结构,可采用 N 版本法实现软件非相似余度。

加强软件设计过程的规范性,重视软件配置管理。

2. 维修性设计

维修性设计准则主要包括简化设计、可达性设计、安全性设计、测试设备设计等方面,设计方法围绕设计准则进行。

(1)简化设计

在满足系统功能和性能前提下,尽量简化系统组成及配置。优化系统中各分系统间、部件间、组件间的连接与装配关系,避免结构安装的互锁、干涉等特殊要求。

在满足系统维修性前提下,尽量减少独立于系统、部件之外的测试、检测设备和专用维修工具。尽量采用标准件、模块化单元,提高互换性。

(2)可达性设计

故障率高的单元尽量靠近易于接触到的位置,且留有足够的操作空间。对需要安装对准的设备,尽量布置在能够目视到的位置,尽量避免叠装方式。经常使用的开关、插座、测试点、加油口等,避免在机舱内,须布局在开放位置,可采用一定的保护措施。

(3)安全性设计

做好防差错设计,关键连接器、管路、口盖等尽量选用唯一型号,并做好极性、开关方向、安装方向、流向等提醒、警示标记。设计时应考虑正常使用时操作人员远离发动机、螺旋桨、天线等位置。故障率高的单元要远离尖锐、锋利、高温等部件或区域。

(4)测试设备设计

同步考虑必要的测试检测设备及工具,精度与产品性能相匹配,充分考虑其质量特性,提高维修效率。尽量采用机内测试技术,并留有充分的检测点。

3. 测试性设计

测试性设计准则一般包括功能划分清晰、减少 BIT 测试虚警、测试点设计、测试设备设计,设计方法围绕设计准则进行。

(1)功能划分清晰

尽量把完成同一功能的电路及其它部分集中在同一单元上,减少单元间耦合。尽量把故障率高的部分集中在一个单元上。数字电路、射频电路、高压电路不能在一个单元上。尽量把需要脱机测试的单元独立。

(2)减少 BIT 测试虚警

应合理规定 BIT 测试容差和阈值,BIT 测试容差相比基层级维修、基地级维修及验收容差要宽。应合理设置 BIT 类型,特别要考虑 BIT 对系统正常工作的影响。应合理设置激励信号的幅度、频率、脉宽、相位等特性。

(3)测试点设计

测试点应在表面或在测试连接器上,必须设有保护装置。测试点与测试设备间必须有隔离。

(4)测试设备设计

同步考虑必要的测试检测设备及工具,精度与产品性能相匹配,充分考虑其质量特性,提高测试效率。尽量采用机内测试技术,并留有充分的检测点。充分考虑测试设备与配备级别的关系,要好用、耐用、用得起。

4. 安全性设计

安全性设计准则包括电路安全设计、机械安全设计和其它设计,设计方法按设计准则进行。

(1)电路安全设计

1)设置必要的过流、过压、过热保护,防止危害导致全系统瘫痪。

2)设置必要的隔离,防止单一危害蔓延。

3)设置良好的接地,防止静电、漏电。

(2)机械安全设计

1)应避免有尖锐、锋利的部分裸露。

2)应对某些关键的紧固点和机构设置锁紧装置。

3)应充分考虑操作人员站立位、座位周围安全。

(3)其它设计

1)在燃油、火工品、带压力的设备上(处)必须标明警示语,说明储存方法。

2)在空速管、舵面等易损设备处必须放置警示物,并在飞行规程中规定由何人在何时何地撤除。

5. 保障性设计

保障性设计主要是通过设计手段满足产品作业保障(专业理论训练、实际操作训练、模拟操作训练)、产品勤务保障(环境保障、安全保障、维修保障、其它保障)、保障系统自身保障(通信、伪装、运输)及新技术应用保障等需求。

12.3.5 无人机可靠性试验及验证目的和分类

可靠性验证可以采用可靠性预计、可靠性分析、可靠性试验等方法,对从中获取的可靠性数据进行分析、类比、计算等,得到产品达到的可靠性量值或量值范围,一方面由此发现产品设计、材料及工艺等方面的缺陷,另一方面判定产品可靠性是否达到要求。

可靠性验证试验有多种,按可靠性试验目的可分为工程试验和统计试验,如图 12-3 所示,具体试验说明如表 12-6 所示。

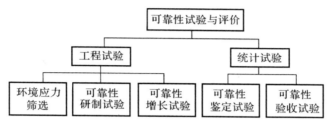

图 12-3　可靠性试验分类

表 12-6　可靠性试验说明

试验分类	种　类	项目或方法	试验目的	适用对象	试验阶段
工程试验	环境应力筛选	恒定高温	通过施加应力,加速暴露元器件、工艺、制造早期问题	元器件	研制阶段生产阶段
		温度冲击			
		慢速温度循环			
		快速温度循环		组件、部件	
		正弦振动			
		随机振动			
		温度循环随机振动组合			
统计试验	可靠性增长	按 GJB 899A—2009,选择试验方法、制定任务剖面和综合环境条件	通过模拟实际工作和环境应力,暴露设计中的问题,加以改进	部件、系统	研制阶段中期
	鉴定试验		验证产品可靠性是否达到规定要求		鉴定或定型阶段
	验收试验		验证批生产产品可靠性是否保持规定要求		生产验收

12.3.6 环境应力筛选

环境应力筛选施加的应力是为了激发早期故障,不必完全模拟或复现使用环境。环境应力筛选施加的应力类型和量值不同,试验效果、试验风险及成本也不同。一般优先采用快速温度变化循环和随机振动组合,顺序为随机振动-温度循环(不少于 5 个循环)-随机振动。温度循环应力参数如图 12-4 所示。

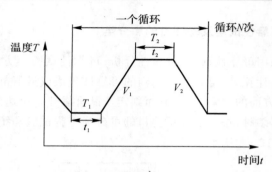

图 12-4　环境应力筛选温度应力参数

图中上限温度 T_2、下限温度 T_1 可以选用存储温度，设备过程不加电；也可选用工作温度，设备过程加电。上限温度保持时间 t_u、下限温度保持时间 t_1 以设备能达到上下限温度稳定为准，温度变化率 V 不低于 5 ℃/min，部件循环次数 N 一般为 10～20，温度循环筛选时间 20～40 h。

随机振动筛选应力的基本参数是频率范围、加速度功率谱密度、振动轴向和振动时间，随机振动常用的有效谱型如图 12-5 所示。

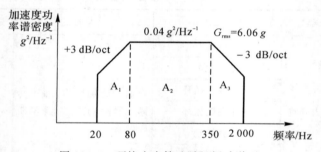

图 12-5　环境应力筛选随机振动谱型

部件级产品随机振动按照图 12-5 谱型及表 12-7 所示方案，一般不会造成产品疲劳损伤。

表 12-7　部件机随机振动筛选方案

序　号	应力参数		量　级
1	功率谱密度（或加速度均方根值）		$0.04g^2/\mathrm{Hz}(6.06g)$
2	频率范围		20～2 000 Hz
3	振动轴向数		3（一般）
4	振动持续时间	各轴依次	10～15 min
		各轴同时	10 min
5	状态（通电/断电/工作）		通电
6	振动时性能监测		监测

环境应力筛选其它有关情况可参阅相关国军标或航标，例如 GJB 1032A—2020《电子产品环境应力筛选方法》、HB 6206—1989《机载电子设备环境应力筛选方法》、GJB/Z 34—1993《电

子产品定量环境应力筛选指南》、HB/Z 213—1992《机载电子设备环境应力筛选指南》等。

12.3.7　可靠性鉴定试验和验收试验

1. 与可靠性试验相关的概念

MTBF 的验证值(θ_1,θ_u)：在试验条件下产品真实 MTBF 的可能范围，即在规定置信度下对 MTBF 的区间估计，也称为置信区间，其中 θ_1 是验证值置信下限，θ_u 是验证值置信上限。

MTBF 的观测值$(\hat{\theta})$：产品总故障时间除以关联故障数，也称为点估计值。

MTBF 的预计值(θ_p)：用规定的可靠性预计方法得出 MTBF 值。

MTBF 的现场值(θ_f)：在外场使用条件下 MTBF 的统计值。

检验下限(θ_1)：拒收的 MTBF 值，通过统计试验将以高概率拒收 MTBF 真值接近 θ_1 的产品，θ_1 一般取值为产品在定型时的最低可接受值。

检验上限(θ_0)：可接收的 MTBF 值，通过统计试验将以高概率接收 MTBF 真值接近 θ_0 的产品，θ_0 一般取值小于或等于预计值，以保证产品通过试验能够高概率接收。

鉴别比(d)：检验上限 θ_0 与检验下限 θ_1 之比，即 $d=\theta_0/\theta_1$，d 一般为 1.5、2.0、3.0。

生产方风险(α)：MTBF 真值等于检验上限 θ_0 时仍被拒收的概率，表明所选择的试验方案给生产方带来的风险，即虽然产品 MTBF 已达到检验上限 θ_0，但在试验中被判为不合格而被拒收的风险，给生产方带来损失。一般生产方风险可选 10%、20%、30%，其中 30% 称为高风险。

使用方风险(β)：MTBF 真值等于检验下限 θ_1 时仍被接收的概率，表明所选择的试验方案给使用方带来的风险，即虽然产品 MTBF 已经到检验下限 θ_1，但在试验中被判为合格而被接收的风险，给使用方带来损失。一般使用方风险可选 10%、20%、30%，30% 称为高风险。

2. 可靠性鉴定与验收试验方法

可靠性鉴定与验收试验一般采用统计试验，主要目的是用于确定 MTBF 真值是否达到合同要求，并给出 MTBF 的观测值即点估计值 $\hat{\theta}$、一定置信度下的验证区间估计值即置信区间(θ_l,θ_u)。常见的有定数截尾统计方案、定时截尾统计方案、序贯截尾统计方案。

对于无人机航空电子系统，基本上都是电子、电气或机电设备，状态鉴定一般采用定时截尾方案，批量生产产品验收一般采用序贯截尾方案。

3. 定时截尾统计方案

（1）试验方案选取及合格判定

定时截尾方案是从待状态鉴定的产品中随机抽取几个样品，按方案中规定的时间 T 进行试验，如果过程中出现的故障数 r 大于方案中规定的故障个数 c，则判定产品不合格、应拒收。如果过程直至试验时间 T 结束，出现的故障数 r 小于等于方案中规定的故障个数 c，则判定产品合格、可以接收。

在定时截尾方案中，鉴别比 d、生产方风险 α 和使用方风险 β 构成该统计方案基本参数，$d=\theta_0/\theta_1$，θ_0 取预计值，θ_1 最低可接受值。如果生产方风险 α 和使用方风险 β 都选取 10%～20%，称为标准型方案。如果生产方风险 α 和使用方风险 β 都选用 30%，就称为短时高风险方案。根据这几个数据就可以通过在 GJB 899A—2009《可靠性鉴定和验收试验》

中查表 A.6 和表 A.7，得到试验总时间 k_t 及允许出现的故障数 c，表中给出的试验时间 k_t 是最低可接受值 θ_1 的倍数，试验总时间 $T = k_t \times \theta_1$。GJB 899A—2009 中表 A.6 和表 A.7 如本书中表 12 - 8 和表 12 - 9 所示。若 GJB 899A—2009 中表 A.6 和表 A.7 中的方案鉴别比不能满足要求，还可采用 GJB 899A—2009 图 A.22～图 A.24 中的图形和曲线。

表 12 - 8   GJB 899A—2009 中的标准定时试验统计方案简表

方案号	决策风险/（%）				鉴别比 $d = \theta_0/\theta_1$	试验时间 （θ_1 的倍数）	判决故障数	
	名义值		实际值				拒收 （$\geqslant$）	接收 （$\leqslant$）
	α	β	α'	β'				
9	10	10	12.0	9.9	1.5	45.0	37	36
10	10	20	10.9	21.4	1.5	29.9	26	25
11	20	20	19.7	19.6	1.5	21.5	18	17
12	10	10	9.6	10.6	2.0	18.8	14	13
13	10	10	9.8	20.9	2.0	12.4	10	9
14	20	20	19.9	21.0	2.0	7.8	6	5
15	10	10	9.4	9.9	3.0	9.3	6	5
16	10	20	10.9	21.3	3.0	5.4	4	3
17	20	20	17.5	19.7	3.0	4.3	3	2

表 12 - 9   GJB 899A—2009 中的短时高风险定时截尾统计方案简表

方案号	决策风险/（%）				鉴别比 $d = \theta_0/\theta_1$	试验时间 （θ_1 的倍数）	判决故障数	
	名义值		实际值				拒收 （$\geqslant$）	接收 （$\leqslant$）
	α	β	α'	β'				
19	30	30	29.8	30.1	1.5	8.1	7	6
20	30	30	28.3	28.5	2.0	3.7	3	2
21	30	30	30.7	33.3	3.0	1.1	1	0

从表中可以看到，在定时截尾方案中，若鉴别比 d 不变，生产方风险 α 和使用方风险 β 越大，总试验时间就越短，接收或拒收的故障数也少。若生产方风险 α 和使用方风险 β 不变，鉴别比 d 越大，总试验时间就越短，接收或拒收的故障数也少。但若鉴别比 d 太大，导致 θ_0 太大，就会增加设计难度。

（2）验证值计算

通过以上方法可以判定产品是否通过鉴定或验收，但是还缺乏对可靠性的进一步定量描述，而前期使用的参数 θ_0、θ_1、α、β 等都是事先规定的，不是通过试验得来的，因此需要根据试验得来的数据计算 MTBF 的观测值和验证值，即点估计值和置信区间。

置信区间是建立在一定置信度基础上的，因此需要规定置信度。一般置信度 $C = (1 - 2\beta) \times 100\%$，即使用方风险越小，置信度越高。

MTBF 的观测值即点估计值 $\hat{\theta}=T/r$。

$$\theta_1=\theta_1(C',r)\times\hat{\theta}$$
$$\theta_u=\theta_u(C',r)\times\hat{\theta}$$

其中，$C'=(1+C)/2,\theta_l(C',r)$ 为置信下限系数，$\theta_u(C',r)$ 为置信上限系数，接收 MTBF 置信下限系数 $\theta_l(C',r)$ 和置信上限系数 $\theta_u(C',r)$ 可在 GJB 899A—2009 中查表 A.12 及图A.25 得到，拒收 MTBF 置信下限系数 $\theta_l(C',r)$ 和置信上限系数 $\theta_u(C',r)$ 可在 GJB 899A—2009 中表 A.13 及图 A.26 得到。

定时截尾统计方案适合所有服从指数分布的产品，在试验前就已知判决故障数及试验总时间，可以提前安排进度和经费等，便于管理。但对于可靠性特差或特好的产品，做出判决所需要的试验时间较序贯试验长。

4. 序贯截尾统计方案

(1)试验方案选取及合格判定

在序贯截尾方案中，鉴别比 d、生产方风险 α 和使用方风险 β 构成该统计方案基本参数，$d=\theta_0/\theta_1,\theta_0$ 取预计值，θ_1 最低可接受值。如果生产方风险 α 和使用方风险 β 都选取 $10\%\sim20\%$，称为标准型方案。如果生产方风险 α 和使用方风险 β 都选用 30%，就称为短时高风险方案。根据这几个数据就可以通过在 GJB 899A—2009 中查表 A.4 和表 A.5 中得到试验方案号和判决标准及判决图和判决表号，GJB 899A—2009 中图 A.2~图 A.9 分别给出了不同方案的判决图和判决表，表中给出故障数 r 和判决标准时间 k_a 和 k_r,k_a 和 k_r 是最低可接受值 θ_1 的倍数，即实际接收判决时间 $T_a=k_a\times\theta_1$，实际拒收判决时间 $T_r=k_r\times\theta_1$。

在试验过程中，分别用故障数和时间逐次比较，在某个故障数 r 时，若试验时间 $T\le T_r$，则判为拒收，若 $T\ge T_a$，则判为接收，若 $T_r\le T\le T_a$，则试验继续，直至满足拒收或接收中某一条件。

(2)验证值计算

由于接收判决只有在试验时间等于接收判决时间时才能得出，而拒收判决可在试验过程中的任何时间得出，因此序贯截尾方案接收和拒收的计算方法不同，在 GJB 899A—2009 中表也不同。

对于接收置信区间，有

$$\theta_1=\theta_1(C',t_i)\times\theta_1$$
$$\theta_u=\theta_u(C',t_i)\times\theta_1$$

其中，$C'=(1+C)/2,t_i$ 为达到接收判决时的故障数 r 时的时间，$\theta_l(C',t_i)$ 为责任故障数为 r 的置信下限系数，在 GJB 899A—2009 中表 A.8 中查到。$\theta_u(C',t_i)$ 为责任故障数为 r 的置信上限系数，在 GJB 899A—2009 中表 A.9 中查到。

对于拒收置信区间，有

$$\theta_1=\theta_1(C',t)\times\theta_1$$
$$\theta_u=\theta_u(C',t)\times\theta_1$$

其中，$C'=(1+C)/2,t$ 为标准总试验时间，$\theta_l(C',t)$ 为 t 时刻置信下限系数，在 GJB 899A—2009 中表 A.10 中查到。$\theta_u(C',t)$ 为 t 时刻置信上限系数，在 GJB 899A—2009 中表 A.11 中查到。

序贯截尾统计方案同时考虑故障数和时间,因此对于可靠性特差的产品,能较快做出拒收判决。

12.4 无人机航空电子系统密集小空间的电磁兼容

12.4.1 无人机电磁环境特点分析

电磁兼容性(EMC)是指系统或设备在其电磁环境中能符合要求运行,而且不对其环境中的任何设备产生无法忍受的电磁干扰的能力。因此,电磁兼容不仅指设备对所在环境中存在的电磁干扰具有一定程度的抗扰能力,能在电磁环境中正常工作,还指设备在正常运行过程中对所在环境产生的电磁干扰不能超过一定的限值,不产生不能容忍的电磁干扰。

无人机航空电子系统中包含电子设备、电气设备及机电设备,一方面这些设备工作的频段多样、工作时产生的电磁干扰复杂,这些电磁信号互相干扰、叠加、作用,使设备之间互相干扰,不能正常工作。另一方面,设计无人机航空电子设备时,更多地考虑了体积重量等问题,忽略了电磁兼容,导致设备电磁兼容性较差。再加上无人机设备安装空间狭小,设备密集度高,使无人机航空电子系统电磁兼容问题更加突出。

当今无人机的应用领域更加广阔,无论是其作战环境还是其它作业环境,都存在各种电磁信号,以各种方式影响无人机正常工作,也成为无人机的电磁干扰源。

首先要明确无人机电磁干扰产生的原因和要素,是研究无人机电磁兼容的基础。电磁干扰的三要素包括产生干扰的干扰源设备、传播干扰的耦合途径及接收干扰的敏感受扰设备,如图 12-6 所示。

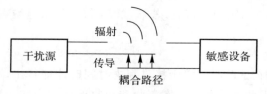

图 12-6 电磁干扰的三要素

无人机航空电子系统中,干扰源主要有供电系统电源、变频器、射频发射机、电机、各种部件内部的二次电源、晶振、CPU、数字电路器件、地环路噪声等,传播耦合路径主要有通过变压器、电感器及继电器互感、天线等空间耦合和电源及地线的传导耦合,易受干扰的设备有图像处理设备、话音通信设备、高速数字设备、高精度传感器等。

12.4.2 无人机航空电子系统电磁兼容设计

无人机航空电子系统电磁兼容设计原则上包括频谱管理、屏蔽结构设计、总体布局设计、电源及地线网络设计等方面,可采取屏蔽、滤波、接地、印制板设计等措施。对于传导干扰,可采用磁环、滤波器、穿心电容等器件。对于辐射干扰,可采用屏蔽结构、屏蔽橡胶、屏蔽胶带、屏蔽套管、屏蔽插头等材料或器件。

对于电路、器件尽量不选用高频率。芯片电源和地之间的去耦电容尽量靠近芯片。芯片未使用的输入端不要悬空,接入适当的电平。

对于印制板,布局时要将高速器件、功率器件、噪声大的器件在区域上适当分开。走线时将模拟信号、数字信号分开,不交叉,各种走线尽量短。大电流线、大噪声线、高速信号线尽量靠近印制板边缘。走线呈 45°角,避免拐直角。对于多层板,电源和地尽量单独成层。对于单面板或双面板,电源线和地线尽量粗。

对于电源,尽量提高供电品质,必要时可采用分布式供电。

合理选用和使用滤波器,滤波器参数要合理,位置要和即将进入的端口靠近,滤波器输入输出线不能扎在一起或距离太近。

对于结构,要保证壳体材料充分连续导电,缝隙处须有导电密封措施。合理选用散热方式,尽量采用自然散热,若需采用辅助散热,应合理选择散热孔或散热网孔径、缝隙等尺寸和必要的屏蔽措施。连接器尽量选用满足相关标准要求,且在连接器前后都作相应屏蔽或滤波处理。

对于接地,分别设置数字地、模拟地、功率地,各自有汇流条,最后三个汇流条再汇入母线主汇流条。

12.5　无人机系统维修保障体系

12.5.1　无人机航空电子系统维修保障必要性

现代战争作战体系化、打击精准化、装备信息化、保障高效化特点越来越显著,无人装备在自主性、信息安全性、互操作及人机协同等方面取得重要发展。基于人工智能、机器学习、避障、协同与信任等技术的自主性,使无人机的智能化水平和自主等级不断提高。基于信息深度防御、信息弹性恢复与频谱高效利用技术的信息与网络安全性,提升了无人机对威胁和干扰信息的抵御能力。基于通用开放架构、模块化设计及数据权限技术的互操作,实现了无人机在战场环境的资源共享。基于人机自主交互、从机器到队友、数据的自动收集与处理技术的人机协同,使无人机在战场上对人的支持更加强大。这些特点都表明提高无人机战备完好率已成为增强无人机战斗力的重要因素。

在当今高新技术快速发展大背景下,无人机装备高新技术密集,故障多发且多样,实战性强,训练密集,保障资源缺乏,因此传统的维修保障已不能满足无人机装备使用要求,迫切需要研究新环境下维修保障理论和技术。

在新形势下,无人机装备维修保障需要实现从局部零散到体系完整、从单纯经验到技术支撑、从传统仪器到新型设备、从人海战术到信息化手段的转化,实现无人机维修保障完善、快速及高效的目标。

12.5.2　无人机航空电子系统维修保障体系

提升无人机维修保障能力,首先要明确和建立无人机维修保障体系。无人机维修保障体系包括需求分析、完善标准、创新技术、提升装备及培养人才等方面。

1. 需求分析

在分析研究无人机在现代战争的地位和应用方式、无人机装备技术及功能性能的新特点的基础上,明确和了解掌握无人机维修保障特点,作为无人机维修保障研究的依据。

2. 完善标准

制定无人机维修保障标准和规范,推进无人机管控,推动民用无人机认证,建立完善统一规范下、分类分级清晰、层次协调一致的军民融合标准体系,指导无人机维修保障技术研究及维修保障设备研发,提炼维修保障核心和关键技术,研发维修保障通用设备,提高维修保障效率,降低维修保障成本。

3. 创新技术

探索研究维修保障新技术和新方法,采用基于建模和仿真、网络化、分布式、人工智能、健康管理等与现代化装备相适应的维修保障理论与技术,支撑无人机复杂环境下的集群作战、编队控制、智能控制、感知规避、通信组网、航路规划、任务分配、故障诊断及预测等新的维修保障需求。

4. 培养人才

通过院校培养、工业部门培训、现场教学等多种形式,培养各种层次的高素质复合型维修保障人才,建立由无人机使用人员、专业维修保障人员和研制制造人员组成的动态维修保障队伍,构建装备使用、维修保障、设计制造和军民融合的矩阵式维修保障人力资源体系。

12.5.3　无人机航空电子系统维修保障研究途径

无人机航空电子系统维修保障体系,要做到四个融合,即先进与实用、通用与专用、完备与核心、军用与民用的融合。

1)实用与先进:在技术层面,既要充分考虑无人机产品的实际需求,又要采用先进技术,适应未来产品功能的增强和拓展。

2)通用与专用:在维修保障设备及方法层面,要以基于无人机自身的维修保障能力及通用设备和方法作为基本途径,在此基础上配备专用设备,以减低研制成本及使用成本。

3)核心与完备:在功能层面,在保障无人机核心功能的前提下,尽量完善其它检测功能,争取对无人机的保障更加完善。

4)军用与民用:在应用对象层面,从体系建立开始,兼顾考虑军用无人机及民用无人机的融合,建立能够同时应用于军用和民用无人机领域的标准及法规、技术及方法、系统及设备、使用人员及专业人员的维修保障体系,不仅降低研制成本及产品成本,也能满足特殊环境下的资源共享。

无人机航空电子系统维修保障系统,同装备或产品要做到四个同步,即要求同步、设计同步、技术同步和标准同步。

1)要求同步:在制定和分析无人机装备或产品的功能需求和指标体系时,就要同步确定维修保障需求,例如维修等级、检测测试方式及设备等。

2)设计同步:在进行无人机装备或产品的设计过程中,维修及检测设备也要同步开展设计,并能体现出无人机产品的技术特点和使用需求。

3)技术同步:无人机维修保障方式方法及设备所采用的技术,尽量和无人机产品同步,避免设计的维修保障设备不能满足无人机本身的新技术要求。

4)标准同步:无人机维修保障方式方法及设备所采用的标准,应和无人机产品采用的标准一致,避免由于贯彻标准不一致导致的维修保障设备无法满足无人机产品维修保障要求。

12.6　无人机系统检测认证与适航

12.6.1　无人机检测认证与适航的必要性

近年来无人机从早期单一军用转向军民两用,民用无人机应用及无人机产业得到高速发展,民用无人机从大众娱乐转向行业应用,从专业化转向工具化,从传统制造业转向新兴产业,并基本形成较为完整的产业链,无人机从此进入无人机＋的时代。

在市场方面,和军用无人机市场冷静有序相比,民用无人机市场资本竞相投入,产品功能盲目夸大、实用性差,企业过度宣传、竞争力弱、生命力短。

在技术方面,和军用无人机新技术研究应用稳步推进相比,民用无人机新技术应用活跃,但基础技术较弱,关注点较单一,依赖性较强。

在产业方面,和军用无人机设计有相应的国军标等标准作为依据,生产有生产许可、质量体系、保密等准入条件及资质要求,产品认证有试验鉴定等认定准则等方面相比,民用无人机产业在设计生产及验证认定等方面还不完善,缺乏规范的设计生产验证试验要求及认定准则。

在飞行方面,和军用无人机一般都能严格执行相关法律法规,严格按无人机飞行流程申报空域相比,民用无人机用户合法飞行意识较差,对涉密区域、国土资源信息、百姓人身及财产、民航安全等造成严重威胁。

为了使无人机产业健康持续发展,无人机检测认证及适航势在必行。

无人机航空电子系统功能较多、组成复杂,对无人机飞行安全性影响较大,因此无人机航空电子系统检测认证及适航应首当其冲。

12.6.2　无人机检测认证与适航体系

无人机无论是功能、组成还是使用方式、管理流程,都和有人机有较大区别,无法把有人机适航体系直接应用于无人机。因此应从无人机产品、研发、制造、应用行业、运行、教育等多维度,建立无人机检测认证体系和适航体系,包括建立完善统一规范下的检测认证与适航标准体系、简捷规范的检测认证与适航流程、灵活多样科学易行的检测认证手段、与被检产品相适应的检测认证技术、可信可靠的检测认证系统和设备、复合型检测认证专业队伍。

无人机检测测试系统和设备的设计,要做到四个融合,即静态与动态、离线与在线、手动与自动、硬件与软件。研制出通用、开放、共享、综合、可靠、经济的检测测试核心模块,使设备做到好用,即使用简单、维护简单。通用,即硬件通用、软件复用。敢用,即结果可靠、成本经济。一机多用,即功能综合、配置齐全。

无人机及航空电子系统检测认证及适航一般需要经过准备、提交申请、认证及适航审查和认证及适航审查取证后使用。

国内已有多家机构开展无人机及航空电子系统检测认证工作,适航工作也在逐步开展,部分无人机在研制过程中已开展了部分探索性工作。

参 考 文 献

[1] 《世界无人系统大全》编写组. 世界无人系统大全[M]. 北京:航空工业出版社,2015.

[2] RICHARD K B,STEPHEN B H,DOUGLAS M M,et al. 无人机系统导论[M]. 沈林成,吴利荣,牛轶峰,等译. 北京:国防工业出版社,2014.

[3] REG A. 无人机系统设计开发与应用[M]. 陈自力,董海瑞,江涛,译. 北京:国防工业出版社,2013.

[4] 符长青,曹兵,李睿堃. 无人机系统设计[M]. 北京:清华大学出版社,2019.

[5] 张小林. 无人机系统设计与开发[M]. 西安:西北工业大学出版社,2021.

[6] DRAK A, NOURA H, HEJASE M, et al. Sensor fault diagnostic and fault-tolerant control for the altitude control of a quadrotor UAV[C]// IEEE 8th GCC Conference and Exhibition, February 1 - 4. Muscat, Oman:IEEE,2015.

[7] 牛文生. 机载计算机技术[M]. 北京:航空工业出版社,2013.

[8] 金德琨,敬忠良,王国庆,等. 民用飞机航空电子系统[M]. 上海:上海交通大学出版社,2011.

[9] 王威. 导航定位基础[M]. 北京:科学出版社,2015.

[10] CHEN H M,WU K. Research on RTW and VxWorks based simulation experiment platform for flight control system[J]. Modern Electronics Technique, 2014,37 (13):105 - 107.

[11] JIANG X, ZHANG Q L. Multivariable model reference adaptive control with application to flight control[J]. Journal of Beijing University of Aeronautics and Astronautics,2013,39(8): 1048 - 1052.

[12] 殷斌,陆熊,陶想林. 非相似三余度飞控计算机设计和可靠性分析[J]. 测控技术, 2015, 34(5):53 - 60.

[13] 张策,崔刚,刘宏伟,等. 构件软件可靠性过程技术[J]. 计算学报,2014 ,37(12): 2586 - 2610.

[14] HOVAKIMYAN N, CAO C, KHARISOV E, et al. L_1 adaptive control for safety-critical systems[J]. IEEE Control Systems, 2011, 31(5):54 - 104.

[15] 闫志安. 小型无人机纵向飞行品质评定技术研究[D]. 西安:西北工业大学,2015.

[16] 王斑,詹浩. 遥控缩比验证模型及其飞控系统设计准则[J]. 计算机仿真,2014,31 (6):108 - 110.

[17] 吴成富,闫冰. 基于模糊控制的无人机滑跑起飞控制方法研究[J]. 西北工业大学学报,2015,33(1): 33 - 38.

[18] 刘洁瑜,徐军辉,熊陶. 导弹惯性导航技术部[M]. 北京:国防工业出版社,2016.

[19] ABOELMAGD N ,TASHFEEN B K,JACQUES G. 惯性导航、卫星定位及其组合的基本原理[M]. 黄卫权,赵琳,译. 北京:国防工业出版社,2017.

[20] 米德尔顿. 航空电子系统[M].霍曼,等译.北京:航空工业出版社,1992.

[21] 徐宏哲,岳峰.飞控计算机的三余度架构及可靠性研究[J].信息通信,2014
(8):26 − 28.

[22] ANTONIOS T,BRIAN W,MADHAVAN S. 无人机协同路径规划[M]祝小平,周
洲,王怿,译.北京:国防工业出版社,2013.

[23] 毛红保,田松,晁爱农. 无人机任务规划[M].北京:国防工业出版社,2015.

[24] 迪卡德. 容错飞行控制与导航系统:小型无人机使用方法[M].陈自力,谢志刚,译.
北京:国防工业出版社,2012.

[25] PAN J H, ZHANG X L, ZHANG S B,et al. New fault-tolerant scheme for flight
control system of unmanned aerial vehicles[C]// International Conference on Engi-
neering and Technology Innovation. Kaohiung, November 2 − 6,2012:ICEIT,
2012:1883 − 1887.

[26] 潘计辉,张盛兵,张小林,等.三余度飞控计算机设计与实现[J].西北工业大学学报,
2013,31(5):798 − 802.

[27] 潘计辉,张盛兵,张小静,等.无人机容错飞行控制系统研究与应用[J].计算机测量与
控制, 2013,21(9):2468 − 2470.

[28] 潘计辉,张盛兵,张小林.飞行控制系统故障诊断与重构技术研究[J].计算机测量与
控制, 2015,23(4):1073 − 1174.

[29] 田心宇,张小林,吴海涛,等.机载计算机 BIT 虚警及解决策略研究[J]. 西北工业大
学学报, 2013,29(3):400 − 404.

[30] 吉玉洁,张小林.VPX 总线标准研究及在无人机中的应用展望[J]. 计算机测量与控
制, 2012,20(4):1112 − 1115.

[31] 张小林,陈浩,赵晨.基于双处理器的小型无人机飞行控制平台设计[J]. 计算机测量
与控制, 2014,22(5):1375 − 1377.

[32] 张小林,李海生,原丹丹.基于 SOPC 的微小型无人机容错飞行控制平台设计[J]. 计
算机测量与控制, 2015,20(24):2415 − 2417.

[33] 王仁康.无人机用燃料电池多电混合电源系统设计与实现[D].成都:电子科技大
学,2020.

[34] 潘计辉. 高空长航时无人机飞行控制系统容错技术研究[D]. 西安:西北工业大
学,2018.

[35] 赵保国,谢巧,梁一林,等.无人机电源现状及发展趋势[J].飞航导弹,2017(7):35 − 41.

[36] 徐建国. 小型固定翼太阳能无人机能源系统的关键技术研究[D].南京:南京航空航
天大学,2019.

[37] 季晓光,李屹东.美国高空长航时无人机:RQ − 4 "全球鹰"[M].北京:航空工业出版
社,2011.

[38] 樊尚春,吕俊芳,张庆荣,等. 航空测试系统[M].北京:北京航空航天大学出版
社, 2011.

[39] 《国防科技名词大典》总编委会. 国防科技名词大典 航空[M]. 北京：航空工业出版社，2002.

[40] 《飞机设计手册》总编委会. 飞机设计手册 4：军用飞机总体设计[M]. 北京：航空工业出版社，2005.

[41] 《飞机设计手册》总编委会. 飞机设计手册 5：民用飞机总体设计[M]. 北京：航空工业出版社，2005.

[42] 《飞机设计手册》总编委会. 飞机设计手册 12：飞行控制系统和液压系统设计[M]. 北京：航空工业出版社，1999.

[43] 《飞机设计手册》总编委会. 飞机设计手册 16：电气系统设计[M]. 北京：航空工业出版社，1999.

[44] 《飞机设计手册》总编委会. 飞机设计手册 17：航空电子系统及仪表[M]. 北京：航空工业出版社，1999.

[45] 《飞机设计手册》总编委会. 飞机设计手册 20：可靠性、维修性设计[M]. 北京：航空工业出版社，1999.

[46] 龚庆祥. 型号可靠性工程手册[M]. 北京：国防工业出版社，2007.

[47] 祝小平. 无人机设计手册 [M]. 北京：国防工业出版社，2007.

[48] 张明廉. 飞行控制系统[M]. 北京：航空工业出版社，1993.

[49] MARK B T. Advances in aircraft flight control [M]. London：Taylor & Francis，1996.

[50] 刘林. 现代飞行控制系统的评估与确认方法[M]. 北京：国防工业出版社，2010.

[51] 王红卫. 建模与仿真[M]. 北京：科学出版社，2002.

[52] 张剑锋，刘秉华. 基于 MATLAB 的新型实时仿真系统设计[J]. 计算机测量与控制，2011，19(11)：23 - 25.

[53] Boeing. 777 high lift control system [J]. IEEE AES System Magazine，1993(8)：15 - 20.

[54] COLLINSON R P G. Fly - by - wire flight control[J]. Computing and Control Engineering Journal，1999，10 (4)：141 - 152 .

[55] WAY K，TAEHO K. An overview of manufacturing yield and reliability modeling for semiconductor products[J]. Proceedings of the IEEE，1999，87(8)：1329 - 1344.

[56] WANG T，WANG Q，DONG C Y. Adaptive neural network control based on nonlinear disturbance observer for BTT missile[C]// 32nd Chinese Control Conference. Xi'an，July 26 - 28，2013：CCC 2013：4952 - 4957.

[57] 宋翔贵，张新国，等. 电传飞行控制系统[M]. 北京：国防工业出版社，2003.

[58] 申安玉，申学仁，李云保，等. 自动飞行控制系统[M]. 北京：国防工业出版社，2003.

[59] 杨伟. 容错飞行控制系统[M]. 西安：西北工业大学出版社，2007.

[60] 温熙森，徐永成，易晓山，等. 智能机内测试理论与应用[M]. 北京：国防工业出版社，2002.

[61] 饶运涛，邹继军，王进宏，等. 现场总线 CAN 原理与应用技术[M]. 2 版. 北京：北京

航空航天大学出版社,2007.

[62] 杜尚丰,曹晓钟,徐津,等. CAN 总线测控技术及其应用[M].北京:电子工业出版社,2007.

[63] 霍曼.飞速发展的航空电子[M].北京:航空工业出版社,2007.

[64] 田心宇,张小林,吴海涛,等.机载计算机 BIT 设计技术及策略研究[J].计算机测量与控制,2011,19(9):2064 − 2066.

[65] 张小林,赵宇博,范力思.新一代高性能无人机飞控系统的研究与设计[J].计算机测量与控制,2010,18(11):2588 − 2590.

[66] 张小林,赵宇博,范力思.基于 SOPC 的飞行器控制系统的硬件设计[J].计算机测量与控制,2010,18(9):2112 − 2114.

[67] 杨文涛,张小林,吴建军.无人机电源机内测试系统的设计与实现[J].计算机测量与控制,2010,18(7):1509 − 1511.

[68] 潘计辉,张小林.三余度飞控计算机关键技术研究及工程实现[J].计算机测量与控制,2010,18(2):440 − 442.

[69] 张磊,张小林,杨百平.无人机机载设备串行通信测试系统的设计[J].计算机测量与控制,2010,18(1):26 − 28.

[70] 张小林,郑国辉,田力.基于 Smart Fusion 的小型无人机数据采集与处理系统的设计[J].计算机测量与控制,2010,21(1):276 − 278.

[71] 陈卫华.飞机 270V 高压直流供电系统结构及仿真技术研究[D].南京:南京航空航天大学,2010.

[72] 郑国辉,张小林,田力.基于 AMBA 总线的独立 CAN 控制器的 IP 核设计与实现[J].计算机测量与控制,2010,21(10):2780 − 2782.

[73] 潘计辉,张小林,周保宇.容错飞控系统中关键技术设计及实现[J].计算机测量与控制,2010,18(8):1811 − 1812.

[74] 安斌,张小林.无人飞行器伺服系统余度控制接口的设计与实现[J].计算机测量与控制,2010,18(3):674 − 676.

[75] 张小林,张磊.无人机系统通用用检测仪的设计与实现[J].计算机测量与控制,2009,17(12):2568 − 2570.

[76] 张小林.机载计算机中的 BIT 设计[J].西北工业大学学报,2003,21(5):578 − 581.

[77] 中国人民解放军总装备部.电子设备可靠性预计手册:GJB/Z 299C—2006[S].北京:总装备部军标出版发行部,2006.

[78] 中国人民解放军总装备部.装备维修性工作通用要求:GJB 368B—2009[S].北京:总装备部军标出版发行部,2009.

[79] 中国人民解放军总装备部.装备可靠性工作通用要求:GJB 450A—2004 [S].北京:总装备部军标出版发行部,2004.

[80] 中国人民解放军总装备部.可靠性维修性保障性术语:GJB 451A—2005 [S].北京:总装备部军标出版发行部,2005.

[81] 中国人民解放军总装备部. 可靠性鉴定和验收试验:GJB 899A—2009 [S]. 北京:总
      装备部军标出版发行部,2009.

[82] 中国人民解放军总装备部. 装备安全性工作通用要求:GJB 900A—2012[S]. 北京:
      总装备部军标出版发行部,2012.

[83] 中国人民解放军总装备部. 装备测试性工作通用要求:GJB 2547A—2012[S]. 北京:
      总装备部军标出版发行部,2012.

[84] 张小林. 小型飞行器机载计算机余度设计技术[J]. 西北工业大学学报,2001,19(2):
      274 - 278.

[85] 张小林. 小型飞行器测控计算机系统的容错设计[J]. 微电子学与计算机,2003,20
      (2):22 - 23.

[86] 张小林. 机载测控系统 BIT 设计中的关键技术研究[J]. 测控技术,2003,22(11):31 - 33.

[87] 张小林. 采用多机技术的飞行控制与管理计算机设计[J]. 西北工业大学学报,1996,
      14(3):476 - 479.

[88] 张小林. 多微机系统在机载控制计算机中的应用[J]. 微型计算机,1995,5:64 - 65.

[89] 张小林. 自修复技术在小型飞行器机载计算机中的应用[J]. 微机发展,2000,10(6):
      76 - 78.

[90] 张小林. 实现目标自动跟踪的飞行控制系统[J]. 测控技术,1997,16(2):29 - 30.

[91] 张小林. 一种容错机载计算机的体系结构设计[J]. 微型机与应用,1996,1:22 - 23.

[92] 严仰光. 航空航天器供电系统[M]. 北京:航空工业出版社,1995.

[93] 中国人民解放军总装备部. 装备综合保障通用要求:GJB 3872—1999 [S]. 北京:总
      装备部军标出版发行部,1999.

[94] 中国人民解放军总装备部. GJB 5433—2005 无人驾驶航空器系统通用要求[S]. 北
      京:总装备部军标出版发行部,2005.